Aptitud Física y Bienestar General

Tercera Edición

Werner W. K. Hoeger
Boise State University

Sharon A. Hoeger

Gustavo Ibarra
Salt Lake Community College

Morton Publishing Company
925 W. Kenyon Ave., Unit 12
Englewood, Colorado 80110

A la memoria de mi Padre. De mis libros, este fue el que más le gusto. Mucho le hubiese agradado poder leerlo en Español. La disciplina, dedicación, y amor al trabajo que el me enseño me han permitido llevar obras como esta a su realidad.

Werner

Agradecimientos

Los autores queremos expresar nuestro agradecimiento al Dr. Ross Vaughn por escribir la nueva sección sobre la Biomecánica del Ejercicio y al Dr. James Nicholson por proveer materiales para la sección de Motivación y Cambio de la Conducta. Agradecimientos especiales para Charles Scheer, Erin C. Caskey, David T. Aschenbrener, Matt McKain, y Welsh Studios por su colaboración con la fotografía en esta edición.

Expresamos también un sincero agradecimiento por el aporte técnico brindado por Herbert y Alicia Hoeger, Gerardo Pineiro, Bernhard y Yorma Hoeger, Irma Hoffer, Andres Hoeger, Evelyn Berrocales, y Rotciv Cardenas. Por último vaya nuestro reconocimiento para Nancy Berrocales de Ibarra por el esfuerzo y dedicación en la transcripción de esta edición.

Prologo

Ahora más que nunca conocemos que la buena salud es primordialmente controlada por la misma persona y que las enfermedades y la mortalidad prematura pueden ser prevenidas a través de una buena aptitud física y la practica de buenos hábitos de salud. Desafortunadamente el patrón de vida moderna no provee al cuerpo humano con suficiente actividad física para mantener la salud. Más aun, muchos de los hábitos de conducta de hoy en día son tan nocivos para la salud que ellos incrementan el deterioro del cuerpo humano y definitivamente conducen a las enfermedades y la muerte prematura.

Varios resonantes estudios científicos en los últimos años han demostrado que las personas que llevan una vida activa y saludable viven por mucho más tiempo y disfrutan de una mejor calidad de vida. Por ello, la importancia de un buen programa de actividad física y bienestar general ha cobrado gran valor en las últimas tres decadas. Después de sus inicios incipientes en la época de los 70, los programas de ejercicio se han constituido en parte del patrón de vida saludable del ciudadano moderno.

Si bien la población Americana cree fervientemente en los beneficios de salud producidos por el ejercicio y los hábitos positivos de conducta, la gran mayoría no deriva estos beneficios porque simplemente no sabe como implementar un buen programa de aptitud física y bienestar general. Este libro ha sido escrito con esta finalidad en mente: El de proveerle al lector con todas las pautas necesarias para implementar un buen programa de actividad física y bienestar general, que a su vez le permita realizar un esfuerzo constante y deliberado para mantenerse sano y alcanzar el mayor nivel de bienestar general a lo largo de toda la vida.

MEJORAS DE LA TERCERA EDICION

Los capítulos de la **tercera edición** de *Aptitud Física y Bienestar General* han sido revisados y actualizados en base a los últimos avances presentados en la literatura científica y en conferencias de salud, educación física, y medicina deportiva. También se distribuyo un cuestionario para evaluar la segunda edición a casi todos los maestros que usaron esa edición. Las sugerencias recibidas a través del cuestionario fueron de gran valor en la preparación de la tercera edición. Si bien es difícil incluir todas las sugerencias, la gran mayoría fueron incluidas. Los cambios más importantes de la tercera edición incluyen:

❖ El libro contiene ahora ocho capítulos en vez de siete. Debido a la abundante información en el área de la nutrición y el control de peso, dicho capítulo ha sido dividido en dos.

❖ El Capítulo 1 ha sido revisado minuciosamente y ahora presenta: (a) una discusión más amplia y completa sobre el bienestar general y las dimensiones del bienestar, (b) los Objetivos de Salud Estado-Unidenses para el año 2000 (objetivos los cuales indican claramente la necesidad de la promoción de la salud y la medicina preventiva, la responsabilidad personal, y los beneficios de salud para toda la población Estado-Unidense), (c) una introducción a las destrezas motoras de la aptitud física, (d) información vital sobre la motivación y técnicas de cambio de conducta para ayudarle al estudiante a implementar un programa de bienestar de por vida, (e) nueva información sobre la relación entre la aptitud física y la mortalidad, (f) la importancia de iniciar los programas de aptitud física y bienestar en la juventud, y (g) la influencia de un patrón saludable de conducta sobre la calidad de la vida y la longevidad.

❖ Una nueva prueba, el abdominal corto ha sido añadida al Capítulo 2. Esta prueba substituye la prueba de la sentadilla completa usada anteriormente.

❖ Las directrices para la prescripción de programas de resistencia cardiorespiratoria y fuerza muscular en el Capítulo 3 han sido actualizadas para concordar con las pautas emitidas en 1995 por Colegio Americano de Medicina Deportiva (ACSM). Este capítulo también contiene una nueva sección sobre los principios biomecánicos que rigen al entrenamiento aeróbico y de fuerza y resistencia muscular.

❧ Una nueva modalidad de ejercicio, los ejercicios "Aero-belt" han sido añadidos al Capítulo 4. Igualmente, la importancia de las destrezas motoras de la aptitud física y un análisis de las contribuciones de varios deportes a los varios componentes motores también han sido incluidos en este capítulo.

❧ Mayor información y nuevas revisiones se le han hecho al capítulo de nutrición. Entre ellas, amplia información sobre los antioxidantes, los fitoquímicos, y las nuevas etiquetas alimenticias con los valores diarios.

❧ El listado de alimentos en el Apéndice E ha sido extendido a 479 alimentos. La mayoría de los alimentos añadidos son alimentos del servicio al instante.

❧ Una discusión más amplia sobre los términos obesidad, sobrepeso, peso recomendado, y peso tolerable ha sido incorporada al capítulo de control de peso. Este material le permitirá al estudiante tomar una mejor decisión sobre lo que representa un genuino peso corporal.

❧ En base a investigaciones científicas recientes, el valor de la actividad física como un factor determinante, si no el más importante, en la prevención de la obesidad y el mantenimiento del peso corporal ha sido ampliado en el capítulo de control de peso.

❧ Extensas revisiones se le hicieron al Capítulo 7 (Conceptos para un Patrón de Vida más Saludable) para incorporar los últimos avances científicos en este campo, de forma particular, los relacionados a las enfermedades cardiovasculares y el cáncer. La secciones sobre la tensión y el estrés y el VIH y el SIDA también han sido ampliadas.

❧ Al Capítulo 8 se le ha agregado información sobre ropa adecuada para el ejercicio; el ejercicio y el sobrentrenamiento; directrices para la prevención de fraude al consumidor; pautas para seleccionar un club o gimnasio de entrenamientos; directrices para la selección, compra, y mantenimiento de implementos deportivos; y fuentes confiables de información actualizada sobre la aptitud física y el bienestar general.

❧ Un gran número de fotografías y gráficas nuevas han sido añadidas a través del libro para ilustrar con mayor claridad los conceptos presentados en el texto.

MATERIAL DIDACTICO SUPLEMENTARIO

El siguiente material didáctico, en el idioma Inglés, se ofrece sin costo alguno a las instituciones que califiquen para ello en base al numero de libros de **Aptitud Física y Bienestar General** adquiridos por la institución:

❧ Un **programa de computación para computadoras tipo IBM**. Este programa incluye un *Perfil de Aptitud Física*, una *Prescripción Individualizada de Ejercicio Cardiorespiratorio*, un *Análisis Nutritivo*, y un *Registro Semanal y Mensual de Actividades Físicas*. El perfil de aptitud física permite comparar el perfil inicial con el perfil final, ofreciendo un porcentaje de cambio para cada componente físico. Este programa brinda una gran experiencia educativa para los participantes.

Un nuevo aditivo para la tercera edición es un programa que le permite a los instructores añadir mayor numero de alimentos al ya existente archivo del Análisis Nutritivo.

❧ Un **video** que explica detalladamente muchas de las pruebas contenidas en el libro. Los maestros pueden utilizar este video para familiarizarse con los diversos protocolos de las pruebas de aptitud física. El video explica las siguientes pruebas: La Prueba de 1.5-Millas, la Prueba de la Resistencia Muscular, la Prueba Modificada de la Flexión del Tronco y Caderas, la Prueba de Rotación Corporal Total, y la Prueba de los Pliegues Dérmicos.

❧ Un **banco de preguntas computarizado** para desarrollar exámenes con las siguientes opciones: (a) más de 800 preguntas de opción múltiple, (b) disponibilidad de añadir o modificar preguntas, (c) exámenes elaborados anteriormente se pueden modificar — creando nuevos exámenes — ya que se pueden rotar las preguntas de opción múltiple en cada examen, y (d) se permite el uso de la impresora LaserJet para la producción de exámenes.

❧ Un total de **64 trasparencias a todo color** que incluyen las más importantes ilustraciones y tablas del libro. Estas transparencias facilitan el aprendizaje de conceptos claves de la aptitud física y el bienestar general.

En la medida que el numero de instituciones que adopten el libro **Aptitud Física y Bienestar General** (en Español) así lo amerite, se estudiará la posibilidad de producir estos materiales en Español.

Contenido

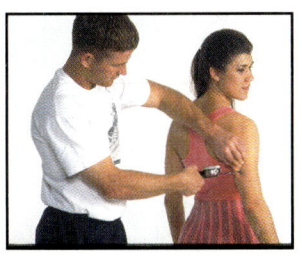

3 Prescripción del Ejercicio 41

4 Evaluación de Actividades Físicas 69

6 Control del Peso Corporal **107**

7 Conceptos Para un Patrón de Vida Más Saludable **121**

CAPITULO 1

Importancia de la Aptitud Física y el Bienestar General

No existe actualmente ni existirá en el futuro cercano ningún medicamento que garantice una salud duradera como lo hace un programa regular de ejercicio físico.[1]

CONCEPTOS CLAVES

Aptitud física

Aptitud física motora

Aptitud física relacionada a la salud

Bienestar general

Enfermedades crónicas

Enfermedades hipocinéticas

Epidemiología

Motivación

Modificación de la conducta

OBJETIVOS

❖ Comprender la importancia de la aptitud física.

❖ Entender la importancia del concepto de bienestar general.

❖ Definir aptitud física y listar los componentes relacionados con la salud y aquellos relacionados con las destrezas motoras.

❖ Comprender los beneficios de un programa global de actividad física y bienestar general.

❖ Aprender técnicas de motivación y modificación de conducta para aumentar la disponibilidad a la actividad física y al bienestar general.

❖ Discernir cuando se requiere permiso médico para participar en un programa de actividad física.

La mayoría de las personas van a la universidad para obtener una profesión, pero en realidad solamente un curso de actividad física (fitness) y bienestar general (wellness) le puede enseñar a realmente disfrutar de la vida! Para muchos, el éxito depende de cuanto dinero se gana en la vida. Sin embargo, ganar mucho dinero de nada sirve si no se disfruta de la salud necesaria para disfrutar a plenitud de lo que se tiene.

A todos nos gustaría disfrutar de buena salud y bienestar general. Mucha gente, sin embargo, no sabe como alcanzar estos objetivos. Muchas veces nuestro peor enemigo son nuestros propios patrones de comportamiento (hábitos) en la vida, ya que ellos afectan nuestra forma de funcionar. Lograr disfrutar y vivir una larga vida depende en gran parte de los patrones de comportamiento que iniciamos en nuestra juventud y continuamos por el resto de la vida.

Durante los últimas tres décadas el numero de participantes en programas de ejercicio ha aumentado considerablemente. Después de sus inicios incipientes en la época de los 70, los programas de ejercicio se han constituido en parte del patrón de vida saludable del ciudadano moderno. El aumento en el número de participantes se debe primordialmente a la disponibilidad de servicios informativos, los cuales han diseminado información de abundantes estudios científicos en pro del ejercicio y hábitos saludables.

Desafortunadamente, el patrón de vida moderno no provee suficientes oportunidades para el ejercicio físico. Más aun, muchos de nuestros hábitos de vida son nocivos para la salud y contribuyen al deterioro gradual de la salud. En un corto lapso de tiempo, la falta de programas de bienestar disminuye en nosotros el gusto por la vida y promueve la enfermedad y la muerte prematura.

El "típico" Americano tampoco es el mejor ejemplo a seguir cuando se habla de la aptitud cardiorespiratoria o aeróbica. Casi el 60% de la población Estado Unidense no realiza o realiza muy poca actividad física. En 1994, solo un 37% de la población adulta en USA se ejercitaba vigorosamente por tres o más días a la semana.[2] Aunque todos conocemos muchos de los beneficios derivados por la practica regular del ejercicio, no tenemos los conocimientos necesarios para implementar programas físicos y disfrutar de la aptitud física y el bienestar general.

Patty Neavill es un buen ejemplo de una persona que siempre tenía deseos de cambiar su aptitud física. No obstante, le faltaban los conocimientos y la motivación necesaria para implementar un programa bien fundamentado de control de peso. A la edad de 24 años, en su segundo año de universidad, Patty se sentía muy mal y desanimada. Sus frustraciones venían de su sobrepeso, nivel de aptitud física y falta de auto-estima. Como muchas personas, Patty había tenido demasiados problemas para reducir de peso. Muchas dietas con reducción calórica o deficientes en algunos nutrientes permiten reducir de peso, pero solo para luego recuperarlo otra vez, o inclusive aumentarlo, por encima de los niveles originales. Patty había tratado de bajar de peso un sinnúmero de ocasiones sin lograr éxito. En la universidad se animó y se matriculó en una clase de aptitud física. Al principio del semestre, Patty tuvo que tomar una serie de pruebas de aptitud física. Los resultados de las pruebas no fueron muy halagadoras. Su aptitud cardiorespiratoria y su nivel de fuerza muscular estaban en la categoría pobre y su flexibilidad se encontró en la categoría promedio. Su peso corporal registró más de 200 libras y el porcentaje de grasa estaba en un 41%.

Después de estas evaluaciones preliminares, Patty se entrevistó y se comprometió con su instructor a seguir un programa de acondicionamiento físico. Ella caminó o corrió 5 días a la semana, trabajó en el gimnasio de pesas dos veces por semana y jugó volibol y baloncesto de 2 a 4 veces por semana. Su régimen nutritivo se planeó para 1500 a 1700 calorías diarias, de las cuales 1200 representaban las necesarias para proveer los nutrientes adecuados. El resto de las calorías se derivaban fundamentalmente de los carbohidratos complejos. ¡Al final del semestre, su aptitud cardiorespiratoria, fuerza y flexibilidad muscular habían ascendido a la categoría buena; había perdido 50 libras, y su porcentaje de grasa descendió a un 22.5%!. En la carta de agradecimiento enviada al instructor, Patty escribió:

> Gracias por transformarme en una nueva persona. Agradezco de todo corazón el tiempo que usted me dedicó. Sin su amabilidad y consejos nunca lo hubiese logrado. Es fabuloso ser delgada. Nunca antes sentí una emoción como esta y ojalá todos pudieran sentir lo mismo, aunque fuese una sola vez en la vida.
>
> La esbelta Patty.

Patty nunca había tenido la oportunidad de ser orientada y motivada a seguir un programa de actividad física bien fundamentado y el cual le permitiera realmente experimentar la alegría de vivir.

Mas tarde, Patty continuó con sus programas de ejercicio aeróbico y de pesas. Un año después del régimen de reducción calórica, su peso subió en 10 libras, pero el porcentaje de grasa disminuyó aun más a un 21.2%. Un seguimiento durante el segundo año de ejercicio mostró una reducción adicional al 19.5%. Ahora Patty sabe lo que realmente significa disfrutar de una mejor calidad de vida.

PATRONES SALUDABLES, BIENESTAR Y CALIDAD DE VIDA

Muchos estudios clínicos indican que la falta de actividad física y la práctica de hábitos nocivos constituyen una seria amenaza para la salud del individuo. El ser humano fue creado para el movimiento y la actividad física. Los avances tecnológicos, sin embargo, nos privan de la actividad física en casi todas las facetas de nuestra vida diaria.

La actividad física ya no es parte de nuestra rutina diaria. Vivimos en una sociedad automatizada. Las máquinas realizan todo el trabajo pesado. Si necesitamos algo de la tienda, en lugar de caminar, conducimos el coche. Luego le damos vueltas al estacionamiento hasta encontrar un puesto que se encuentra 10 metros más cerca de la entrada. Al terminar las compras, la

El colmo de la tendencia a la inactividad física: Dande vueltas al estacionamiento en busca de un puesto 10 o 20 metros más cerca de la entrada a la tienda.

mercancía es generalmente llevada al coche por un joven empleado por a tienda.

Es interesante observar como en un centro comercial muchas personas buscan las escaleras automáticas para evitar el esfuerzo físico. Los automóviles, ascensores, teléfonos, controles remoto, abridores automáticos de garages, e intercomunicadores — son todos productos de la tecnología moderna que disminuyen el trabajo físico diario.

Estos avances tecnológicos han contribuido al incremento de condiciones crónicas conocidas con el nombre de enfermedades hipocinéticas. *"Hipo" quiere decir bajo o poco y "cinética", implica movimiento.* La falta de actividad es responsable de padecimientos tales como la alta presión arterial, las enfermedades del corazón, las enfermedades crónicas de la espalda baja y la obesidad. ¿De que sirve tener ciertas comodidades, si no las podemos disfrutar? Un programa diseñado especialmente para mejorar la aptitud física le puede ayudar a disfrutar la vida a plena cabalidad.

Paralelo al desarrollo de la tecnología, tres factores adicionales han contribuido al deterioro de la salud: la nutrición, el estrés, y el medio ambiente. Los alimentos grasosos, los dulces y los caramelos, el alcohol, el tabaco, el estrés, y la contaminación ambiental son todos factores que deterioran la salud.

Las causas de muerte más comunes en la actualidad se relacionan con nuestros patrones de comportamiento en la vida (vease la Figura 1.1). Estadísticas recientes muestran que un 66% de la mortalidad total se debe a enfermedades del corazón y el cáncer.[3] El 80% de estas muertes pueden ser prevenidas con un patrón de vida saludable. El tercer lugar lo ocupan las enfermedades crónicas obstructivas del pulmón (COPD), causadas fundamentalmente por el cigarrillo. Las muertes por accidentes ocupan el cuarto lugar. Aunque no todos los accidentes son evitables, muchos se pueden prevenir. Los accidentes fatales comúnmente se deben al uso de drogas y la falta de uso del cinturón de seguridad.

En la medida que aumento la incidencia de enfermedades crónicas — *aquellas que se desarrollan a lo largo de varios años* — comenzamos

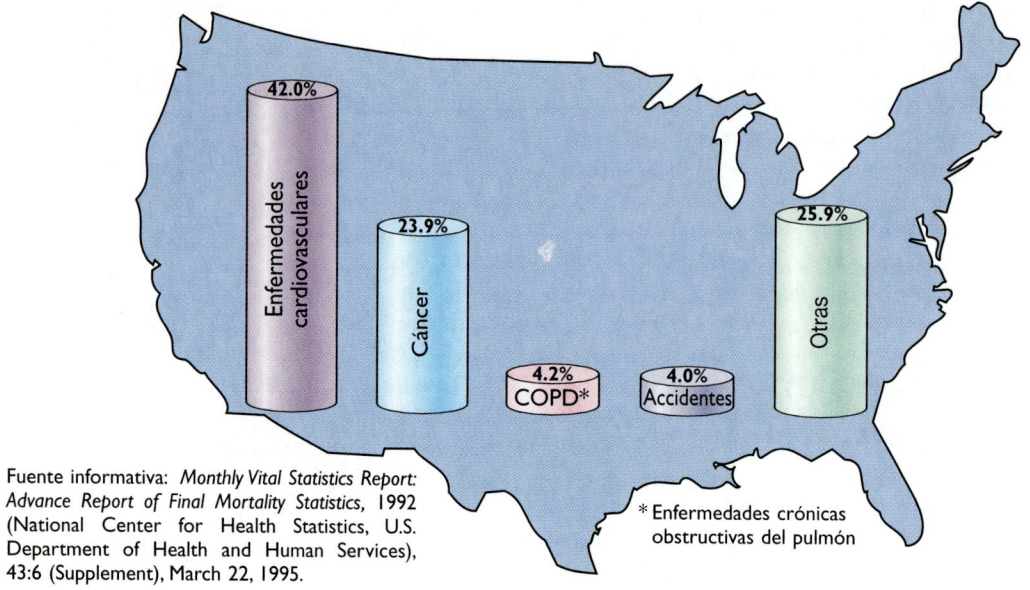

Fuente informativa: *Monthly Vital Statistics Report: Advance Report of Final Mortality Statistics,* 1992 (National Center for Health Statistics, U.S. Department of Health and Human Services), 43:6 (Supplement), March 22, 1995.

* Enfermedades crónicas obstructivas del pulmón

FIGURA 1.1 ❖ Causas de muerte más comunes en los Estados Unidos de America: 1992.

a darnos de cuenta de que es mejor prevenir que tratar estas enfermedades. Se estima que más de la mitad de las enfermedades están relacionadas al patrón de vida de la persona. Una quinta parte se le atribuye al ambiente. La décima parte depende del cuidado médico que recibe el individuo. Solamente el 16% esta relacionado a factores genéticos.[4] Estas cifras indican que la persona controla el 84% de sus enfermedades, y con ello, su propia calidad de vida. Se piensa que el 83% las enfermedades que aquejan a adultos mayores de 65 años se pueden prevenir. En resumen, la salud y vida del Americano esta amenazada por su propio patrón de vida.

Los hábitos deseables de salud se deben enseñar y galardonar a temprana edad. Por desgracia, un gran número de niños y adolescentes están en tan mala condición física, que ello añadirá a los problemas médicos en años venideros. Cuando se compara la situación en la población escolar actual con la de los años 60 y 70, se ha notado un descenso en la resistencia cardiorespiratoria y la fuerza muscular, conjuntamente con un aumento en el porcentaje de grasa corporal. Estos resultados sugieren que los programas de educación física en las escuelas públicas no promueven con efectividad patrones de vida de buena aptitud física y bienestar general.

Aunque la incidencia de enfermedades cardiovasculares se ha reducido marcadamente en las últimas dos décadas, la preocupación por la aptitud física de nuestra juventud ha llevado al Dr. Kenneth Copper, Director del Centro de Investigaciones Aeróbicas en Dallas, Texas a declarar: "Me preocupa que cuando estos jóvenes crezcan, todo los avances logrados contra de las enfermedades del corazón serán contrarrestados en los próximos 20 años".[5] Aun niños entre las edades de 5 y 6 años ya muestran deterioro cardiovascular debido a la presencia de factores de riesgo como presión arterial elevada, obesidad y aptitud física muy baja."[6]

Debido a los hábitos nocivos adoptados por muchos jóvenes, físicamente se dice que poseen los cuerpos de personas ya mayores o inclusive ancianos. Decisiones sobre la salud que se toman hoy, habrán de reflejarse en nuestra salud dentro de 10 a 20 años. Muchos programas actuales de educación física escolar no enfatizan las destrezas necesarias para mantener la aptitud física y la salud a lo lardo de la vida. Este es el objetivo de este libro, ayudar a educar al estudiante a temprana edad, de manera tal que adquieran hábitos de salud y bienestar general que duren por toda la vida. Después de todo, las personas mismas deben responsabilizarse por su propia salud y bienestar físico.

BIENESTAR GENERAL

Después de que "la fiebre" inicial del ejercicio atravesó el país en los años 70, nos dimos de cuenta que una buena aptitud física no siempre garantiza una buena salud. Por ejemplo, una persona que corra 3 millas diarias, levanta pesas regularmente, realiza ejercicios de flexibilidad, y mantiene un buen peso corporal, fácilmente se puede demostrar que posee buena o excelente aptitud física. Sin embargo, si esta persona fuma, abusa del alcohol, sufre de presión arterial alta, trabaja bajo estrés contínuo, y consume alimentos muy altos en grasa, ella posee un gran riesgo cardiovascular y a lo mejor ni lo sabe. Las *características que predisponen a una persona a contraer ciertas enfermedades* se les denomina factores de riesgo.

Hoy en día la buena salud no se define simplemente como la ausencia de enfermedad. El concepto de buena salud ha cambiado en los últimos años y continua avanzando en la medida que los científicos aprenden más sobre los patrones de vida que contribuyen al desarrollo de enfermedades y afectan el bienestar general. Una vez que nos dimos de cuenta que una buena aptitud física por si solo no siempre previene las enfermedades, el concepto del bienestar general emprendió su desarrollo en la década de los 80.

Al bienestar general se le define como *el esfuerzo constante y deliberado por mantener la salud y lograr alcanzar el nivel más elevado del potencial físico, intelectual, emocional, social y espiritual.* El bienestar general incluye muchos factores relacionados con la salud. Para vivir en un estado de bienestar general hay que adoptar nuevas formas de conducta, cambiar hábitos nocivos, y laborar constantemente por mejorar la salud. Si aplicamos este nuevo patrón de vida, lograremos prolongar nuestra existencia y mejorar la calidad de la vida.

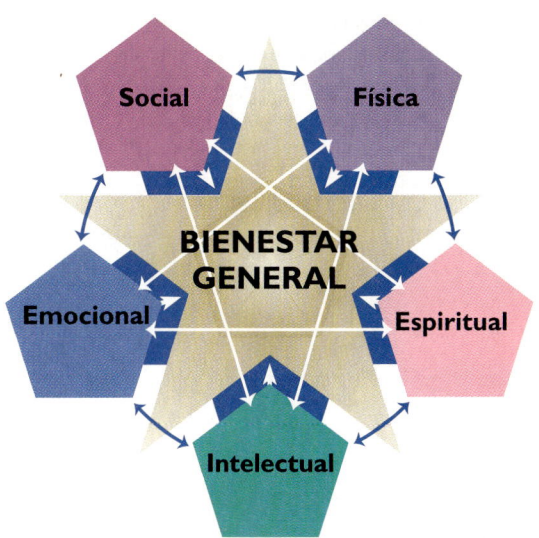

FIGURA 1.2 ❖ Las dimensiones del bienestar general.

El patrón de vida necesario para alcanzar un bienestar general requiere conductas positivas que desarrollen sus cinco dimensiones: física, intelectual, emocional, social y espiritual (Figura 1.2). Estas dimensiones están relacionadas entre si y frecuentemente una afecta a la otra. Por ejemplo si alguien se encuentra un poco desanimado o deprimido, se le quitan los deseos de visitar a los amigos, estudiar, ir a la iglesia, o hacer ejercicios.

Al observar estas cinco dimensiones, un alto nivel de bienestar claramente indica más que la ausencia de enfermedades y buena aptitud física. Entre los componentes o factores que afectan al bienestar general están la aptitud física, la buena nutrición, el control y manejo del estrés, la prevención de enfermedades, el apoyo social, el control del alcohol, la abstención del uso de tabaco (cigarrillo) y otras drogas, los exámenes médicos, la educación para la salud, y el control de la contaminación y desperdicio ambiental.

Para disfrutar del bienestar general, no solo se debe poseer buena aptitud física y no sufrir de enfermedad alguna, sino también se deben evitar factores de riesgo como la inactividad física, la presión sanguínea alta, el colesterol elevado, el uso del tabaco, el estrés excesivo, la mala nutrición, y el sexo libre. Una persona puede poseer buena aptitud física, pero si practica hábitos nocivos para la salud, ellos conducirán a enfermedades crónicas y contrarrestarán el bienestar general. Mayor información en cuanto a este tópico se encuentra en el Capítulo 7 de este libro.

El gasto financiero por hábitos nocivos de salud es sumamente elevado. Como se indica en la Tabla 1.1, los factores de riesgo traen altas consecuencias económicas. La salud publica le costo al fisco la suma de un trillón de dólares en 1994. Se estima[7] que el 1% de la población Americana es responsable por el 30% de estos gastos. El 97% de los gastos es consumido por el 50% de la población.

APTITUD FISICA

La Asociación Médica Americana define aptitud física como *la capacidad general de adaptarse y responder favorablemente al esfuerzo físico.* Esto quiere decir que el individuo se considera físicamente apto cuando puede realizar sus tareas físicas diarias normales, al igual que las inesperadas,

TABLA 1.1 ❖ Promedio Anual de Gastos Para la Salud en Base a los Principales Factores de Riesgo

Factores de Riesgo	Costo Anual
Cigarrillo	$960
Obesidad	$401
Alcoholismo	$389
Alta presión arterial	$373
Colesterol elevado	$370
No usar el cinturón de seguridad	$272

Fuente Informativa: *Journal of Occupational Medicine*, November 1991.

sin peligro o fatiga excesiva y con energía sobrante para disfrutar de sus ratos libres y de actividades recreativas. La aptitud física se clasifica en aptitud física relacionada a la salud y aptitud física motora.

Aptitud Física Relacionada a la Salud

La aptitud física relacionada a la salud tiene cuatro componentes (vease la Figura 1.3): *resistencia*

Resistencia Cardiorespiratoria

Flexibilidad Muscular

Compocisión Corporal

Fuerza y Resistencia Muscular

FIGURA 1.3 ❖ Componentes de la aptitud física relacionados con la salud.

cardiorespiratoria, fuerza y resistencia muscular, flexibilidad muscular y composición corporal:

1. *Resistencia cardiorespiratoria:* la capacidad del corazón, los pulmones y vasos sanguíneos de transportar oxígeno a la célula para realizar actividad física prolongada (también denominado ejercicio aeróbico).

2. *Fuerza y resistencia muscular:* la capacidad del músculo para producir fuerza.

3. *Flexibilidad muscular:* la capacidad de una articulación de moverse libremente a lo largo de su radio de acción.

4. *Composición corporal:* se usa en referencia a la cantidad de tejido magro y tejido adiposo en el cuerpo humano.

Aptitud Física Motora

Las destrezas motoras relacionadas con la aptitud física tienen importancia en deportes como el golf, la gimnasia, el tenis, el fútbol, el atletismo, el baloncesto y el ráquetbol. Buena aptitud física en destrezas motoras contribuye al desarrollo de la calidad de vida, puesto que puede ayudar a las personas a sobrellevar situaciones de emergencia (vease el Capítulo 4). Los componentes de la aptitud física motora son *la agilidad, el balance,*

la coordinación, la potencia, el tiempo de reacción y la velocidad (véase la Figura 1.4):

1. *Agilidad:* la capacidad de cambiar de posición y dirección rápida y eficientemente. El baloncesto y los deportes de raqueta requieren de esta destreza. El cambio rápido de posición sin perder el control es sumamente importante en estos deportes.

2. *Balance:* la capacidad de mantener el cuerpo en equilibro. Actividades como la gimnasia, el patinaje sobre hielo, los saltos de clavados y la lucha olímpica requieren de esta destreza.

3. *Coordinación:* la integración del sistema muscular y nervioso para producir movimientos elegantes, precisos y correctos. Este componente cobra importancia en actividades como el golf, el béisbol, el karate, el fútbol, y el tenis en los cuales movimientos coordinados de mano y ojo, pies y ojo, o ambos, deben ser integrados con precisión.

4. *Potencia:* La capacidad de producir fuerza máxima en el lapso más corto de tiempo. Los dos componentes de la potencia son la velocidad y la fuerza muscular. Esta capacidad permite al participante producir movimientos explosivos tales como el salto, la salida de velocidad, el bateo de una pelota, o los lanzamientos en atletismo.

5. *Tiempo de reacción:* el tiempo que toma responder a un estimulo. Por ejemplo una salida en atletismo o en natación, o reacciones rápidas en deportes como el ping-pong, el boxeo, y el karate.

6. *Velocidad:* La capacidad de impulsar el cuerpo o una parte de el rápidamente de un sitio a otro. Las carreras en atletismo, el robo de bases en el béisbol, el fútbol, y el baloncesto son ejemplos de actividades que requieren buena velocidad para cultivar su éxito.

En referencia a la medicina preventiva, el enfoque principal en los programas de acondicionamiento físico debe ser con los componentes relacionados a la salud. Aunque los componentes motores son importantes para el éxito deportivo, ellas también contribuyen al bienestar general. Mejorar el nivel de componentes

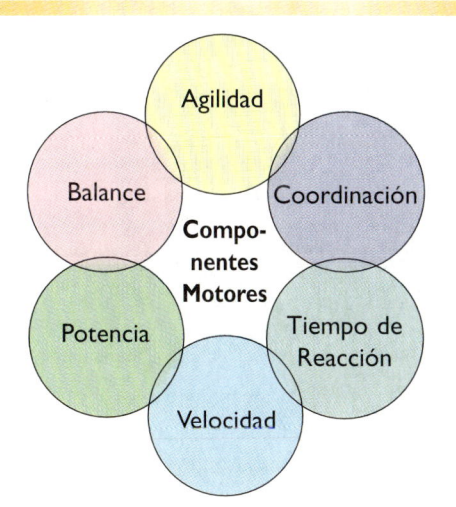

FIGURA 1.4 ❖ Componentes motores de la aptitud física.

motores no solo ayuda a la superación en deportes de por vida (aquellos que se pueden practicar por toda la vida), sino también contribuye al desarrollo de los componentes relacionados con la salud. Más aun, una buena aptitud física general amerita el desarrollo tanto de las aptitudes de la salud como las motoras.

BENEFICIOS DERIVADOS POR LA APTITUD FÍSICA Y EL BIENESTAR GENERAL

Los beneficios que se obtienen por la participación regular en programas de acondicionamiento físico y bienestar general son muchos. Además de una larga vida (véase las Figuras 1.5 y 1.6), el beneficio más importante es el ascenso en la calidad de vida. Las personas con buena aptitud física, que además practican sanos patrones de vida, generalmente son más saludables y viven mejor. Estas personas viven al potencial máximo y confrontan menos problemas de salud que aquellas que practican patrones negativos.

A pesar de que generar un listado completo de los muchos beneficios obtenidos por participar en programas de acondicionamiento físico y

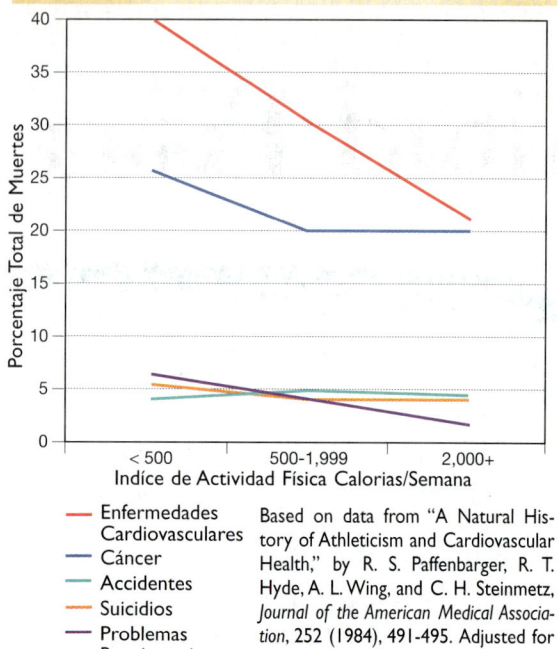

Based on data from "A Natural History of Athleticism and Cardiovascular Health," by R. S. Paffenbarger, R. T. Hyde, A. L. Wing, and C. H. Steinmetz, *Journal of the American Medical Association*, 252 (1984), 491-495. Adjusted for differences in age, cigarette smoking, and hypertension.

FIGURA 1.5 ❖ Causa especifica de muertes basada en 10,000 hombre-años de observación en los ex-alumnos de la Universidad de Harvard, 1962-1978, usando como criterio el índice de actividad física.

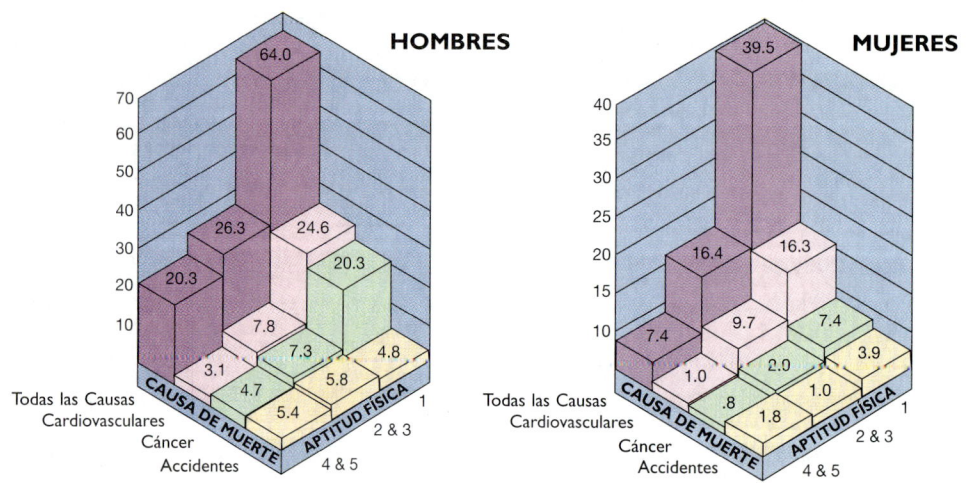

Basado en datos de "Physical Fitness and All-Cause Mortality: A Prospective Study of Healthy Men and Women," by S. N. Blair, H. W. Kohl III, R. S. Paffenbarger, Jr., D. G. Clark, K. H. Cooper, and L. W. Gibbons, *Journal of the American Medical Association*, 262 (1989), 2406.

FIGURA 1.6 ❖ Causa especifica de muertes tomando en cuenta la edad en base a 10,000 hombre-años de observación en un estudio longitudinal de 1970 a 1985 realizado por el Centro de Investigaciones Aeróbicas en Dallas, Texas.

bienestar general es muy difícil, la siguiente lista resume muchos de estos beneficios:

1. Mejora el sistema aeróbico, contribuyendo a un mejor funcionamiento de otros sistemas como el cerebral, muscular, y oseo.
2. Mejora el tono, fuerza, y resistencia muscular.
3. Incrementa la flexibilidad.
4. Ayuda a controlar el peso, evitando la acumulación de grasa excesiva.
5. Mejora la postura corporal y la apariencia física.
6. Disminuye los riesgos conducentes a enfermedades crónicas (enfermedades coronarias, cáncer y derrames cerebrales entre otros).
7. Disminuye el índice de mortalidad por causa de enfermedad crónicas.
8. Mejora la calidad de sangre, disminuyendo su espesor y contribuyendo a la disminución de casos de embolia y bloqueos de las arterias coronarias.
9. Disminuye la alta presión arterial.
10. Ayuda al control de la diabetes.
11. Controla el insomnio.
12. Elimina problemas de la espalda baja.
13. Controla el estrés, depresión, aburrimiento, ansiedad, y fatiga mental.
14. Aumenta el nivel de energía funcional, la capacidad de trabajo y la productividad de la persona.
15. Disminuye el proceso de envejecimiento y alarga la vida.
16. Mejora la auto-estima y contrarresta la depresión.
17. Motiva a la adopción de buenos hábitos de salud.
18. Disminuye el período de recuperamiento después del esfuerzo físico.
19. Disminuye el proceso de recuperación después de una lesión.
20. Regula y mejora el funcionamiento corporal general.
21. Incrementa el nivel de energía física y disminuye la fatiga cotidiana.
22. Facilita el proceso de embarazo y alumbramiento.
23. Mejora la calidad de vida, ayuda a la persona a sentirse bien y permite vivir con más salud y felicidad.

Un buen programa de actividad física mejora la calidad de vida.

Además de los beneficios ya discutidos, estudios epidemiológicos indican que las estadísticas de mortalidad son menores en personas que participan en programas de actividad física. El Dr. Ralph Paffenbarger y colegas[8], mostraron que existe una relación inversamente proporcional entre el aumento de la cantidad de actividad física y la incidencia de muertes por problemas cardiovasculares. En este estudio realizado con 16,936 ex-alumnos de la Universidad de Harvard, la menor incidencia de mortalidad fue encontrada en aquellos que gastaban alrededor de 2,000 calorías semanales en actividad física (véase la Figura 1.5).

Otro estudio de gran interés dirigido por el Dr. Steve Blair y colaboradores,[9] apoyó las evidencias del estudio anterior. En este estudio, 13,334 personas fueron observadas durante 8 años. Los resultados confirmaron que el nivel de capacidad cardiorespiratoria esta relaciona a la mortalidad general. Se encontró una relación gradual e inversa entre la aptitud cardiovascular y el índice de mortalidad, sin importar la edad y otros factores de riesgo. En resumen, mientras más elevada la aptitud cardiorespiratoria, más larga la vida (véase la Figura 1.6).

El índice de mortalidad en el grupo compuesto por los participantes de menor aptitud (grupo 1) fue 3.4 veces mayor al de los que gozaban de buena aptitud cardiorespiratoria. Para las mujeres de menor aptitud, el índice de mortalidad era 4.6 veces mayor al grupo de mujeres de mayor condición. Los investigadores también reportaron una gran reducción en muertes prematuras a niveles moderados de aptitud física, niveles que pueden ser alcanzados fácilmente por la mayoría de la población. Aun mayor protección se obtiene cuando se combinan altos niveles de aptitud física con una reducción de otros factores de riesgo como la hipertensión, el colesterol elevado, el cigarrillo, y la excesiva grasa corporal.

Otra investigación que examinó la relación entre la mortalidad y cambios de aptitud física encontró una disminución de un 44% en el índice de mortalidad en aquellos que abandonan la vida sedentaria y adoptan el ejercicio físico moderado.[10] El índice de mortalidad más bajo fue encontrado en personas que poseían y mantuvieron buena aptitud, mientras el más alto se encontró en aquellos que permanecieron fuera de condición física (véase la Figura 1.7).

Otro trabajo clínico publicado en 1995 en el *Journal of the American Medical Association*,[11] solidificó las evidencias presentadas con anterioridad y añadió que el ejercicio vigoroso es el que tiene mayor relación con el aumento de longevidad. Se definió ejercicio vigoroso como aquel que requiere una intensidad de 6 METs (véase la Tabla 4.1 del Capítulo 4), lo cual representa un consumo de oxígeno (VO_2) de 21 ml/kg/min o el equivalente a un gasto energético seis veces mayor al nivel de reposo.

Como ejemplos de las actividades vigorosas usadas en este estudio estaban la caminata rápida, el trote, la natación, el tenis, el ráquetbol, y el movimiento de nieve con pala. Los resultados también indicaron que el ejercicio vigoroso es tan importante como dejar de fumar y mantener un peso corporal apropiado.

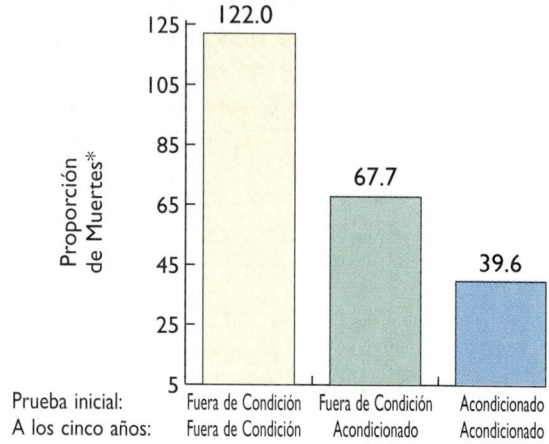

Prueba inicial: / A los cinco años:

Fuera de Condición Fuera de Condición / Fuera de Condición Acondicionado / Acondicionado Acondicionado

* Proporción de muertes basada en 10,000 años-hombres de observación. Basado en datos de "Changes in Physical Fitness and All-Cause Mortality: A Prospective Study of Healthy Men," *Journal of the American Medical Association*, 273 (1995), 1193–1198.

FIGURA 1.7 ❖ Un estudio continuo por cinco años sobre el índice de mortalidad relacionado con el mantenimiento y mejoramiento de la aptitud física.

OBJETIVOS DE SALUD ESTADOUNIDENSES PARA EL AÑO 2,000

Cada 10 años el Departamento de Salud y Servicios Humanos de Los Estados Unidos emite una lista de objetivos para la prevención de enfermedades y promoción de la salud. Desde sus inicios en 1980, este plan decenial ha despertado un sentido de orientación y propósito para entender y adoptar programas de servicio público en el campo de la salud y la medicina preventiva.

Los objetivos para el año 2,000 fueron publicados en el documento *Pueblo Saludable 2,000: Objetivos Nacionales para la Promoción de la Salud y la Prevención de Enfermedades*[12] y este abarca tres areas de importancia:

1. *Responsabilidad personal.* La gente debe mostrar mayor interés por su salud. Conductas responsables y conscientes son la clave para la buena salud.

2. *Beneficios de salud para toda la comunidad.* Las condiciones socioeconómicas bajas y la

mala salud frecuentemente se relacionan. Extender los servicios de la salud a todos los niveles sociales es necesario para preservar la salud de la nación.

3. *Promoción de la salud y la medicina preventiva.* El enfoque en prevención en vez de tratamiento de enfermedades disminuiría enormemente los gastos de salud y ayudaría a todo Americano a alcanzar una calidad de vida más elevada.

El desarrollo del programa para el año 2,000 involucró más de 10,000 personas representando 3,000 organizaciones nacionales. Entre ellas el Instituto de Medicina de la Academia Nacional de Ciencias, Los Departamentos de Salud de los Estados, y la Oficina Federal de Medicina Preventiva y Promoción de la Salud. Un resumen de estos objetivos se presenta en la Figura 1.8. Aplicando los patrones saludables de vida presentados en este libro le permitirán mejorar su calidad de vida y convertirse en un participante activo en el programa para el año 2000.

RUMBO A LA APTITUD FISICA Y AL MEJORAMIENTO DE VIDA

Los resultados de estudios científicos y el auge de la actividad física de las últimas tres décadas le ha ayudado a muchas personas a observar los beneficios que se obtienen por la practica del ejercicio. Debido a que todos tenemos necesidades físicas diferentes, es necesario adoptar programas de ejercicios individualizados. Este libro contiene toda la información necesaria para desarrollar un programa de por vida para mejorar la aptitud física, promover la prevención de enfermedades y progresar hacia el bienestar general. Al término de las asignaciones en este libro usted podrá:

❖ Decidir si su participación en actividades físicas requiere autorización médica.

❖ Evaluar su resistencia cardiorespiratoria, fuerza y resistencia muscular, flexibilidad muscular y composición corporal.

❖ Diseñar programas individualizados para desarrollar la aptitud física.

❖ Escribir programas de nutrición y control de peso.

❖ Implementar patrones de vida saludables que le permitan prevenir las enfermedades cardiovasculares, el cáncer, y controlar el estrés y el habito de fumar.

❖ Distinguir entre conceptos verídicos relacionados con el ejercicio y la salud y aquellos productos de mitos y creencias.

MOTIVACION Y CAMBIO DE LA CONDUCTA

Cada día contamos con mayor información que señala la importancia de adoptar buenos hábitos de salud. No obstante su importancia, la mayoría de las personas aun se resisten a participar en programas de ejercicios. Analizar las razones por las cuales la gente no participa, puede ayudarle en su propia preparación y motivación para comenzar. Es importante entender los factores que motivan a la gente y las tareas que son necesarias para realizar cambios permanentes en la conducta.

Motivación — *el deseo y voluntad de realizar algo* — se usa frecuentemente para explicar las razones por las cuales algunos individuos logran éxito y otros no. Aunque se dice que la motivación es interna, son factores externos los que motivan a cambios de conducta.

Cuando se examina el concepto de la motivación, se entiende que hay dos tipos de motivación: la motivación intrínseca (la que se forma en el interior de la persona) y la motivación extrínseca (influenciada por factores externos). Las personas que derivan su motivación por factores intrínsecos saben que ellas ejercen cierto dominio sobre factores ambientales y con ello puede lograr sus metas. Por otro lado, los que se motivan externamente, piensan que las influencias ambientales controlan su vida y por lo cual les es muy difícil alcanzar sus metas.

Los motivados intrínsecamente son por lo general personas más saludables y les es fácil permanecer en un programa de actividad física. Los que piensan que no ejercen control alguno se consideran vulnerables y sin ningún dominio. Para ellos motivarse es muy difícil. Estas personas también tienden a enfermarse más frecuentemente. Cuando se enferman les es

POBLACION SALUDABLE 2000:
OBJETIVOS SELECTOS DE SALUD PARA EL AÑO 2000

I. Actividad Física y Acondicionamiento

1. Incrementar el numero de participantes en el ejercicio físico leve y moderado realizado por lo menos 30 minutos diarios.
2. Aumentar la proporción de individuos participando en actividades físicas vigorozas las cuales mantienen y mejoran la capacidad cardiorespiratoria, ejercitandose por lo menos 3 veces por semana, durante 20 minutos continuos.
3. Aumentar el numero de personas participando en ejercicio que mantenga y eleve la fuerza, resistencia, y flexibilidad muscular.
4. Reducir el sobrepeso corporal en más de un 20 % en personas mayores de 20 años y alrededor del 15 % en adolescentes de 13 a 19 años de edad.

II. Nutrición

1. Restringir el consumo de grasas a un promedio de 30 % del total calórico ingerido y de este porciento limitar el consumo de grasas saturadas a un 10 % en personas mayores de 2 años de edad.
2. Aumentar el consumo de carbohidratos del tipo complejo y el de los alimentos ricos en fibra hasta cinco o más porciones diarias de frutas y vegetales, así mismo aumentar el uso de 6 o más porciones de granos en los alimentos diarios.
3. Incrementar el consumo de alimentos ricos en calcio.
4. Aumentar hasta un 85 % el numero de personas mayores de 18 años que usan las etiquetas alimenticias para seleccionar alimentos.

III. Enfermedades crónicas

1. Aumentar la calidad de vida hasta los 65 años de edad.
2. Reducir el numero de muertes ocasionadas por enfermedades coronarias.
3. Reducir a 200mg/dl los niveles de colesterol en la sangre.
4. Aumentar el interés por el reconocimiento de su condición entre adultos que padezcan problemas de colesterol y se preocupen por el tratamiento y reducción de tales niveles.
5. Incrementar el numero de personas conscientes de su presión arterial alta y que tomen medidas para controlarla.
6. Disminuir el numero de muertes causadas por el cáncer.
7. Reducir el numero de pacientes afectados por el estrés.
8. Aumentar el nivel de información sobre el estrés y ayudar a las personas afectadas a practicar técnicas de control.

IV. Tabaco

1. Reducir el numero de fumadores de cigarrillo
2. Reducir la exposición de niños al humo de cigarrillo en su propio hogar.
3. Disminuir situaciones de peligro en las personas no-fumadoras expuestas al humo de segunda mano

V. Alcohol y otras drogas

1. Reducir el habito de la mariguana, la cocaína y el alcohol entre jóvenes usuarios.
2. Disminuir el consumo e alcohol entre estudiantes en el último año de su preparación secundaria y entre estudiantes de primer año de universidad
3. Reducir el consumo de alcohol metanol entre menores de 14 años, a un promedio anual de solo dos galones.
4. Reducir el numero de muertes accidentales como resultado de conducir bajo la influencia del alcohol.
5. Reducir el numero de muertes relacionadas con el uso de las drogas.

VI. SIDA, Infecciones por el VIH, y Enfermedades de Transmisión Sexual.

1. Reducir la incidencia anual de SIDA a no más de 98,000 casos.
2. Mantener la infección de VIH a no más de 800 por 100,000 casos.
3. Educar a individuos solteros y sexualmente activos en el uso del condón.
4. Reducir la ocurrencia de enfermedades causadas por infección contraída durante relaciones sexuales.

VII. Planificación Familiar

1. Disminuir el numero de embarazos inesperados.
2. Reducir la incidencia de adolescentes que practican relaciones sexuales.
3. Aumentar la información concerniente al uso de anticonceptivos, formas de protección y otros métodos efectivos en el control de la natalidad entre adolescentes solteros.

Lesiones Accidentales

1. Reducir el numero de muertes causadas por accidentes
2. Aumentar el numero de personas que usan cinturón de seguridad, asiento restrictivo para infantes y los globos inflables para el conductor y pasajero.
3. Aumentar el uso de cascos protectores entre ciclistas y motociclistas.

*Adaptado de *Healthy People 2000: National Health Promotion and Disease Prevention Objectives*, by U.S. Department of Health and Human Services (Boston: Jones and Bartlett Publishers, 1992). Véase esta publicación para mayor información sobre los objetivos.

FIGURA 1.8 ❖ Poblacion Saludable 2000: Objetivos selectos de salud para el año 2000.

necesario recobrar el sentido de control para recuperar la salud.

Pocas personas poseen control completamente externo o interno, pero la mayoría tiene cierta tendencia hacia uno de ellos. El punto en donde uno se encuentran en relación a esta escala afecta la salud. Mientras más externo, mayores son las dificultades para adoptar un programa de ejercicio físico u otros patrones saludables de vida. Afortunadamente el desarrollo de control interno se puede aprender. Al comprender que la mayor parte de lo que pasa en la vida no es genético o causado por el medio ambiente, nos ayuda a alcanzar metas y a ejercer control sobre la forma de vivir. Tres tipos de impedimentos obstaculizan el logro de metas. Estas son competencia, confianza y motivación.[13]

1. *Falta de competencia.* A estas personas les faltan las destrezas necesarias para alcanzar una meta. Ellas no se sienten lo suficientemente competente para lograrlo. Si usted no sabe jugar baloncesto, seguramente no jugará con sus amistades. Para llegar a ser más competente, es necesario aprender las destrezas requeridas para poder participar. Se debe entender que las personas no nacen dominando toda destreza posible, incluyendo las deportivas.

Un profesor universitario todos los viernes observaba como un grupo de estudiantes se divertía con un juego amistoso de baloncesto. Por no saber jugar, le daba miedo participar. El deseo de divertirse fue tan grande que por ello decidió tomar una clase en este deporte. Su sorpresa fue aun más grande cuando los estudiantes se dieron de cuenta de la razón por la cual estaba tomando la clase. Una vez que se sintió más competente en el deporte comenzó a jugar con los estudiantes todos los viernes.

Otra alternativa es la de escoger un deporte en donde se tenga buena oportunidad de éxito. Si no es el baloncesto, entonces posiblemente los bailes aeróbicos. Sin embargo, no se debe evitar probar nuevos deportes. Igualmente, si constantemente se lucha con el peso corporal, se puede aprender a preparar alimentos bajos en grasa. Se prueban recetas diferentes hasta que se obtengan las que le gusten.

El relato de Patty al principio del capítulo es otro ejemplo de falta de competencia. Patty tenía motivación y sabia que era posible alcanzar su meta pero le faltaban las destrezas para alcanzarla. Una vez que aprendió las destrezas, ella pudo obtener y mantener su meta.

2. *Falta de confianza.* Algunas veces el individuo posee las destrezas necesarias para sobresalir, pero no posee la confianza para lograrlo. El miedo y la falta de confianza muchas veces interfiere en el logro de metas.

Uno nunca debe darse por vencido hasta no haber intentado con resolución lo que se piensa hacer. Si se poseen las destrezas, el cielo es el límite. Para empezar, imagínese a usted mismo desarrollando y terminando la actividad. Imagíneselo muchas veces y luego trate realmente de hacerlo. Verá que se sorprenderá a usted mismo.

Cuando se pretende realizar una actividad por primera vez, a veces parece imposible. En tal caso divida la meta en partes. Por ejemplo, para nadar una milla se puede empezar con 50 yardas. Entrénese de forma tal que a diario aumenta la distancia cubierta hasta que logre la milla completa. Si en cierto día no alcanza su objetivo, pruebe otra vez, evalué el objetivo, tal vez disminuya la distancia, y lo más importante, nunca debe darse por vencido.

3. Problemas de motivación. En estos casos las destrezas y la confianza existen pero la meta trazada no es tan importante como para hacernos cambiar. Por ejemplo, los fumadores comienzan a contemplar dejar el habito cuando las razones por dejar de fumar son más importantes que las razones para continuar haciéndolo.

En lo que se refiere a calidad de vida, la falta de educación (conocimientos) y metas son los factores fundamentales por los cuales las personas no cambian. La educación usualmente determina nuestras metas y son estas las que nos motivan a tomar acción. Mientras más se quiera alcanzar una meta, más fuerte es el esfuerzo por alcanzarla. Mucha gente desconoce los grandes beneficios producidos por un programa de bienestar general. Desafortunadamente en cuanto a patrones saludables se refiere, muchas veces no existe una segunda oportunidad. Un derrame cerebral, un ataque cardíaco, o un cáncer pueden producir daños irreparables o fatales. Mayores conocimientos sobre los factores causantes de enfermedades tal vez sea suficiente para comenzar a cambiar los patrones de conducta.

Igualmente, no se puede saber lo que es disfrutar de una buena aptitud física al menos que alguna vez se haya disfrutado. Los sentimientos expresados por Patty a su instructor — sentimientos de auto-estima, confianza, salud, y calidad de vida — no se le pueden explicar a alguien que este acostumbrado a una vida sedentaria. De cierto modo, el bienestar general es como alcanzar la cima de las montañas. La belleza del paisaje, las plantas, los riachuelos, los animales, y la hermosa vista del valle son difíciles de explicar a alguien que ha pasado toda su vida dentro de los limites de una ciudad.

MODIFICACIÓN DE LA CONDUCTA

En el transcurso de nuestra existencia adoptamos hábitos que muchas veces deseamos cambiar, pero los hábitos viejos son difíciles de cambiar. La modificación de la conducta — *el proceso de cambiar hábitos destructivos o negativos, por hábitos positivos que brindan mayor salud y bienestar* — requiere de un esfuerzo continuo para su logro. En lo que se refiere al bienestar general, mientras más temprano se adopten hábitos saludables, mejores serán los beneficios y la calidad de vida que se habrá de cosechar. Los siguientes principios del proceso de modificación de la conducta nos pueden ser útiles:

Auto-Análisis

El primer paso para modificar la conducta es el deseo sincero de lograrlo. Si usted no tiene este deseo, no va a cambiar. Una persona que no desea dejar de fumar, no lo hará, sin importar lo que diga persona alguna o cuan grande sea la evidencia científica en su contra. Un auto-análisis de las ventajas y las desventajas de practicar cierta conducta es importante. Como se dijo con anterioridad, cuando las ventajas tengan mayor importancia que las desventajas, se podra comenzar con el próximo paso.

Análisis de la Conducta

Se hace necesario determinar la frecuencia, circunstancias, y consecuencias de la conducta a modificarse. Si se desea evitar las comidas altas en grasa, primero se tiene que aprender a identificar los alimentos altos en grasa, ver cuando se consumen, y cuando no se consumen. Este último aspecto es muy importante ya que ayuda a identificar aquellos factores que permiten controlar el uso desmedido de estos alimentos.

Formulación de Metas

La metas motivan cambios de conducta. Entre más fuerte sean nuestros deseos, mayor motivación se tendrá para lograr una meta. El lector encontrará más adelante una sección donde se discute como planificar y lograr metas.

Apoyo Social

Uno debe rodearse de personas que persigan metas parecidas, personas que le apoyen o le animen durante el trayecto. Por ejemplo, si se pretende dejar de fumar, debe asociarse con aquellos que persiguen la misma meta o con ex-fumadores que ya pudieron dejar el hábito. El apoyo social es un incentivo muy grande para cambiar la conducta.

Durante este trayecto, no se asocie con individuos que no lo apoyen. Amistades que no quieran dejar de fumar le tentaran a continuar con el hábito de fumar. También personas que han alcanzado metas mayores a la suya, muchas veces no son de ayuda. Por ejemplo, alguien le podría decir: "yo puedo correr seis millas." En tal caso usted le debe responder: "yo me siento orgulloso de poder correr tres millas."

Supervisión

Anotar o llevar registros tiene mucho valor ya que ayuda a evaluar los resultados. Este principio muchas veces es suficiente para cambiar la conducta. Por ejemplo, anotar todo alimento que se ingiere nos permite reconocer los alimentos altos en grasa. Esto a la vez permite reducir su consumo o evitar estos alimentos antes de ingerirlos. Si la meta es incrementar el consumo de frutas y vegetales, anotándolas(los) diariamente permite evaluar su consumo y su deficiencia.

Proyección Positiva

Uno debe proyectar una actitud positiva desde el principio y tener confianza en si mismo. ¡Yo se que lo podré lograr! En este capítulo se han incluido directrices las cuales puede usar para cambiar la conducta. También piense en los resultados — cuan más saludable será usted, la mejoría en la apariencia personal, o la capacidad de trotar cierta distancia sin pararse.

Galardones

Las personas tienden a repetir actividades que han sido galardonadas y evitar aquellas que no lo son, o que son castigadas. Si ha logrado reducir el consumo de grasas durante la semana, el galardón podría ser ir al cine o comprarse un nuevo par de zapatos. Nunca se debe recompensar con hábitos nocivos, tal como una cena alta en grasa. Si se falla en alcanzar una meta (o implementar una nueva), se debe posponer la recompensa. Cuando una conducta positiva llega a ser habitual, se puede dar una recompensa aun mayor como pasar un fin de semana en un hotel o tomarse unas cortas vacaciones.

PLANIFICACION DE METAS

Para hacer que sus metas se conviertan en realidad los siguientes aspectos se deben observar:

1. *Buena planificación*. Un buen plan de acción ayuda a obtener una meta. Los aspectos a continuación, al igual que otros en diferentes capítulos de este libro, le ayudaran a diseñar este plan. Al desarrollar el plan de acción, también se recomienda trazar objetivos específicos con miras a la respectiva meta. Ejemplos de estos objetivos se presentan en el Capítulo 3.

2. *Metas individualizadas*. Metas diseñadas por usted mismo motivan más que aquellas trazadas por otra persona.

3. *Metas escritas*. Una meta que no se escribe es tan solo un deseo. Cuando se escribe una meta esta se convierte en un compromiso. Muéstrele su meta a un testigo o maestro y fírmese por ambos para convertirla en un contrato oficial.

4. *Metas realistas*. Metas ambiciosas usualmente desaniman. Por ejemplo, si se empieza un programa de ejercicios aeróbicos por 45 minutos a un nivel muy vigoroso, el cansancio y las molestias musculares le desanimaran y le harán perder la motivación. Una meta real debe ser práctica, alcanzable, y por modesta o pequeña que sea, es mejor que una muy ambiciosa.

   También se recomienda planificar alternativas. Si la meta es de correr seis veces a la semana por 30 minutos, pero si el clima no se lo permite, la alternativa seria correr en una pista cubierta o participar en otras actividades aeróbicas como bicicleta estacionaria, natación, o aeróbicos de banco.

5. *Metas cuantificables*. Escriba las metas de forma tal que sean claras y que se puedan medir. Escribir "perder peso" no es una meta cuantificable. Si se indica "voy a rebajar a un 17% la grasa corporal," esta sí es una meta que se puede medir y evaluar.

6. *Fecha de cumplimiento*. Una meta debe indicar claramente la fecha cuando se pretende alcanzar. Esta fecha debe trazarse a un tiempo relativamente corto para no perder la motivación.

7. *Registros*. Anotar todas las actividades provee un refuerzo motivacional y su registro constante le permitirá observar su progreso.

8. *Evaluaciones*. Evaluaciones periódicas son indispensables para tener éxito. A veces la

meta no es real. En esos casos es necesario ajustar las expectativas y modificar los objetivos para alcanzar la meta. Si la meta resulta muy fácil, ello también le puede desanimar. Una vez que una meta se logre, se deberá diseñar una meta nueva para continuar progresando.

Además de las directrices presentadas en este capítulo, el lector encontrará otras ideas y consejos a lo largo de este libro. Por ejemplo, en el Capítulo 3, hay un cuestionario que nos ayuda a detectar el grado de disposición para el ejercicio e información para trazar metas de aptitud física. En el Capítulo 4 se hacen recomendaciones para mejorar programas de resistencia cardiorespiratoria. El Capítulo 6 presenta directrices para el control y manejo del peso corporal. Finalmente en el Capítulo 7 se provee información para dejar del fumar y controlar el estrés.

PRECAUCIONES NECESARIAS ANTES DE COMENZAR CON LA ACTIVIDAD FISICA

La participación en el ejercicio y la evaluación de la aptitud física son actividades de relativamente poco peligro para personas saludables menores de 45 años. Sin embargo, un pequeño grupo de la población puede padecer de anomalías inducidas por el ejercicio, fundamentalmente aquellas con problemas cardiovasculares.[14] Estas personas deberán ser evaluadas antes de empezar cualquier tipo de actividad física. La Figura 1.9 presenta un cuestionario que el participante debe llenar antes de iniciar un programa de entrenamientos o una evaluación de la aptitud física. Cualquier respuesta "si" requiere del visto bueno del médico antes de empezar el programa. Si no existen respuestas "si," se puede proceder al Capítulo 2 para aprender a evaluar la aptitud física.

REFERENCIAS

1. W. M. Bortz II. "Disuse and Aging." *Journal of the American Medical Association*, 248 (1982), 1203–1208.

2. Editors of *Prevention Magazine, The Prevention Index 1995: A Report Card on the Nation's Health* (Emmaus, PA: Prevention Magazine, 1995).

3. U. S. Department of Health and Human Services, National Center for Health Statistics, *Monthly Vital Statistics Report: Advance Report of Final Mortality Statistics*, 43:6, Supplement (1992), March 22, 1995.

4. T. A. Murphy and D. Murphy, *The Wellness for Life Workbook* (San Diego: Fitness Publications, 1987).

5. P. E. Allsen, J. M. Harrison, and B. Vance, *Fitness for Life* (Madison, WI: Brown & Benchmark, 1993), p. 3.

6. B. Gutin, et al., "Blood Pressure, Fitness, and Fitness in 5- and 6-Year-Old Children," *Journal of the American Medical Association*, 264 (1990), 1123–1127.

7. "Wellness Facts," *University of California at Berkeley Wellness Letter* (Palm Coast, FL: The Editors, April, 1995).

8. R. S. Paffenbarger, Jr., R. T. Hyde, A. L. Wing, and C. H. Steinmetz, "A Natural History of Athleticism and Cardiovascular Health" *Journal of the American Medical Association*, 252 (1984), 491–495.

9. S. N. Blair, H. W. Kohl III, R. S. Paffenbarger, Jr., D. G. Clark, K. H. Cooper, and L. W. Gibbons, "Physical Fitness and All-Cause Mortality: A Prospective Study of Healthy Men and Women," *Journal of the American Medical Association*, 262 (1989), 2395–2401.

10. S. N. Blair, H. W. Kohl III, C. E. Barlow, R. S. Paffenbarger, Jr., L. W. Gibbons, and C. A. Macera, "Changes in Physical Fitness and All-Cause Mortality: A Prospective Study of Healthy and Unhealthy Men," *Journal of the American Medical Association*, 273 (1995), 1193–1198.

11. I. Lee, C. Hsieh, and R. S. Paffenbarger, Jr., "Exercise Intensity and Longevity in Men: The Harvard Alumni Health Study" *Journal of the American Medical Association*, 273 (1995), 1179–1184.

12. U. S. Department of Health and Human Services, Public Health Service, *Healthy People 2000: National Health Promotion and Disease Prevention Objectives* (Boston: Jones and Bartlett Publishers, 1992).

13. G. S. Howard, D. W. Nance, and P. Myers, *Adaptive Counseling and Therapy* (San Francisco: Jossey-Bass Publishers, 1987).

14. American College of Sports Medicine, *Guidelines for Exercise Testing and Prescription* (Baltimore: Williams & Wilkins, 1995).

Cuestionario del Historial Clínico

El ejercicio es una actividad relativamente segura para las personas que aparentemente gozan de buena salud. Sin embargo, la reacción del sistema cardiovascular no siempre puede ser predecida en su totalidad cuando a este se le somete a mayores niveles de actividad física. Por ello existe un riesgo pequeño pero real de que ciertos cambios pudiesen ocurrir durante el ejercicio; entre ellos: Una presión arterial abnormal, arritmias cardíacas, desmayos, y en casos extremos, un ataque o paro cardíaco. Por lo tal debe ser usted completamente honesto al responder las siguientes preguntas. El ejercicio puede ser contraindicado bajo ciertas de las condiciones abajo indicadas. Algunas de ellas solo requieren precauciones especiales. Si usted responde positivamente (si) a cualquiera de las preguntas, deberá consultar con su médico antes de iniciar un programa de ejercicio físico. También debe reportar de inmediato a su instructor cualquier abnormalidad sentida durante el ejercicio a lo largo del semestre.

Ha padecido alguna vez de los siguientes problemas de salud?

☐ Sí ☐ No   1. Enfermedades cardiovasculares

☐ Sí ☐ No   2. Nivel elevado de lípidos en la sangre (triglicéridos y colesterol)

☐ Sí ☐ No   3. Dolor de pecho en descanso o durante actividad física

☐ Sí ☐ No   4. Respiración entrecortada u otro problema respiratatorio

☐ Sí ☐ No   5. Ritmo cardíaco irregular

☐ Sí ☐ No   6. Hipertensión

☐ Sí ☐ No   7. Diabetis

☐ Sí ☐ No   8. Desmayos frecuentes o mareos fuertes

☐ Sí ☐ No   9. Problemas articulares (artritis, reumatismo, o problemas de la espalda baja)

☐ Sí ☐ No 10. Desórdenes nutricionales (bolimia o aneroxia nervosa)

☐ Sí ☐ No 11. Alguna preocupación sobre su capacidad para la participación en programas de actividad física.

Por favor indique si alguna de las siguentes situaciones existe:

☐ Sí ☐ No 12. Fuma constantemente?

☐ Sí ☐ No 13. Hombres — tiene usted más de 40 años?

☐ Sí ☐ No 14. Mujeres — tiene usted más de 50 años?

Firma del Estudiante: _____ Fecha: _____

FIGURA 1.9 ✤ Cuestionario del historial clínico.

Evaluación de la Aptitud Física

CAPITULO 2

CONCEPTOS CLAVES

Composición corporal

Consumo máximo de oxígeno (VO$_{2max}$)

Flexibilidad muscular

Fuerza muscular

Grasa almacenada

Grasa esencial

Indíce de alto rendimiento físico

Indíce de salud física (criterio de referencia)

Metabolismo

Metabolismo de reposo

Peso magro

Porcentaje de grasa corporal

Resistencia cardiorespiratoria

Resistencia muscular

Una repetición máxima (1 RM)

OBJETIVOS

✤ Definir los componentes de la aptitud física relacionados con la salud.

✤ Aprender a evaluar la aptitud cardiorespiratoria, fuerza y flexibilidad muscular, y la composición corporal.

✤ Aprender a calcular el peso corporal recomendado.

Los componentes de la aptitud física relacionados con la salud son la resistencia cardiorespiratoria, fuerza y resistencia muscular, flexibilidad muscular, y composición corporal. Estos cuatro componentes se constituyen en los tópicos a discutir en este capítulo, al igual que las técnicas usadas para su evaluación. A lo largo del programa de entrenamiento podrá usted determinar en forma regular su nivel de aptitud física usando estas técnicas de medición. Se sugiere realizar estas evaluaciones por lo menos dos veces — una evaluación inicial, y luego como evaluación final después de unas 10 a 14 semanas de entrenamiento.

Su perfil individualizado de aptitud física lo puede encontrar en la Figura A.1, en el Apéndice A.

Aquí puede anotar los resultados de cada evaluación realizada en este capítulo. El formato en la Figura A.2 puede ser usado al final del semestre para anotar los resultados de la evaluación final.

En el Capítulo 3 se enseña a trazar metas personales para el mejoramiento de tu aptitud física. Estas metas deben basarse en la evaluación de aptitud física inicial. Después de iniciar el entrenamiento, espere por lo menos ocho semanas antes de realizar la evaluación final.

Tal y como se discutió en el Capítulo 1, la participación en un programa de ejercicio no se recomienda para una persona con historial clínico o padecimientos de índole cardíaca. Es por lo tanto imperativo que la persona llene el cuestionario en la Figura 1.7. Un "sí" en alguna de las respuestas indica que debe consultar con un médico antes de iniciar, continuar, o aumentar el volumen del programa de entrenamiento.

EVALUACIÓN DE LA APTITUD FÍSICA

No es posible determinar la aptitud física por intermedio de una sola prueba. Un conjunto de pruebas se hacen necesarias, ya que la aptitud física cuenta con cuatro componentes diversos.

En las próximas páginas se encuentran varias pruebas usadas para evaluar los niveles de los componentes de la aptitud física relacionados con la salud. Al interpretar los resultados, dos índices de evaluación se pueden usar: índice para la salud e índice de alto rendimiento físico.

Los criterios de referencia usados para el índice de la salud se basan datos epidemiológicos que relacionan niveles de aptitud física con la prevención de enfermedades. Estos índices parecen ser los niveles mínimos para el mantenimiento de una buena salud, reducción del riesgo de contraer enfermedades crónicas, y minimizar la incidencia de lesiones de músculos y huesos.

Lograr los índices de aptitud física tan solo requiere actividad física moderada. Por ejemplo, dos millas de caminata moderada en unos 30 minutos, de cinco a seis veces por semana, parecen ser suficientes para alcanzar el índice de salud para la resistencia cardiorespiratoria.

Los índices de alto rendimiento físico son más exigentes y requieren entrenamientos más vigorosos. Muchos expertos en la materia afirman que para alcanzar un "buen" nivel de aptitud física, el individuo debe poder realizar actividad física moderada a vigorosa sin que se fatigue demasiado y debe poder mantener esta por el resto de la vida. Un alto rendimiento físico permite que personas de toda edad puedan disfrutar diariamente a un máximo de todas sus actividades cotidianas y también las recreacionales. Los índices de aptitud física de la salud son un poco bajos para permitirle al individuo disfrutar de todas estas actividades.

Un nivel elevado de aptitud física le brinda al individuo una libertad de movimiento que la mayor parte de la población Estado Unidense ya no disfruta. La meta es de poder participar en actividades similares a las practicadas durante la juventud, aunque a menor intensidad. No se necesita ser un atleta de alto rendimiento, pero actividades como el cambiar una goma del carro, jugar vigorosamente un partido de baloncesto, cortar madera durante el invierno, excursionismo recreativo, subir los escalones de un edificio, caminar algunas millas alrededor de un lago, montar en bicicleta, jugar al fútbol con hijos o nietos; todas son actividades que requieren una aptitud física superior al promedio actual del ciudadano Americano.

Si el objetivo es obtener una aptitud física que reduzca el riesgo de contraer enfermedades crónicas, alcanzar los índices mínimos de salud es suficiente. Sin embargo, si se desea participar en actividades moderadas a vigorosas, se recomienda obtener el nivel de alto rendimiento. En este libro, ambos índices son dados para cada prueba de aptitud física. La persona deberá decidir por si mismo el índice que desea lograr a través de su programa de entrenamiento físico.

RESISTENCIA CARDIORESPIRATORIA

La resistencia cardiorespiratoria se ha definido como *la capacidad de los pulmones, el corazón, y los vasos sanguíneos de llevar oxígeno a la*

célula para realizar actividad física prolongada.
Cuando la persona aspira el oxígeno del aire, una porción de éste es absorbida por los pulmones y luego transportada por la sangre hacia el corazón. El corazón luego bombea la sangre oxigenada a todo lo largo del sistema circulatorio hasta alcanzar los órganos y tejidos del cuerpo. A nivel celular, el oxígeno es utilizado para convertir los alimentos, principalmente carbohidratos y grasas en energía para actividades metabólicas, mantenimiento del equilibrio interno, y esfuerzos físicos.

Algunas actividades físicas que mejoran la aptitud cardiorespiratoria o capacidad aeróbica son la caminata, el trote, el ciclismo, el remo, la natación, el ráquetbol, los bailes aeróbicos y el fútbol. Las directrices para implementar programas de resistencia cardiorespiratoria se dan en el Capítulo 3 y una introducción a los beneficios de actividades aeróbicas más comunes las encontrará el lector en el Capítulo 4.

Un programa bien fundado de índole cardiorespiratoria contribuye efectivamente a la buena salud. El típico Americano no es el mejor modelo en cuanto a la aptitud física se refiere. Un corazón mal acondicionado tiene que latir más veces para mantener con vida a la persona en mala condición física, lo cual progresivamente debilita al corazón. Cuando se presentan condiciones inesperadas que requieren trabajo forzado, como correr para alcanzar el autobús, cargar algo pesado, o mover nieve con una pala; dichas actividades pueden esforzar demasiado a un corazón fuera de condición. En personas de baja aptitud física, tales actividades podrían causar un ataque cardíaco o inclusive la muerte.

✗Cualquier persona que empiece un programa de ejercicios aeróbicos puede recibir un buen numero de beneficios como resultantes de este entrenamiento. Entre otros, una reducción en los niveles de colesterol y triglicéridos, una disminución en la frecuencia (pulso) cardíaca de reposo, la presión arterial, la recuperación después del ejercicio, y riesgo de enfermedades hipocinéticas (resultantes de la vida sedentaria). Al igual se observa un aumento en la fuerza de contracción del corazón y la capacidad de transporte de oxígeno. ✗

La resistencia cardiorespiratoria se determina por la cantidad máxima de oxígeno (VO_{2max}) que el cuerpo es capaz de usar cada minuto de ejercicio físico. El VO_{2max} se expresa en ml/kg/min. Un aumento en estas figuras nos muestran una mejoría en la capacidad cardiorespiratoria, ya que toda célula y órgano usaran el oxígeno más eficientemente.

Durante la actividad física se requiere más energía. Por lo tanto, el corazón, los pulmones,

Actividades aeróbicas promueven el desarrollo cardiorespiratorio y las ayudan a disminuir el riesgo de contraer enfermedades crónicas.

y las arterias necesitan llevar más oxígeno al músculo para realizar el trabajo. Durante actividades de larga duración, el individuo que posee un sistema aeróbico más eficiente realizará el trabajo con menor esfuerzo. Una persona con una baja capacidad cardiorespiratoria someterá su sistema a un trabajo más forzado. El corazón deberá latir más frecuentemente para llevar la misma cantidad de oxígeno y por lo tanto la persona se fatigará más rápidamente. Un consumo de oxígeno elevado, representa un sistema cardiorespiratorio más eficiente.

A pesar de que las pruebas para medir la resistencia cardiorespiratoria en su mayoría son seguras de administrar a personas aparentemente saludables (aquellas que no poseen factores de riesgo o síntomas coronarios), el Colegio Americano de Medicina Deportiva recomienda que un médico esté presente en toda prueba de esfuerzo máximo en hombres y mujeres saludables de 40 y 50 años respectivamente.[1] Se define como una prueba máxima aquella que requiera un esfuerzo máximal o casi máximal como la prueba de trote 1.5 millas y la prueba de esfuerzo en la cinta rodante. En

pruebas sub-máximales (como la de caminata), un médico debe de estar presente si la persona es sintomática o sufre de problemas de la salud, sin importar la edad de la persona.

Prueba de Trote de 1.5 Millas

Esta prueba es la más frecuentemente usada para medir la aptitud cardiorespiratoria. La categoría de aptitud física se basa en el tiempo que le tome a la persona caminar o correr la milla y media. Los únicos implementos necesarios para realizar la prueba son un cronómetro, una pista de atletismo, o una distancia previamente medida.

Esta prueba es fácil de aplicar, pero es necesario tomar algunas precauciones. Como el objetivo es cubrir la distancia en el tiempo más rápido posible, se considera ella como una pruebe de esfuerzo máximo. Esta prueba solamente debe aplicarse a personas que han sido previamente entrenadas y sin problemas médicos para ello. No se recomienda a personas sintomáticas o que tengan más 40 años en hombres y 50 años en las mujeres. A personas que no están acondicionadas se les recomienda un programa aeróbico con una duración mínima de seis semanas anterior a la prueba.

✦ Antes de hacer la prueba de 1.5 millas, se deben hacer ejercicios de calentamiento, tales como estiramiento, caminata, y trote suave. Durante la prueba, cubra la distancia lo más rápido posible. Párese si durante la prueba aparecen síntomas fuera de lo común. Consulte con su médico o no vuelva a tomar la prueba sino hasta después de otras seis semanas de entrenamiento. Después del recorrido de las 1.5 millas, debe enfriarse caminando o trotando suavemente por otros 3 a 5 minutos. De acuerdo al tiempo, puede encontrar su VO_{2max} en la Tabla 2.1 y la categoría de aptitud cardiorespiratoria la Tabla 2.2.

Por ejemplo, una joven de 20 años corrió las 1.5 millas en 12 minutos y 40 segundos. La Tabla 2.1 muestra un VO_{2max} de 39.8 ml/kg/min para un tiempo de 12:40. De acuerdo con la Tabla 2.2, este VO_{2max} la coloca en la categoría "buena" de aptitud cardiorespiratoria.

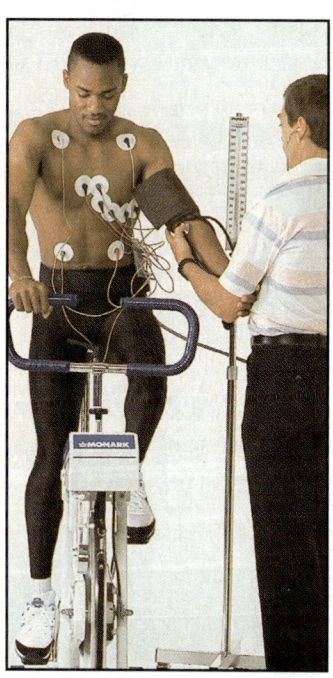

Prueba de tolerancia a la fatiga inducida por el ejercicio con electrocardiograma de doce derivaciones (ECG de esfuerzo).

TABLA 2.1 ✣ Consumo Máximo de Oxígeno Estimado en ml/kg/min para la Prueba de 1.5 Millas

Tiempo	VO_{2max}	Tiempo	VO_{2max}	Tiempo	VO_{2max}	Tiempo	VO_{2max}
6:10	80.0	9:30	54.7	12:50	39.2	16:10	30.5
6:20	79.0	9:40	53.5	13:00	38.6	16:20	30.2
6:30	77.9	9:50	52.3	13:10	38.1	16:30	29.8
6:40	76.7	10:00	51.1	13:20	37.8	16:40	29.5
6:50	75.5	10:10	50.4	13:30	37.2	16:50	29.1
7:00	74.0	10:20	49.5	13:40	36.8	17:00	28.9
7:10	72.6	10:30	48.6	13:50	36.3	17:10	28.5
7:20	71.3	10:40	48.0	14:00	35.9	17:20	28.3
7:30	69.9	10:50	47.4	14:10	35.5	17:30	28.0
7:40	68.3	11:00	46.6	14:20	35.1	17:40	27.7
7:50	66.8	11:10	45.8	14:30	34.7	17:50	27.4
8:00	65.2	11:20	45.1	14:40	34.3	18:00	27.1
8:10	63.9	11:30	44.4	14:50	34.0	18:10	26.8
8:20	62.5	11:40	43.7	15:00	33.6	18:20	26.6
8:30	61.2	11:50	43.2	15:10	33.1	18:30	26.3
8:40	60.2	12:00	42.3	15:20	32.7	18:40	26.0
8:50	59.1	12:10	41.7	15:30	32.2	18:50	25.7
9:00	58.1	12:20	41.0	15:40	31.8	19:00	25.4
9:10	56.9	12:30	40.4	15:50	31.4		
9:20	55.9	12:40	39.8	16:00	30.9		

Adaptado de "A Means of Assessing Maximal Oxygen Intake," by K. H. Cooper, *Journal of the American Medical Association*, 203 (1968), 201–204; *Health and Fitness Through Physical Activity*, by M. L. Pollock (New York: John Wiley and Sons, 1978); and *Training for Sport Activity*, by J. H. Wilmore (Boston: Allyn and Bacon, 1982).

TABLA 2.2 ✣ Clasificación de la Capacidad Cardiorespiratoria de Acuerdo al Consumo Máximo de Oxígeno en ml/kg/min

Genero	Edad	Categoria de Aptitud Física				
		Pobre	Regular	Promedio	Buena	Excelente
Hombres	≤29	≤24.9	25–33.9	34–43.9	44–52.9	≥53
	30–39	≤22.9	23–30.9	31–41.9	42–49.9	≥50
	40–49	≤19.9	20–26.9	27–38.9	39–44.9	≥45
	50–59	≤17.9	18–24.9	25–37.9	38–42.9	≥43
	60–69	≤15.9	16–22.9	23–35.9	36–40.9	≥41
Mujeres	≤29	≤23.9	24–30.9	31–38.9	39–48.9	≥49
	30–39	≤19.9	20–27.9	28–36.9	37–44.9	≥45
	40–49	≤16.9	17–24.9	25–34.9	35–41.9	≥42
	50–59	≤14.9	15–21.9	22–33.9	34–39.9	≥40
	60–69	≤12.9	13–20.9	21–32.9	33–36.9	≥37

▇ Indice de alto rendimiento físico   ▇ Indice de salud física (criterio de referencia)

Prueba de Caminata de 1.0 Milla*

La prueba de la caminata requiere una pista de 400 metros (cuatro vueltas para completar una milla) u otro lugar con la distancia previamente medida. El peso corporal se debe determinar en libras antes de la caminata. También se requiere un cronómetro para tomar el tiempo y medir la frecuencia cardíaco.

Puede proceder a caminar la milla a paso rápido de tal manera que la frecuencia cardíaco se encuentre por encima de 120 pulsaciones por minuto al final de la prueba. Tome el tiempo que le lleva en caminar la milla e inmediatamente al terminar tome el pulso por 10 segundos. El pulso lo puede tomar colocando dos dedos en la muñeca sobre la arteria radial (parte interior de la muñeca debajo del dedo pulgar) o sobre la arteria carótida en el cuello debajo de la quijada.

Luego multiplique el pulso (de 10 segundos) por 6 para obtener la frecuencia cardíaca por minuto. Ahora convierta el tiempo de la caminata de minutos y segundos a unidades minuto. Cada minuto tiene 60 segundos, por lo tanto los segundos de dividen entre 60 para obtener la fracción del minuto. Por ejemplo, un tiempo de caminata de 12 minutos y 15 segundos es igual a $12 + (15 \div 60)$ o 12.25 minutos.

Para obtener una estimación del VO_{2max} en ml/kg/min, inserte los resultados obtenidos en la siguiente ecuación:

$$VO_{2max} = 132.853 - (.0769 \times P) - (.3877 \times E) + (6.315 \times S) - (3.2649 \times T) - (.1565 \times FC)$$

donde:

- P = peso en libras
- E = edad en años
- S = sexo, use 0 para mujeres y 1 para hombres
- T = tiempo total para la caminata de 1 milla en minutos
- FC = frecuencia cardíaca en pulsaciones por minuto (ppm) al final de la prueba

---

* "Estimation of VO_{2max} from a One-Mile Track Walk, Gender, Age, and Body Weight," by G. Kline et al., *Medicine and Science in Sports and Exercise*, 19 (3) :253–259, 1987. © American College of Sports Medicine.

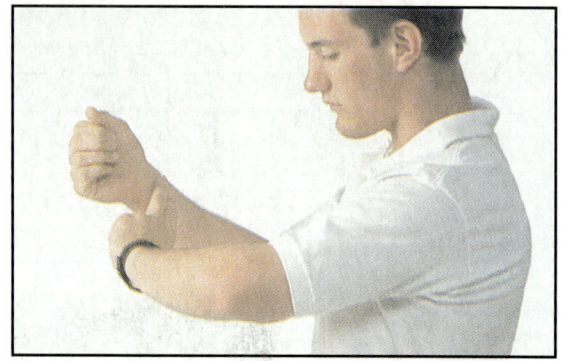

Frecuencia cardíaca tomada en la arteria radial.

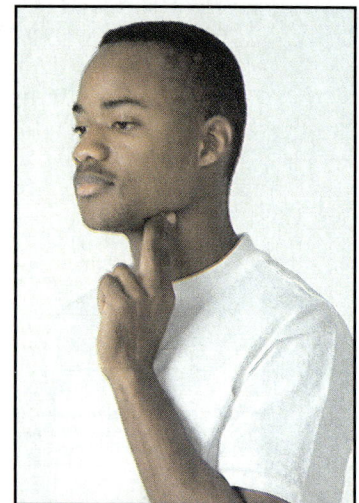

Frecuencia cardíaca tomada en la arteria carótida.

Por ejemplo, una joven de 19 años cuyo peso es de 140 libras terminó la prueba de la milla en 14:39 minutos y la frecuencia cardíaca fue de 148 pulsaciones por minuto. La estimación del VO_{2max} se calcula así:

- P = 140
- E = 19 años
- S = 0 (sexo femenino)
- T = 14:39 = $14 + (39 \div 60)$ = 14.65 minutos
- FC = 148 ppm

$$VO_{2max} = 132.853 - (.0769 \times 140) - (.3877 \times 19) + (6.315 \times 0) - (3.2649 \times 14.65) - (.1565 \times 148)$$

$$VO_{2max} = 43.7 \text{ ml/kg/min.}$$

Las categorías de aptitud física para esta prueba también se encuentran en la Tabla 2.2. Cerciórese de anotar los resultados de aptitud cardiorespiratoria en el perfil de aptitud física en la Figura A.1 del Apéndice A.

FUERZA Y RESISTENCIA MUSCULAR

Muchas personas piensan que la fuerza y resistencia muscular se debe cultivar solamente en deportistas o en personas que trabajan en tareas de trabajo forzado. Sin embargo, la fuerza y resistencia muscular son componentes importantes de la aptitud física y también son usadas en muchas actividades cotidianas.

Niveles adecuados de fuerza benefician la salud y el bienestar general durante todas las etapas de la vida. La fuerza se necesita para sentarse correctamente, caminar, correr, levantar y cargar objetos, realizar quehaceres del hogar, e incluso participar en actividades recreativas. La fuerza también mejora la apariencia personal y la auto-estima, ayuda a desarrollar destrezas deportivas, y se puede requerir en situaciones de emergencia.

En personas de edad avanzada el componente de la fuerza muscular es quizás el más importante. Por supuesto, la resistencia cardiorespiratoria hace posible la existencia de un corazón saludable. Sin embargo, óptimos niveles de fuerza muscular ayudan a estas personas a vivir independientemente más que ningún otro componente físico.

Más que nada, las personas de edad avanzada desean poseer buena salud y poder funcionar (vivir) por si solos. Sin embargo, muchos de ellos están confinados a ancianatos debido a la falta de fuerza muscular para funcionar independientemente. No pueden caminar por mucho tiempo, y necesitan de cuidado al levantarse de sus camas, o para sentarse y bañarse.

Un programa de desarrollo de fuerza muscular puede tener un impacto formidable en el mejoramiento de la calidad de vida. Estudios científicos[2] han mostrado un aumento en fuerza muscular hasta en un 200% en personas mayores de 90 años previamente inactivas. Tan pronto la fuerza mejora, lo mismo pasa con la capacidad de movimiento, la independencia de otros, y el disfrute de la vida durante los años dorados.

Quizás el aspecto de mayor importancia resultante del desarrollo de fuerza muscular es la relación que ésta tiene con y el metabolismo humano, *responsable de todas las actividades energéticas de las células*. Un resultado inmediato del trabajo de fuerza es el aumento del tamaño muscular o la hipertrofia muscular.

El tejido muscular usa energía incluso en descanso, mientras que el tejido grasoso usa muy poca energía y se le considera prácticamente inerte desde el punto de vista de gasto calórico. Al aumentar el tamaño muscular, aumenta consecuentemente el metabolismo basal, o *la cantidad de energía* (ya sea expresada en calorías por día o en mililitros de oxígeno usados por minuto) *requerida en reposo para apoyar el propio funcionamiento del cuerpo*. Aun un desarrollo muscular mínimo afecta al metabolismo basal.

Cada libra ganada en músculo incrementa el metabolismo basal en aproximadamente 35 calorías/día.[3] Asumiendo que todos los otros factores son iguales, si dos personas pesan 150 libras pero con una diferencia de 5 libras en la masa muscular, la que posee más masa muscular tendrá un metabolismo de reposo más elevado. Esto le permitirá ingerir más calorías diarias ya que debe mantener el tejido muscular adicional.

Aunque la fuerza y la resistencia muscular se relacionan, existe una diferencia entre ellas. Fuerza muscular se refiere a *la capacidad de generar fuerza máxima en contra de una resistencia*. Resistencia muscular (también denominado como resistencia muscular localizada) es *la capacidad del músculo de ejercer fuerza submáxima repetidamente contra una resistencia*. La resistencia muscular depende de la fuerza muscular y su dependencia de la capacidad cardiorespiratoria es mínima. Los músculos débiles no pueden repetir una acción varias veces o soportarla por tiempo prolongado. Debemos recordar estos principios al evaluar y desarrollar programas de fuerza y resistencia muscular, ya que los métodos han sido diseñados para hacerlo separadamente, o si se requiere, en combinación.

Evaluación de la Fuerza Muscular

La fuerza muscular usualmente se determina por intermedio de la técnica de una repetición máxima (1 RM), o *la resistencia (peso o carga) máxima que el individuo es capaz de mover en un sólo movimiento.* Esta prueba, sin embargo, requiere demasiado tiempo para obtener la 1 RM. La resistencia muscular es comúnmente determinada por el numero de repeticiones que la persona puede realizar en contra de una resistencia submáximal o por el período de tiempo que se puede mantener cierta contracción muscular.

Prueba de la Resistencia Muscular

Nuestras actividades diarias requieren ambas: fuerza y resistencia muscular y la resistencia depende en gran grado de la fuerza. Por lo tanto una prueba de resistencia muscular ha sido diseñada para determinar el nivel de aptitud.

Tres ejercicios para determinar la resistencia de la parte superior del cuerpo, las piernas, y el grupo abdominal han sido seleccionados para evaluar la resistencia muscular. Se necesita un cronómetro, un metrónomo, una banca de 16¼ pulgadas de altura, y un asistente para ayudar con la prueba.

Los ejercicios para esta prueba son los saltos de banco, dominadas modificadas (hombres), lagartijas modificadas (mujeres) y abdominales cortos. Los tres ejercicios se deben realizar con el asistente. Los procedimientos para realizar cada ejercicio se explican a continuación.

Saltos de Banco

Usando una banca de gimnasio de una altura de 16¼ pulgadas, salte al banco y regresese al suelo tantas veces como le sea posible en un minuto. Si no puede saltar el minuto completo, suba y baje simplemente con un pie a la vez hasta

Saltos de banco.

terminar el minuto. Una repetición se cuenta cada vez que ambos pies retornan al suelo.

Dominada Modificada

Este ejercicio es para hombres solamente. Coloque ambas manos sobre la banca con los dedos hacia adelante. Un compañero deberá sostenerle los pies. Las caderas se flexionan a unos 90° (puede también usar tres sillas y colocar las manos en dos de ellas y los pies en una silla al frente suyo).

Ahora flexione el codo hasta los 90° y regrese nuevamente a la posición inicial. La repetición no cuenta si no se llega a los 90°. Las repeticiones se realizan a un ritmo de 28 flexiones por minuto guiados por un metrónomo programado a 56 pulsos por minuto. Haga tantas

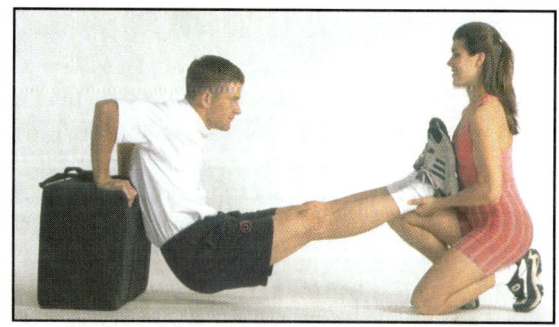
Dominadas modificadas.

repeticiones como pueda siguiendo el ritmo del metrónomo. Cuando el ritmo no se pueda mantener, ya no podrá contar las repeticiones.

Lagartijas Modificadas

En vez de las dominadas modificadas las mujeres realizan las lagartijas modificadas. Acuéstese en el suelo boca abajo, doble las rodillas (pies al aire), coloque las manos en el suelo a la altura de los hombros y con los dedos hacia adelante. La parte inferior del cuerpo se apoyará en las rodillas (en vez de los pies) a lo largo de la prueba. El pecho deberá tocar el piso en cada repetición.

Al igual que con la dominada modificada, guié sus repeticiones con el metrónomo programado a 56 pulsos por minuto (ritmo de 28 repeticiones por minuto). Realice tantas repeticiones como le sea posible. Cuando el ritmo no se pueda mantener, ya no cuente más repeticiones.

Lagartijas modificadas.

Abdominales Cortos

Pegue una cartulina de 3½ × 30 pulgadas en el piso. Acuéstese en el piso boca arriba con las rodillas flexionadas aproximadamente a 100° y los pies ligeramente separados. Los pies deben permanecer en el piso durante toda la prueba sin ayuda de ninguna forma. Estire los brazos a lo largo del tronco y coloque las palmas en el piso a los lados de las caderas y con los dedos completamente extendidos. La punta de los dedos de ambas manos deben tocar ligeramente las orillas de la cartulina. La cabeza deberá elevarse ligeramente hasta colocarse de 1 a 2 pulgadas del

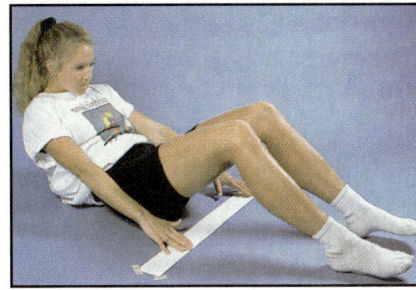

Abdominales cortos.

pecho. Mantenga la cabeza en esta posición por toda la prueba (no mueva la cabeza flexionando o estirando el cuello durante la prueba).

Realice las repeticiones siguiendo el ritmo del metrónomo programado a 60 pulsos por minuto (30 abdominales por minuto). Inicie el abdominal deslizando los dedos hasta el otro lado de la cartulina (una distancia de 3½ pulgadas) y luego regrese a la posición inicial.

Antes de la prueba, practique de 5 a 10 segundos para familiarizarse con el ritmo del metrónomo. Inicie el movimiento de subida con el primer latido y el movimiento de bajada con el segundo latido. Una repetición completa deberá realizarse cada dos latidos del metrónomo. Realice tantas repeticiones como pueda siguiendo estos procedimientos. Si en una repetición no se llegan a alcanzar las 3½ pulgadas, esta no se puede contar.

La prueba termina si: (a) no se puede mantener el ritmo apropiado, (b) los talones se separan del suelo, (c) la barbilla no se mantiene cerca del pecho, (d) se llega a 100 repeticiones, o (e) no puede hacer más repeticiones. El asistente también deberá chequear que el ángulo de 100° en las piernas se mantiene lo mejor posible a lo largo de la prueba.

Para realizar esta prueba también puede usar el aparato "Crunch-Ster Curl-Up Tester" vendido

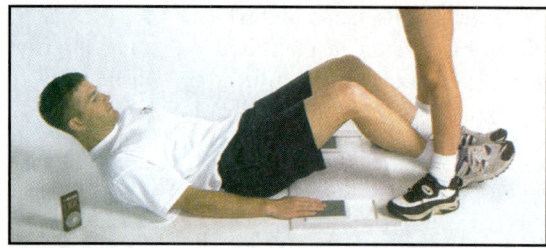

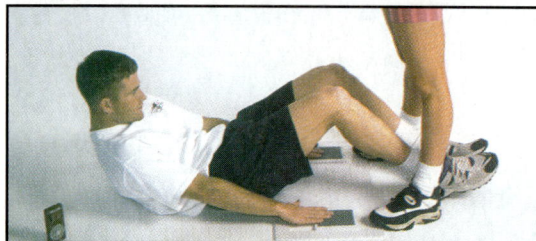

Pruebas de los abdominales cortos usando el aparato Crunch-Ster Curl-Up Tester.

por la compañía Novel Products.* El panel movible usado por este equipo permite controlar muy cuidadosamente la distancia de 3½ pulgadas.

*Novel Products, Inc., Figure Finder Collection, P. O. Box 408, Rockton, IL 61072–0408; 1-800-323-5143.

Interpretación de la Prueba de Fuerza

De acuerdo el número de repeticiones realizadas, véa el rango percentil para cada ejercicio en la columna de la extrema izquierda en la Tabla 2.3. Luego sume los tres percentiles y divida entre tres para conseguir el percentil promedio para esta prueba. Ahora determine la categoría de aptitud física para cada ejercicio y la general de fuerza (use el promedio de las tres) de acuerdo a los criterios en la Tabla 2.4.

FLEXIBILIDAD MUSCULAR

La flexibilidad muscular se refiere a la capacidad de una articulación de moverse libremente a todo lo largo de su radio de acción. Esta movilidad es altamente especifica y varía de articulación a articulación (caderas, hombros y torso) y también de persona a persona. La influencia genética y el nivel de actividad física son determinantes claves del nivel de flexibilidad. Otros factores que afectan la flexibilidad son la estructura de las articulaciones, los ligamentos, los tendones, los músculos, la piel, las lesiones, la

TABLA 2.3 ♣ Tabla para Evaluar la Resistencia Muscular

Rango Percentil	HOMBRES			MUJERES			Categoria de Aptitud Física
	Saltos de Banco	Dominadas Modificadas	Abdominales Cortos	Saltos de Banco	Lagartijas Modificadas	Abdominales Cortos	
99	66	54	100	58	95	100	
95	63	50	100	54	70	100	Excelente
90	62	38	100	52	50	69	
80	58	32	66	48	41	49	
70	57	30	45	44	38	37	Buena
60	56	27	38	42	33	34	
50	54	26	33	39	30	31	Promedio
40	51	23	29	38	28	27	
30	48	20	26	36	25	24	Regular
20	47	17	22	32	21	21	
10	40	11	18	28	18	15	Pobre
5	34	7	16	26	15	0	

☐ Indice de alto rendimiento físico
☐ Indice de salud física (criterior de referencia)

Impresa con permiso de Werner W. K. Hoeger, *Principles and Labs for Physical Fitness & Wellness.* Morton Publishing Company, 1994.

TABLA 2.4 ✤ Categorías de Aptitud Física Basadas en Rangos Percentiles

Promedio Percentil	Categoría
≥81	Excelente
61–80	Buena
41–60	Promedio
21–40	Regular
≤20	Pobre

◼ Indice de alto rendimiento físico

◼ Indice de salud física (criterio de referencia)

De *Principles and Labs for Physical Fitness and Wellness,* by W. W. K. Hoeger (Englewood, CO: Morton Publishing, 1994).

grasa corporal, la temperaturas corporal, la edad, y el sexo de la persona.

En general las mujeres tienen más flexibilidad que los hombres y mantienen esta característica a todo lo largo de la vida. La edad disminuye la extensibilidad de los tejidos, por lo tanto reduce la flexibilidad en ambos sexos. Aquí es importante establecer que la influencia más impactante en la disminución de la flexibilidad es la vida sedentaria y la inactividad física.

Desarrollar y mantener cierto grado de flexibilidad es importante en programas de bienestar total, y aun más así en la medida que se envejece. Los especialistas médico/deportivos indican que muchos problemas y lesiones oseos/musculares, especialmente en adultos, se relacionan a la falta de flexibilidad.

La mayor parte de los expertos afirman que la participación en un programa regular de flexibilidad ayuda a la persona a mantener buena movilidad, a aumentar la resistencia a las lesiones y dolores musculares, a prevenir problemas en la espalda baja y otras partes de la columna vertebral, mejora la postura, contribuye a la realización de movimientos con gracia y destreza, mejora la auto-estima y apariencia personal, y facilita el aprendizaje de destrezas motoras a lo largo de la vida. Ejercicios de flexibilidad también han sido usados en el tratamiento de trastornos del ciclo menstrual y

problemas de tensión neuromuscular. Ejercicios de estiramientos en combinación con calistenia son beneficiosos en la rutinas de calentamiento. Lo mismo se puede decir de su importancia en el enfriamiento.

Evaluación de la Flexibilidad

Dos pruebas se usaran para determinar el perfil de flexibilidad. Estas son la prueba Modificada de Flexión del Tronco y Caderas y la prueba de Rotación Corporal Total.

Prueba Modificada de Flexión del Tronco y Caderas

Para realizar esta prueba se necesita el aparato Acuflex I* (sit-and-reach flexibility tester), o si no se cuenta con uno, simplemente se puede colocar una regla encima de una caja de aproximadamente 12 pulgadas de altura. El procedimiento es como sigue:

1. Caliente apropiadamente antes de la prueba.

2. Quítese los zapatos para esta prueba. Siéntese en el piso con las caderas, espalda, y cabeza contra una pared, las piernas estiradas, y las plantas de los pies apoyadas en contra del Acuflex I o la caja respectiva.

3. Coloque las manos una encima de la otra y trate de alcanzar lo más posible hacia

---

*El Acuflex I y II para pruebas de flexibilidad se pueden obtener a través de la compañía Novel Products, Inc., Figure Finder Collection, P.O. Box 408, Rockton, IL 61072-00408; 1-800-323-5143.

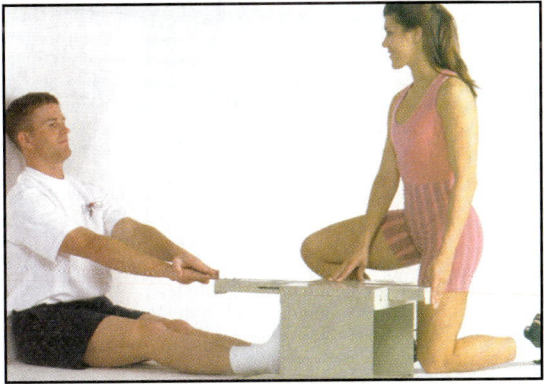

Posición inicial para la Prueba Modificada de Flexion del Tronco y Caderas.

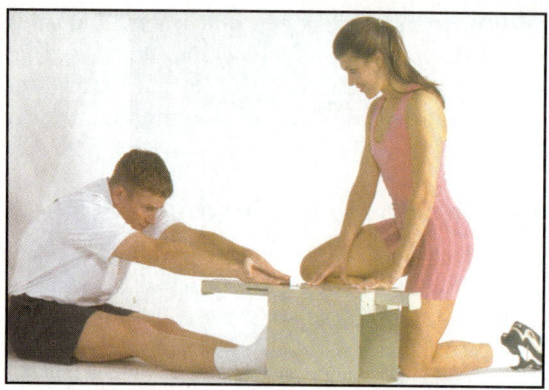

Prueba Modificada de Flexion del Tronco y Caderas.

adelante con las manos sin permitir que las caderas, espalda, o cabeza se despeguen de la pared. Otra persona deberá deslizar el indicador en el aparato Acuflex I o la regla sobre la caja hasta que esta toque la punta de los dedos. Una vez establecida esta distancia, el asistente deberá sujetar el indicador o la regla firmemente contra la caja por el resto de la prueba.

4. La cabeza y la espalda se pueden ahora despegar de la pared. Suavemente flexione tres veces el tronco hacia adelante y trate de alcanzar la mayor distancia posible con las manos. La ultima posición se debe aguantar por lo menos dos segundos. La parte posterior de las rodillas deben permanecer en contacto con el piso todo el tiempo. Mida y anote la distancia final obtenida a la media pulgada más próxima.

5. Se permiten dos intentos y el promedio de ambos se usa para la puntuación final. Los rangos percentiles y la categoría de aptitud física se encuentran en las tablas 2.5 y 2.4 respectivamente.

Prueba de Rotación Corporal Total

El Acuflex II (total body rotation tester) o una escala de medición con un panel deslizante se necesitan para aplicar esta prueba. El Acuflex II o la escala se coloca en la pared a la altura de los hombros y debe poder ajustarse para acomodar las personas de diferente altura.

TABLA 2.5 ✤ Tabla de Puntuación para la Prueba Modificada de Flexion del Tronco y Caderas

HOMBRES						MUJERES					
Rango Percentil	Edad				Categoria de Aptitud Física	Rango Percentil	Edad				Categoria de Aptitud Física
	<18	19–35	36–49	>50			<18	19–35	36–49	>50	
99	20.8	20.1	18.9	16.2		99	22.6	21.0	19.8	17.2	
95	19.6	18.9	18.2	15.8	Excelente	95	19.5	19.3	19.2	15.7	Excelente
90	18.2	17.2	16.1	15.0		90	18.7	17.9	17.4	15.0	
80	17.8	17.0	14.6	13.3		80	17.8	16.7	16.2	14.2	
70	16.0	15.8	13.9	12.3	Buena	70	16.5	16.2	15.2	13.6	Buena
60	15.2	15.0	13.4	11.5		60	16.0	15.8	14.5	12.3	
50	14.5	14.4	12.6	10.2	Promedio	50	15.2	14.8	13.5	11.1	Promedio
40	14.0	13.5	11.6	9.7		40	14.5	14.5	12.8	10.1	
30	13.4	13.0	10.8	9.3	Regular	30	13.7	13.7	12.2	9.2	Regular
20	11.8	11.6	9.9	8.8		20	12.6	12.6	11.0	8.3	
10	9.5	9.2	8.3	7.8		10	11.4	10.1	9.7	7.5	
05	8.4	7.9	7.0	7.2	Pobre	05	9.4	8.1	8.5	3.7	Pobre
01	7.2	7.0	5.1	4.0		01	6.5	2.6	2.0	1.5	

■ Indice de alto rendimiento físico

■ Indice de salud física (criterio de referencia)

Impresa con permiso de Werner W. K. Hoeger. *Lifetime Physical Fitness & Wellness: A Personalized Program.* Englewood, CO: Morton Publishing Company, 1995.

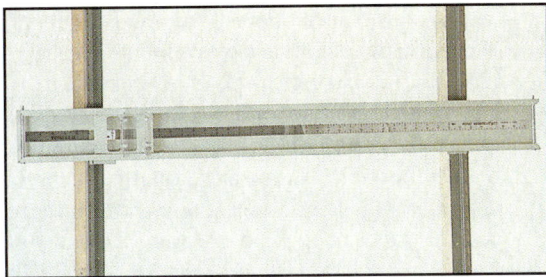

El Acuflex II. Aparato para medir la Rotación Corporal Total.

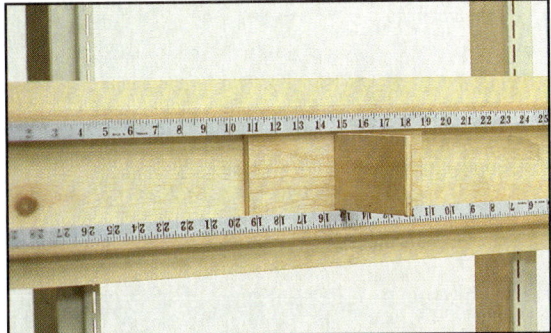

Aparato hecho en casa para medir la Rotación Corporal Total.

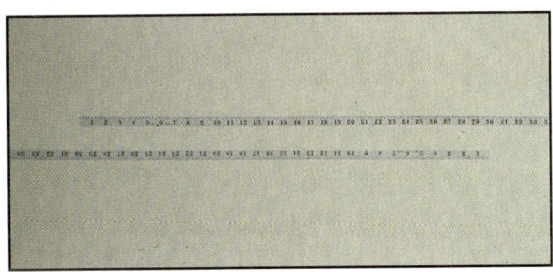

El uso de cintas para medir la Rotación Corporal Total.

Si no cuenta con el Acuflex II, puede construir su propia escala. Deberá pegar una cinta métrica arriba del panel deslizante y otra debajo del mismo, ambas centradas en la marca de 15 pulgadas. Cada cinta debe medir por lo menos 30 pulgadas de largo. Trace una línea en el piso centrada con la marca de las 15 pulgadas. Ahora siga este procedimiento:

1. Caliente debidamente antes de la prueba.

2. Para empezar, párese de lado a una distancia de un brazo de la pared, con los pies

Prueba de la Rotación Corporal Total.

derechos hacia adelante, separados ligeramente, con la punta de los pies tocando la raya trazada en el piso. Extienda horizontalmente el brazo opuesto y cierre la mano en forma de puño. El Acuflex II o las cintas métricas deberán encontrarse a la altura de los hombros en este momento.

3. Ahora rote el cuerpo, dirigiendo el brazo extendido hacia atrás (manteniendo el plano horizontal). Haga contacto con el panel y empújelo suavemente hacia adelante, lo más lejos posible. Si no cuenta con un panel, simplemente mueva el puño entre las cintas

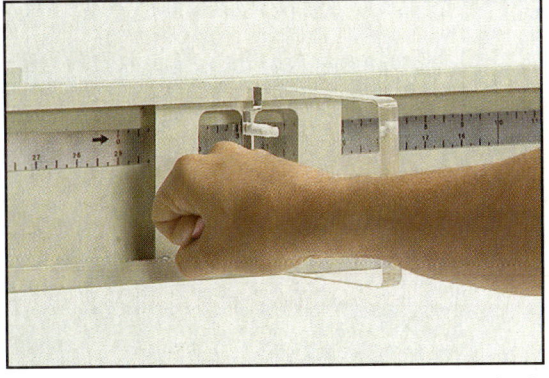

Posición correcta de la mano en la prueba de la Rotación Corporal Total.

lo más lejos posible. La posición final debe aguantarse por lo menos por 2 segundos.

Coloque la mano de forma tal que el lado del dedo pequeño siempre vaya hacia adelante. La posición correcta de la mano es vital. No se permite abrir la mano o empujar con los dedos estirados o los nudillos de la mano. Las rodillas pueden flexionarse un poco, pero los pies deben permanecer en su

lugar, y siempre deben puntear derecho hacia adelante. El cuerpo también debe mantenerse lo más vertical posible.

4. La prueba se puede realizar con la parte derecha o izquierda del cuerpo. Dos intentos se permiten en el lado seleccionado. Tome la distancia más lejana lograda en cada intento que se aguanto por lo menos 2 segundos. Anote esta distancia con una aproximación

TABLA 2.6 ❖ Tabla de Puntuación para la Prueba de Rotación Corporal Total

	Rango Percentil	Rotación Izquierda				Rotación Derecha				Categoria de Aptitud Física
		Edad				Edad				
		<18	19–35	36–49	>50	<18	19–35	36–49	>50	
Hombres	99	29.1	28.0	26.6	21.0	28.2	27.8	25.2	22.2	
	95	26.6	24.8	24.5	20.0	25.5	25.6	23.8	20.7	Excelente
	90	25.0	23.6	23.0	17.7	24.3	24.1	22.5	19.3	
	80	22.0	22.0	21.2	15.5	22.7	22.3	21.0	16.3	
	70	20.9	20.3	20.4	14.7	21.3	20.7	18.7	15.7	Buena
	60	19.9	19.3	18.7	13.9	19.8	19.0	17.3	14.7	
	50	18.6	18.0	16.7	12.7	19.0	17.2	16.3	12.3	Promedio
	40	17.0	16.8	15.3	11.7	17.3	16.3	14.7	11.5	
	30	14.9	15.0	14.8	10.3	15.1	15.0	13.3	10.7	Regular
	20	13.8	13.3	13.7	9.5	12.9	13.3	11.2	8.7	
	10	10.8	10.5	10.8	4.3	10.8	11.3	8.0	2.7	
	05	8.5	8.9	8.8	0.3	8.1	8.3	5.5	0.3	Pobre
	01	3.4	1.7	5.1	0.0	6.6	2.9	2.0	0.0	
Mujeres	99	29.3	28.6	27.1	23.0	29.6	29.4	27.1	21.7	
	95	26.8	24.8	25.3	21.4	27.6	25.3	25.9	19.7	Excelente
	90	25.5	23.0	23.4	20.5	25.8	23.0	21.3	19.0	
	80	23.8	21.5	20.2	19.1	23.7	20.8	19.6	17.9	
	70	21.8	20.5	18.6	17.3	22.0	19.3	17.3	16.8	Buena
	60	20.5	19.3	17.7	16.0	20.8	18.0	16.5	15.6	
	50	19.5	18.0	16.4	14.8	19.5	17.3	14.6	14.0	Promedio
	40	18.5	17.2	14.8	13.7	18.3	16.0	13.1	12.8	
	30	17.1	15.7	13.6	10.0	16.3	15.2	11.7	8.5	Fair
	20	16.0	15.2	11.6	6.3	14.5	14.0	9.8	3.9	
	10	12.8	13.6	8.5	3.0	12.4	11.1	6.1	2.2	
	05	11.1	7.3	6.8	0.7	10.2	8.8	4.0	1.1	Pobre
	01	8.9	5.3	4.3	0.0	8.9	3.2	2.8	0.0	

■ Indice de alto rendimiento físico

■ Indice de salud física (criterio de referencia)

Impresa con permiso de Werner W.K. Hoeger. *Lifetime Physical Fitness & Wellness: A personalized Program.* Englewood, CO: Morton Publishing Company, 1995.

Aptitud Física y Bienestar General

de media pulgada. El promedio de los dos intentos se usa para la puntuación final. Use las Tablas 2.6 y 2.4 para determinar el rango percentil y la categoría de aptitud física para esta prueba.

Interpretación de las Pruebas de Flexibilidad

Después de obtener los resultados y rangos percentiles de ambas pruebas, determine la aptitud física general de flexibilidad en base al promedio percentil de las dos pruebas. La categoría general también se obtiene con la Tabla 2.4.

COMPOSICIÓN CORPORAL

Recientes observaciones indican que a partir de los 25 años, el hombre y la mujer Americana aumenta un promedio de 1 libra de peso por año. Por lo tanto, para la edad de 65 años habrán ganado 40 libras de peso. Debido a la reducción típica en actividad física en nuestra sociedad, las personas también pierden un promedio de media libra de peso magro. Por lo tanto en el lapso de 40 años, en realidad la persona ha aumentado 60 libras de grasa y ha perdido 20 libras de peso magro[4] (véase la Figura

2.1). Estos cambios pasan muchas veces desapercibidos a menos que se evalúe la composición corporal periódicamente.

La composición corporal *se refiere a los compartimientos grasosos y no grasosos del cuerpo humano*. Al componente grasoso también se le conoce como masa de grasa corporal o porcentaje de grasa corporal. *Al componente no grasoso se le conoce como peso magro*.

El total de grasa en el cuerpo humano se clasifica en grasa esencial y grasa almacenada. La grasa esencial es la *grasa necesaria para realizar las funciones fisiológicas vitales*. Sin ella, la salud se deteriora. Esta grasa esencial constituye un 3% del peso total en el hombre y un 12% en la mujer. El porcentaje es más elevado en la mujer porque incluye grasa-especifica femenina como se encuentra en los senos y el utero. La grasa almacenada es la *grasa depositada en el tejido adiposo*, fundamentalmente por debajo de la piel (grasa subcutanea) y alrededor de órganos corporales.

La obesidad es un peligro para la salud de proporciones epidémicas en la mayoría de los países desarrollados. La obesidad ha sido vinculada a varios serios problemas de la salud y se le atribuye de un 15% al 20% de la mortalidad anual en los Estados Unidos. La obesidad es un factor de riesgo fundamental para las enfermedades cardiovasculares, incluyendo la enfermedad coronaria, hipertensión, falla cardíaca congestiva, elevación de lípidos sanguíneos, aterosclerosis, derrames cerebrales, enfermedad tromboembolica, venas varicosas, y claudicación intermitente.

Es importante reconocer que personas muy delgadas también tienden mayores problemas de salud y mortalidad prematura. Aun cuando las presiones sociales por poseer una figura esbelta han disminuido en los ultimos años, la influencia por adquirir cuerpos "tipo modelo" aun existe y contribuye al incremento gradual de desordenes alimenticios (anorexia nerviosa y bulimia, presentados en cl Capitulo 5). Una perdida extremada de peso puede causar daño al corazón y al los sistemas gastrointestinal, de inmunidad, reproductorio, y nervioso. También causa atrofia de órganos y músculos e inclusive puede causar la muerte.

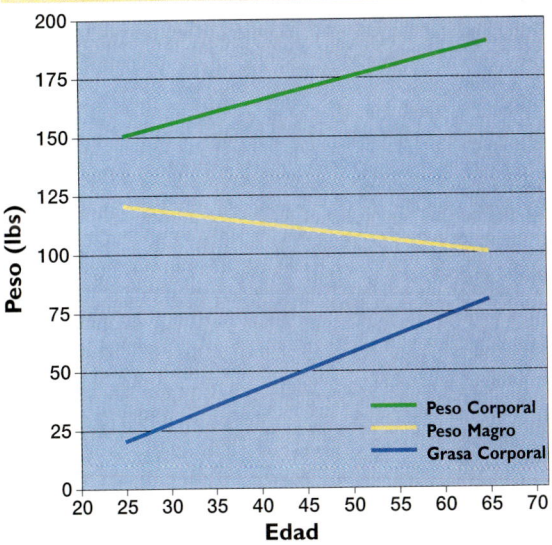

FIGURA 2.1 ❖ Cambios típicos en la composicion corporal en adultos en los Estados Unidos de América.

Por muchos años la gente ha dependido de las tablas de altura y peso para determinar el peso corporal recomendado. Sabemos sin embargo, que estas tablas son imprecisas para muchas personas. Estas tablas fueron publicadas inicialmente en 1912 y se basaron en el peso promedio (con zapatos y ropa) de personas que solicitaron seguros de vida entre los años 1888 y 1905. El peso recomendado se obtiene de acuerdo al sexo de la persona, la altura, y el tamaño del cuerpo. Como no existen directrices científicas para determinar el tamaño de la persona, la mayoría de ellas seleccionan su tamaño en base a la columna en las tablas que coincida con su propio peso.

La propia manera de determinar el peso recomendado es evaluando que porcentaje del peso es grasa y que porcentaje es tejido magro. Una vez que el porcentaje de grasa se conozca, el peso corporal recomendado (aquel que no le presenta problemas para la salud), se puede calcular en base al porcentaje de grasa recomendado.

La obesidad se establece con el exceso de grasa corporal. Si se usa el peso corporal como único criterio (usando las tablas de altura y peso), se puede concluir que el individuo esta pasado de peso sin realmente serlo así. Jugadores de fútbol Americano, físicoculturistas, pesistas, y otros deportistas con alto peso magro, son ejemplos típicos. Aunque parecen tener unas 20 a 30 libras de sobrepeso, en realidad tienen un porcentaje de grasa muy bajo.

Otros, a los que todos consideramos muy delgados o bajos de peso, pueden clasificarse en la categoría de obesidad debido al alto contenido de grasa corporal. Estas personas apenas pesan 100 libras, pero tienen más de un 30% en grasa corporal (una tercera parte de su peso corporal). Esta gente o es sedentaria o están de dieta casi todo el tiempo. La inactividad física y un constante balance calórico negativo contribuyen a la perdida de peso magro (véase el Capitulo 6). En resumen, el peso corporal por si solo no siempre es el mejor indicador de una buena composición corporal.

Composición Corporal de Acuerdo a Pliegues Dérmicos

La evaluación de la composición corporal se determina con mayor frecuencia usando los

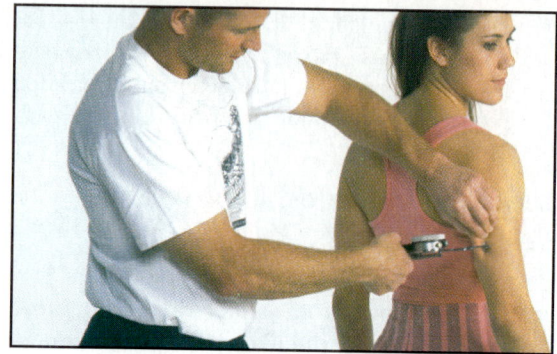
Técnica de pliegues dérmicos para evaluar la composición corporal.

pliegues dérmicos. Esta técnica se basa en el principio de que aproximadamente la mitad de la grasa corporal se encuentra directamente por debajo de la piel. Cuando el método se usa acertadamente, se puede obtener una figura valida del porcentaje de grasa corporal.

El grosor de los pliegues se mide con un calibrador de presión. Varios pliegues se deben tomar para determinar el porcentaje de grasa. Los pliegues del tríceps, suprailíaco, y muslo se miden en las mujeres y el pecho, abdomen, y muslo en los hombres. Todas las medidas se toman del lado derecho con la persona en posición de pie. Estos puntos anatómicos se presentan en la Figura 2.2 y se deben tomar como sigue:

Pecho: un pliegue diagonal entre el hombro y la tetilla

Abdomen: un pliegue vertical una pulgada a la derecha del ombligo

Tríceps: un pliegue vertical en la parte posterior del brazo entre el hombro y el codo.

Muslo: un pliegue vertical en la parte anterior del muslo entre la rodilla y la cadera.

Suprailíaco: un pliegue diagonal encima de la cresta del ilíaco (al lado lateral de la cadera).

Los pliegues se miden sosteniendo la piel firmemente entre los dedos pulgar e índice,

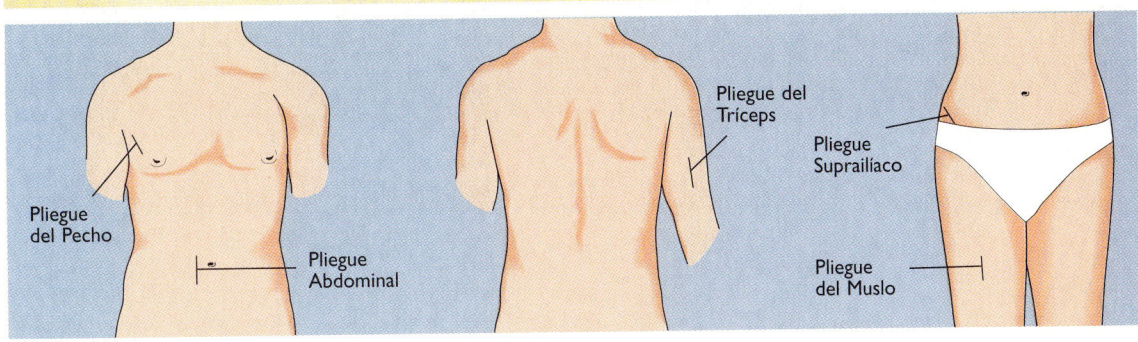

FIGURA 2.2 ❖ Puntos anatómicos para la toma de pliegues dérmicos.

tirando suavemente del pliegue para separarlo del músculo. El calibrador se sostiene en forma perpendicular al pliegue y la medida se toma media pulgada por debajo de los dedos. Las medidas se toman con una aproximación de 0.5 a 0.1 mm. Cada pliegue anatómico se mide 3 veces y se toma un promedio de las dos medidas más cercanas. Al aplicar el calibrador, la medida se toma sin esperar demasiado para evitar compresión excesiva de la piel. Igualmente se debe soltar la piel entre medidas. La persona que va a ser evaluada debe vestir pantalones cortos y camiseta (nada de leotards) y no debe llevar loción humectante el día de la prueba.

Después de determinar los valores promedios de cada pliegue, sume las medidas de los tres diferentes pliegues anatómicos. Ahora busque el porcentaje de grasa de acuerdo a la edad y la suma de los pliegues en la Tabla 2.7 para las mujeres, la Tabla 2.8 para hombres menores de 40 años, y la Tabla 2.9 para hombres mayores de 40 años. Luego puede proceder a calcular el peso corporal recomendado usando los porcentajes de grasa recomendados en la Tabla 2.10 y el formato en la Figura 2.3.

Los porcentajes de grasa corporal recomendedados en la Tabla 2.10 incluyen la grasa esencial y la grasa almacenada. Por ejemplo, la zona de porcentaje de grasa corporal para mujeres menores de 30 años es de 17 a 25%. Esto indica que solamente del 5% al 13 % del total de grasa recomendada es grasa almacenada, el otro 12% es grasa esencial. Los porcentajes recomendados son basados en múltiples investigaciones que indican que un poco de grasa almacenada es necesaria para una salud óptima y mayor longevidad.

La zona de grasa corporal recomendada que aparece en este libro refleja la opinión de una mayoría de expertos en este campo en los Estados Unidos. Si usted desea tener solo un peso recomendado, puede seleccionar su peso corporal de acuerdo a su preferencia personal, siempre y cuando se encuentre dentro de los límites de la zona recomendada. La numeración más baja en la zona corresponde al indíce de alto rendimiento físico, mientras la alta representa al indíce de la salud.

Proporción de Cintura-a-Cadera

Evidencias científicas recientes indican que la forma en que la gente almacena grasa puede causar problemas de salud. Algunos individuos tienden a almacenar gran cantidad de grasa en el abdomen. Otros la almacenan alrededor de las caderas y muslos (denominada femoro-gluteal).

Personas obesas que almacenan gran cantidad de grasa abdominal claramente sufren mayor riesgo de enfermedades coronarias, falla cardíaca congestiva, hipertensión, derrames cerebrales, y diabetes que aquellos con un porcentaje de grasa similar pero almacenado en las caderas y los muslos. Evidencias científicas aun más recientes indican que entre personas con alto contenido de grasa abdominal, aquellas cuyos depósitos se encuentran alrededor de los órganos internos (grasa visceral) sufren riesgo aun mayor

TABLA 2.7 ❖ Porcentaje de Grasa Para Mujeres en Base a la Suma de los Pliegues del Triceps, Suprailíaco, y Muslo

Suma de los 3 Pliegues	Edad								
	22 o Menos	23 a 27	28 a 32	33 a 37	38 a 42	43 a 47	48 a 52	53 a 57	58 o Más
23– 25	9.7	9.9	10.2	10.4	10.7	10.9	11.2	11.4	11.7
26– 28	11.0	11.2	11.5	11.7	12.0	12.3	12.5	12.7	13.0
29– 31	12.3	12.5	12.8	13.0	13.3	13.5	13.8	14.0	14.3
32– 34	13.6	13.8	14.0	14.3	14.5	14.8	15.0	15.3	15.5
35– 37	14.8	15.0	15.3	15.5	15.8	16.0	16.3	16.5	16.8
38– 40	16.0	16.3	16.5	16.7	17.0	17.2	17.5	17.7	18.0
41– 43	17.2	17.4	17.7	17.9	18.2	18.4	18.7	18.9	19.2
44– 46	18.3	18.6	18.8	19.1	19.3	19.6	19.8	20.1	20.3
47– 49	19.5	19.7	20.0	20.2	20.5	20.7	21.0	21.2	21.5
50– 52	20.6	20.8	21.1	21.3	21.6	21.8	22.1	22.3	22.6
53– 55	21.7	21.9	22.1	22.4	22.6	22.9	23.1	23.4	23.6
56– 58	22.7	23.0	23.2	23.4	23.7	23.9	24.2	24.4	24.7
59– 61	23.7	24.0	24.2	24.5	24.7	25.0	25.2	25.5	25.7
62– 64	24.7	25.0	25.2	25.5	25.7	26.0	26.2	26.4	26.7
65– 67	25.7	25.9	26.2	26.4	26.7	26.9	27.2	27.4	27.7
68– 70	26.6	26.9	27.1	27.4	27.6	27.9	28.1	28.4	28.6
71– 73	27.5	27.8	28.0	28.3	28.5	28.8	29.0	29.3	29.5
74– 76	28.4	28.7	28.9	29.2	29.4	29.7	29.9	30.2	30.4
77– 79	29.3	29.5	29.8	30.0	30.3	30.5	30.8	31.0	31.3
80– 82	30.1	30.4	30.6	30.9	31.1	31.4	31.6	31.9	32.1
83– 85	30.9	31.2	31.4	31.7	31.9	32.2	32.4	32.7	32.9
86– 88	31.7	32.0	32.2	32.5	32.7	32.9	33.2	33.4	33.7
89– 91	32.5	32.7	33.0	33.2	33.5	33.7	33.9	34.2	34.4
92– 94	33.2	33.4	33.7	33.9	34.2	34.4	34.7	34.9	35.2
95– 97	33.9	34.1	34.4	34.6	34.9	35.1	35.4	35.6	35.9
98–100	34.6	34.8	35.1	35.3	35.5	35.8	36.0	36.3	36.5
101–103	35.2	35.4	35.7	35.9	36.2	36.4	36.7	36.9	37.2
104–106	35.8	36.1	36.3	36.6	36.8	37.1	37.3	37.5	37.8
107–109	36.4	36.7	36.9	37.1	37.4	37.6	37.9	38.1	38.4
110–112	37.0	37.2	37.5	37.7	38.0	38.2	38.5	38.7	38.9
113–115	37.5	37.8	38.0	38.2	38.5	38.7	39.0	39.2	39.5
116–118	38.0	38.3	38.5	38.8	39.0	39.3	39.5	39.7	40.0
119–121	38.5	38.7	39.0	39.2	39.5	39.7	40.0	40.2	40.5
122–124	39.0	39.2	39.4	39.7	39.9	40.2	40.4	40.7	40.9
125–127	39.4	39.6	39.9	40.1	40.4	40.6	40.9	41.1	41.4
128–130	39.8	40.0	40.3	40.5	40.8	41.0	41.3	41.5	41.8

La densidad corporal en base a la ecuación general para predecir la densidad corporal para mujeres desarrollada por A. S. Jackson, M. L. Pollock, and A. Ward en *Medicine and Science in Sports and Exercise*, 12 (1980), 175–182. El porcentaje de grasa se determina de la densidad corporal calculada usando la formula de Siri.

TABLA 2.8 ❖ Porcentaje de Grasa Para Hombres Hasta los 40 Años en Base a la Suma de los Pliegues del Pecho, Abdomen, y Muslo

Suma de los 3 Pliegues	19 o Menos	20 a 22	23 a 25	26 a 28	29 a 31	32 a 34	35 a 37	38 a 40
8– 10	.9	1.3	1.6	2.0	2.3	2.7	3.0	3.3
11– 13	1.9	2.3	2.6	3.0	3.3	3.7	4.0	4.3
14– 16	2.9	3.3	3.6	3.9	4.3	4.6	5.0	5.3
17– 19	3.9	4.2	4.6	4.9	5.3	5.6	6.0	6.3
20– 22	4.8	5.2	5.5	5.9	6.2	6.6	6.9	7.3
23– 25	5.8	6.2	6.5	6.8	7.2	7.5	7.9	8.2
26– 28	6.8	7.1	7.5	7.8	8.1	8.5	8.8	9.2
29– 31	7.7	8.0	8.4	8.7	9.1	9.4	9.8	10.1
32– 34	8.6	9.0	9.3	9.7	10.0	10.4	10.7	11.1
35– 37	9.5	9.9	10.2	10.6	10.9	11.3	11.6	12.0
38– 40	10.5	10.8	11.2	11.5	11.8	12.2	12.5	12.9
41– 43	11.4	11.7	12.1	12.4	12.7	13.1	13.4	13.8
44– 46	12.2	12.6	12.9	13.3	13.6	14.0	14.3	14.7
47– 49	13.1	13.5	13.8	14.2	14.5	14.9	15.2	15.5
50– 52	14.0	14.3	14.7	15.0	15.4	15.7	16.1	16.4
53– 55	14.8	15.2	15.5	15.9	16.2	16.6	16.9	17.3
56– 58	15.7	16.0	16.4	16.7	17.1	17.4	17.8	18.1
59– 61	16.5	16.9	17.2	17.6	17.9	18.3	18.6	19.0
62– 64	17.4	17.7	18.1	18.4	18.8	19.1	19.4	19.8
65– 67	18.2	18.5	18.9	19.2	19.6	19.9	20.3	20.6
68– 70	19.0	19.3	19.7	20.0	20.4	20.7	21.1	21.4
71– 73	19.8	20.1	20.5	20.8	21.2	21.5	21.9	22.2
74– 76	20.6	20.9	21.3	21.6	22.0	22.2	22.7	23.0
77– 79	21.4	21.7	22.1	22.4	22.8	23.1	23.4	23.8
80– 82	22.1	22.5	22.8	23.2	23.5	23.9	24.2	24.6
83– 85	22.9	23.2	23.6	23.9	24.3	24.6	25.0	25.3
86– 88	23.6	24.0	24.3	24.7	25.0	25.4	25.7	26.1
89– 91	24.4	24.7	25.1	25.4	25.8	26.1	26.5	26.8
92– 94	25.1	25.5	25.8	26.2	26.5	26.9	27.2	27.5
95– 97	25.8	26.2	26.5	26.9	27.2	27.6	27.9	28.3
98–100	26.6	26.9	27.3	27.6	27.9	28.3	28.6	29.0
101–103	27.3	27.6	28.0	28.3	28.6	29.0	29.3	29.7
104–106	27.9	28.3	28.6	29.0	29.3	29.7	30.0	30.4
107–109	28.6	29.0	29.3	29.7	30.0	30.4	30.7	31.1
110–112	29.3	29.6	30.0	30.3	30.7	31.0	31.4	31.7
113–115	30.0	30.3	30.7	31.0	31.3	31.7	32.0	32.4
116–118	30.6	31.0	31.3	31.6	32.0	32.3	32.7	33.0
119–121	31.3	31.6	32.0	32.3	32.6	33.0	33.3	33.7
122–124	31.9	32.2	32.6	32.9	33.3	33.6	34.0	34.3
125–127	32.5	32.9	33.2	33.5	33.9	34.2	34.6	34.9
128–130	33.1	33.5	33.8	34.2	34.5	34.9	35.2	35.5

La densidad corporal en base a la ecuación general para predecir la densidad corporal para hombres desarrollada por A. S. Jackson and M. L. Pollock, *British Journal of Nutrition*, 40 (1978), 497–504. El porcentaje de grasa se determina de la densidad corporal calculada usando la formula de Siri.

TABLA 2.9 ✣ Porcentaje de Grasa Para Hombres Mayores de 40 Años en Base a la Suma de los Pliegues del Pecho, Abdomen, y Muslo

Suma de los 3 Pliegues	Edad							
	41 a 43	44 a 46	47 a 49	50 a 52	53 a 55	56 a 58	59 a 61	Over 62
8– 10	3.7	4.0	4.4	4.7	5.1	5.4	5.8	6.1
11– 13	4.7	5.0	5.4	5.7	6.1	6.4	6.8	7.1
14– 16	5.7	6.0	6.4	6.7	7.1	7.4	7.8	8.1
17– 19	6.7	7.0	7.4	7.7	8.1	8.4	8.7	9.1
20– 22	7.6	8.0	8.3	8.7	9.0	9.4	9.7	10.1
23– 25	8.6	8.9	9.3	9.6	10.0	10.3	10.7	11.0
26– 28	9.5	9.9	10.2	10.6	10.9	11.3	11.6	12.0
29– 31	10.5	10.8	11.2	11.5	11.9	12.2	12.6	12.9
32– 34	11.4	11.8	12.1	12.4	12.8	13.1	13.5	13.8
35– 37	12.3	12.7	13.0	13.4	13.7	14.1	14.4	14.8
38– 40	13.2	13.6	13.9	14.3	14.6	15.0	15.3	15.7
41– 43	14.1	14.5	14.8	15.2	15.5	15.9	16.2	16.6
44– 46	15.0	15.4	15.7	16.1	16.4	16.8	17.1	17.5
47– 49	15.9	16.2	16.6	16.9	17.3	17.6	18.0	18.3
50– 52	16.8	17.1	17.5	17.8	18.2	18.5	18.8	19.2
53– 55	17.6	18.0	18.3	18.7	19.0	19.4	19.7	20.1
56– 58	18.5	18.8	19.2	19.5	19.9	20.2	20.6	20.9
59– 61	19.3	19.7	20.0	20.4	20.7	21.0	21.4	21.7
62– 64	20.1	20.5	20.8	21.2	21.5	21.9	22.2	22.6
65– 67	21.0	21.3	21.7	22.0	22.4	22.7	23.0	23.4
68– 70	21.8	22.1	22.5	22.8	23.2	23.5	23.9	24.2
71– 73	22.6	22.9	23.3	23.6	24.0	24.3	24.7	25.0
74– 76	23.4	23.7	24.1	24.4	24.8	25.1	25.4	25.8
77– 79	24.1	24.5	24.8	25.2	25.5	25.9	26.2	26.6
80– 82	24.9	25.3	25.6	26.0	26.3	26.6	27.0	27.3
83– 85	25.7	26.0	26.4	26.7	27.1	27.4	27.8	28.1
86– 88	26.4	26.8	27.1	27.5	27.8	28.2	28.5	28.9
89– 91	27.2	27.5	27.9	28.2	28.6	28.9	29.2	29.6
92– 94	27.9	28.2	28.6	28.9	29.3	29.6	30.0	30.3
95– 97	28.6	29.0	29.3	29.7	30.0	30.4	30.7	31.1
98–100	29.3	29.7	30.0	30.4	30.7	31.1	31.4	31.8
101–103	30.0	30.4	30.7	31.1	31.4	31.8	32.1	32.5
104–106	30.7	31.1	31.4	31.8	32.1	32.5	32.8	33.2
107–109	31.4	31.8	32.1	32.4	32.8	33.1	33.5	33.8
110–112	32.1	32.4	32.8	33.1	33.5	33.8	34.2	34.5
113–115	32.7	33.1	33.4	33.8	34.1	34.5	34.8	35.2
116–118	33.4	33.7	34.1	34.4	34.8	35.1	35.5	35.8
119–121	34.0	34.4	34.7	35.1	35.4	35.8	36.1	36.5
122–124	34.7	35.0	35.4	35.7	36.1	36.4	36.7	37.1
125–127	35.3	35.6	36.0	36.3	36.7	37.0	37.4	37.7
128–130	35.9	36.2	36.6	36.9	37.3	37.6	38.0	38.5

La densidad corporal en base a la ecuación general para predecir la densidad corporal para hombres desarrollada por A. S. Jackson and M. L. Pollock, *British Journal of Nutrition*, 40 (1978), 497–504. El porcentaje de grasa se determina de la densidad corporal calculada usando la formula de Siri.

TABLA 2.10 ❖ Composición corporal recomendada en base al porcentaje de grasa corporal.

Edad	Hombres	Mujeres
≤ 29	12–20%	17–25%
30–49	13–21%	18–26%
≥ 50	14–22%	19–27%

■ Indice de alto rendimiento físico
■ Indice de salud física (criterio de referencia)

de la Academia Nacional de Ciencias y el "Dietary Guidelines Advisory Council" del Departamento de Agricultura y Salud de los Estados Unidos. Estos científicos recomiendan que los hombres deben perder peso si la proporción entre la cintura y la cadera es 1.0 o mayor. Las mujeres necesitan perder peso si la proporción es de .85 o mayor. La proporción cintura-a-cadera para un hombre que tiene 40 pulgadas de cintura y 38 pulgadas de cadera es de 1.05 (40 ÷ 38). Esta proporción indica mayor peligro de contraer enfermedades serias. Usando una cinta métrica, usted puede determinar su propia proporción de cintura-a-cadera y el resultado se anota en la Figura 2.4.

Efectos del Ejercicio y la Dieta Sobre la Composición Corporal

que aquellas cuyos depósitos se encuentran debajo de la piel (grasa subcutanea).

Debido al mayor riesgo encontrado por aquellos que almacenan grasa en el área abdominal (en vez de las caderas y muslos) se desarrollo la prueba de proporción cintura-a-cadera. Esta fue comisionada por un grupo de científicos

Si usted esta participando en un programa de dieta y ejercicio, se recomienda medir la

Recommended Body Weight Determination

A. Peso Actual (P): _____ lbs

B. Porcentaje de Grasa Actual (%G): _____ lbs

C. Peso en Grasa (PG) = P × %G* = _____ × _____ = _____ lbs

D. Peso Magro (PM) = P − PG = _____ − _____ = _____ lbs

E. Edad: _____

F. Zona Recomendada de Porcentaje de Grasa (ZPG — véase la Tabla 2.10) :

Cifra Baja de Porcentaje de Grasa (CBPG): _____ % (Indice de Alto Rendimiento Físico)

Cifra Alta de Porcentaje de Grasa (CAPG): _____ % (Indice de Salud Física)

G. Zona Recomendada Para el Peso Corporal:

Peso Bajo (PB) = PM ÷ (1.0 − CBPG*) = LBM/(1.0 − LRFP*)

PB = _____ ÷ (1.0 − _____) = _____ lbs

Peso Alto (PA) = PM ÷ (1.0 − CBPG*) = LBM/(1.0 − LRFP*)

PA = _____ ÷ (1.0 − _____) = _____ lbs

Peso Recomendado: _____ a _____ lbs

*Exprese los porcentajes en forma decimal (por ejemplo: 25% = .25)

FIGURA 2.3 ❖ Formato para el computo del peso corporal recomendado.

Computo de la Proporción de Cintura-a-Cadera

Cintura (pulgadas): _____

Cadera (pulgadas): _____

Proporción: _____

Nivel Recomendado

Hombres: <1.0

Mujeres: <.85

FIGURA 2.4 ✤ Formato para calcular la proporción de cintura-a-cadera.

composición corporal una vez al mes para evaluar cambios en los tejidos magro y graso. El tejido magro es afectado por la perdida de peso y la actividad física. Un balance calórico negativo contribuye a la perdida de peso magro. Estos efectos se explicaran con detalle en el Capitulo 6. Igualmente, cambios en el peso magro afectarán el peso corporal recomendado.

Estos cambios en la composición corporal fueron demostrados en un programa de ejercicio y dieta realizado a lo largo de seis semanas. Un grupo de estudiantes participo en bailes aeróbicos cuatro veces a la semana con una duración de 60 minutos por sesión. El primer y ultimo día del estudio se hicieron varias evaluaciones, incluyendo la composición corporal. A los estudiantes se les dio información sobre dieta y nutrición y ellos siguieron su propio programa de control de

peso. Al final de las seis semanas, el promedio de perdida de peso fue de apenas 3 libras. Sin embargo, como se evaluó la composición corporal, se encontró que el promedio de pérdida de grasa fue de 6 libras, acompañadas de un aumento de 3 libras de peso magro (véase la Figura 2.5).

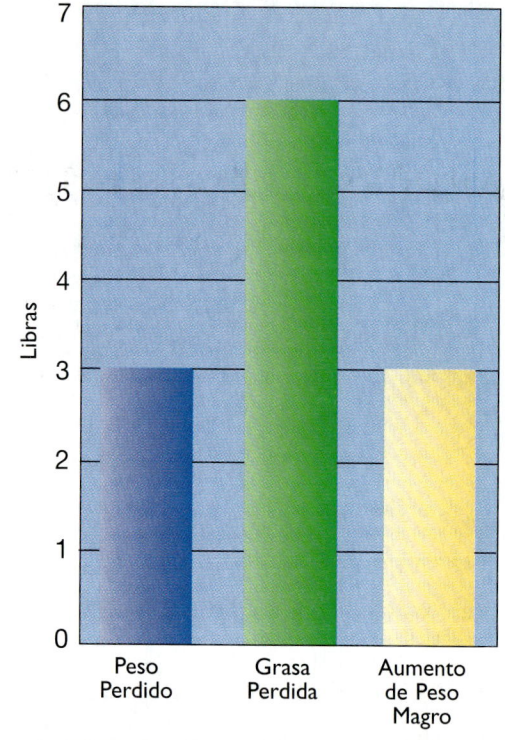

FIGURA 2.5 ✤ Efecto sobre la composicion corporal como resultado de seis semanas de participación en un programa de danza aeróbica.

REFERENCIAS

1. American College of Sports Medicine, *Guidelines for Exercise Testing and Prescription* (Baltimore: Williams & Wilkins, 1995).
2. W. J. Evans, "Exercise Nutrition and Aging," *Journal of Nutrition*, 122 (1992), 786–801.
3. W. W. Campbell, M. C. Crim, V. R. Young, and W. J. Evans, "Increased Energy Requirements and Changes in Body Composition with Resistance Training in Older Adults," *American Journal of Clinical Nutrition*, 60 (1994), 167–175.
4. J. H. Wilmore. "Exercise and Weight Control: Myths, Misconceptions, Gadgets, Gimmicks, and Quackery," lecture given at annual meeting of American College of Sports Medicine, Indianapolis, June 1994.

Prescripción del Ejercicio

CAPITULO 3

CONCEPTOS CLAVES

Calentamiento

Disposición al ejercicio

Duración del ejercicio

Ejercicio aeróbico

Ejercicio isocinético

Ejercicio isométrico

Ejercicio isotónico

Enfriamiento

Especificidad del entrenamiento

Estiramiento balístico

Estiramiento gradual y sostenido

Facilitación neuromuscular proprioceptiva

Frecuencia del ejercicio

Intensidad del ejercicio

Modalidad del ejercicio

Principio de la sobrecarga

Zona de entrenamiento cardiorespiratoria

Resistencia

Serie

OBJETIVOS

❖ Aprender a diseñar programas individualizados de resistencia cardiorespiratoria, fuerza muscular, y flexibilidad muscular.

❖ Aprender a trazar metas relacionadas con la aptitud física.

❖ Aprender destrezas básicas que ayuden a mantener un programa de actividad física.

❖ Comprender principios biomecánicos relacionados con las actividades cardiorespiratorias y los ejercicios de fuerza y resistencia muscular.

Una maravillosa historia que nos ayuda a comprender lo que representa un programa de acondicionamiento físico para la salud y el bienestar de una persona es la de Jorge Snell de Sandy, Utah. A la edad de 45 años Jorge pesaba 400 libras, su presión arterial era de 220/180, estaba ciego por padecer de diabetes que ni el mismo sabia que tenía, y su glucosa sanguínea estaba en 487. Jorge se propuso hacer algo al respecto. Así que empezó un programa de caminata y trote. Después de solo ocho meses de acondicionamiento, había perdido casi 200 libras, recobró su vista, la glucosa sanguínea le bajó a 67 y pudo dejar de tomar todos sus medicamentos. ¡Dos meses mas tarde, tan sólo diez meses después de haber iniciado su programa de entrenamiento, completó un maratón de 26.2 millas!

Estudios de investigación han establecido que la participación regular en programas de actividad física contribuyen enormemente a la buena salud. Sin embargo, muchas personas se sorprenden al evaluarse la capacidad física, ya que no están tan bien acondicionadas como pensaban. Aun cuando ellas se estén ejercitando regularmente, posiblemente no siguen los principios básicos de prescripción del ejercicio y por ello la aptitud física no mejora.

Todo programa de ejercicio físico debe ser individualizado si se pretende alcanzar resultados óptimos. Todos somos diferentes y la aptitud y las necesidades físicas de cada persona varían. Estas diferencias se toman en cuenta en este libro y le permitirán diseñar su propio programa para desarrollar la resistencia cardiorespiratoria y la fuerza y flexibilidad muscular con el objetivo de mejorar y mantener la aptitud física y el bienestar general. También encontrará información necesaria para desarrollar un programa de control del peso en el Capítulo 6.

DISPOSICIÓN PARA EL EJERCICIO

Varios cuestionarios indican que la mitad de la población adulta de los Estados Unidos no practica ejercicio regularmente. Aun de mayor gravedad, sólo el 20% de los que hacen ejercicio alcanzan un nivel alto de aptitud física. Los datos también indican que la mitad de las personas que comienzan un programa de ejercicio lo abandonan durante los primeros seis meses del programa. Los psicólogos del deporte ahora tratan de comprender porque algunas personas se mantienen en sus programas y otras no. Los beneficios derivados por la práctica del ejercicio solo ayudaran si se participa regularmente de por vida.

Ahora vamos a ver si usted esta dispuesto a comenzar un programa de actividad física. Primero tiene que tomar la decisión de que realmente va a hacer el esfuerzo. Para ayudarle a tomar esta decisión, llene la información requerida en la Figura 3.1. Haga un listado de las ventajas y desventajas de hacer ejercicio. Las ventajas podrían ser: Me hará sentir mejor. Mi autoestima mejorará. Voy a perder peso. Voy a tener más energía. El ejercicio reducirá mi riesgo de contraer enfermedades crónicas. La lista de desventajas podría incluir: No tengo tiempo. Estoy muy fuera de condición. No hay buen sitio para entrenar. No poseo fuerza de voluntad. Cuando las razones por participar sean más importantes que las de no participar, le será más fácil iniciar su programa de actividad física.

Un segundo cuestionario que provee información sobre su disponibilidad para empezar un programa de actividad física se encuentra en la Figura 3.2. Lea cuidadosamente cada pregunta y marque con un círculo el número de la respuesta que mejor describa su forma de pensar. Debe ser completamente honesto con sus respuestas. La evaluación abarca cuatro categorías: dominio (auto-control), actitud, salud, y dedicación. Mientras más alta la puntuación en cierta categoría — dominio, por ejemplo — mayor importancia tiene esa categoría en su disposición para el ejercicio.

Las puntuaciones varían de 4 a 16. Una puntuación de 12 o más puntos indica que ese factor es importante para usted. Un puntaje de 8 o menos es considerado bajo. Si su puntaje es 12 o mayor en las cuatro categorías, sus posibilidades de iniciar y mantenerse físicamente activo(a) son óptimas. Si no obtiene por lo menos 12 puntos en tres categorías, su posibilidades de mantenerse activo(a) no son muy buenas. En ese caso, necesita más información sobre los beneficios del ejercicio y deberá incorporar cambios de conducta. Más adelante en este capítulo también encontrará recomendaciones que le permitirán aumentar su dedicación al ejercicio.

RESISTENCIA CARDIORESPIRATORIA

Un programa bien fundado de resistencia cardiorespiratoria contribuye a mejorar y a mantener la salud. Aunque la aptitud física orientada a la salud tiene cuatro componentes, la resistencia cardiorespiratoria es el de mayor importancia; a excepción del componente de fuerza muscular

Nombre: _____ Fecha: _____

Ventajas

1. _____

2. _____

3. _____

4. _____

5. _____

6. _____

7. _____

8. _____

Desventajas

1. _____

2. _____

3. _____

4. _____

5. _____

6. _____

7. _____

8. _____

FIGURA 3.1 ❖ Ventajas y desventajas de participar en un programa de actividad física.

que cobra mayor importancia en edades avanzadas. Cierto nivel de fuerza y flexibilidad son necesarios para funcionar propiamente en la vida. Sin embargo, una persona puede sobrevivir sin mucha fuerza y flexibilidad, pero no lo puede hacer sin un buen sistema cardiorespiratorio.

Principios para la Prescripción de Ejercicio Cardiorespiratorio

El objetivo del entrenamiento aeróbico es el de *mejorar la aptitud del sistema cardiorespiratorio.*

Para lograr este objetivo hay que estimular al corazón tal cual como se hace con cualquier otro músculo del cuerpo humano. Así como el músculo del bíceps se desarrolla con pesas, el corazón se debe estimular con ejercicios aeróbicos para que aumente de tamaño, fuerza, y aptitud. Para aprender a desarrollar el sistema cardiorespiratorio es necesario familiarizarse con cuatro principios básicos: intensidad, modalidad, duración, y frecuencia.

El Colegio Americano de Medicina Deportiva (ACSM) recomienda que antes de iniciar un

Nombre: _____ Fecha: _____

Cuidadosamente lea cada oración e indique con un numero del 1 al 4 lo que más se asemeje a su forma de pensar. Debe ser completamente honesto en sus respuestas.

	Muy de Acuerdo	Poco de Acuerdo	Poco Desacuerdo	Gran Desacuerdo
1. Yo puedo caminar, montar bicicleta (o silla de ruedas), nadar, o caminar en piscina de agua baja.	4	3	2	1
2. A mi me agrada el ejercicio.	4	3	2	1
3. Yo se que el ejercicio reduce el riesgo de enfermedades y muerte prematura.	4	3	2	1
4. Yo se que el ejercicio mejora la salud.	4	3	2	1
5. Yo he participado anteriormente en programas de ejercicios.	4	3	2	1
6. Yo personalmente he sentido lo que significa estar en buena condición física.	4	3	2	1
7. Yo puedo verme (imaginarme) a mi mismo haciendo ejercicio.	4	3	2	1
8. Yo estoy contemplando participar en un programa de ejercicios.	4	3	2	1
9. Yo estoy dispuesto a dejar de contemplar y a comenzar un programa de ejercicios por unas semanas.	4	3	2	1
10. Yo estoy dispuesto a apartar tiempo tres veces por semana para el ejercicio.	4	3	2	1
11. Yo puedo encontrar un lugar para ejercitarme (las calles, un parque, un YMCA, un gimnasio).	4	3	2	1
12. Yo puedo encontrar compañeros con quienes entrenar.	4	3	2	1
13. Yo se que podré ir a entrenar aun cuando me sienta de mal humor, cansado, o cuando el tiempo este malo.	4	3	2	1
14. Yo estoy dispuesto a gastar algún dinero para comprar ropa adecuada para el ejercicio (zapatos, sudaderas, pantalonetas, mayas, o traje de baño).	4	3	2	1
15. Si yo tengo dudas sobre mi estado de salud, consultaré con un médico.	4	3	2	1
16. Yo se que el ejercicio físico me hará sentir mejor y mejorará mi calidad de vida.	4	3	2	1

Evaluación

Este cuestionario examina su disponibilidad para el ejercicio. Aquí se evalúan cuatro categorías: dominio (auto-control), actitud, salud, y dedicación. Dominio significa que usted mantiene control sobre su programa de entrenamiento. Actitud representa su disposición mental al ejercicio. Salud provee información acerca de los beneficios del ejercicio sobre el bienestar general. Dedicación muestra su sentido de resolución y dedicación para completar un programa de ejercicios. Escriba en el espacios disponibles a continuación los numeros marcados en cada oración. Sume los puntos en cada línea. Las puntuaciones varían de 4 a 16. Una puntuación de 12 o más puntos indica que ese factor es importante para usted. Un puntaje de 8 o menos es considerado bajo. Si su puntaje es 12 o mayor en las cuatro categorías, sus posibilidades de iniciar y mantenerse físicamente activo(a) son óptimas. Si no obtiene por lo menos 12 puntos en tres categorías, su posibilidades de mantenerse activo(a) no son muy buenas. En ese caso, necesita más información sobre los beneficios del ejercicio y también debe realizar cambios de conducta.

Dominio: 1._____ + 5. _____ + 6. _____ + 9_____ = _____

Actitud: 2._____ + 7. _____ + 8. _____ + 13. _____ = _____

Salud: 3._____ + 4. _____ + 15. _____ + 16. _____ = _____

Dedicación: 10._____ + 11. _____ + 12. _____ + 14. _____ = _____

FIGURA 3.2 ❖ Cuestionario de disposición al ejercicio.

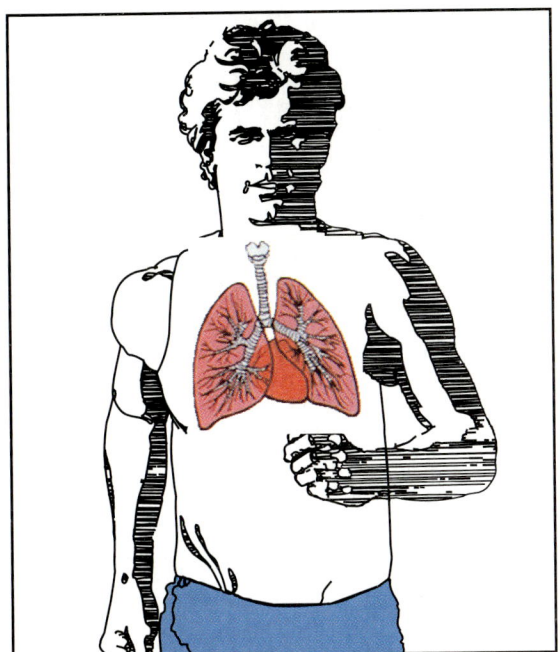

Resistencia Cardiorespiratoria — *La capacidad del corazón, los pulmones y vasos sanguíneos de llevar oxígeno a la célula para realizar actividad física prolongada.*

máximo de oxígeno (VO_{2max}) mejora con mayor rapidez cuando se ejercita cerca del 85% de esta reserva, muchos expertos prefieren prescribir el ejercicio aeróbico entre el 70% y el 85% en personas jóvenes. La intensidad del ejercicio es fácilmente calculada y su entrenamiento puede ser controlado tomando el pulso cardíaco. Para determinar la intensidad del ejercicio, o zona de entrenamiento cardiorespiratoria, siga los siguientes pasos:

1. Calcule la frecuencia cardíaca máxima (FCM) usando la siguiente formula:
   FCM = 220 menos la edad (220 − edad)

2. Tóme la frecuencia cardíaca en reposo (FCR) después de haber permanecido sentado tranquilamente por unos 15 a 20 minutos. Puede tomar el pulso por 30 segundos y luego lo multiplica por 2. Si prefiere lo puede tomar por todo un minuto. Como se explicó en el Capítulo 2, el pulso se toma colocando dos dedos sobre la arteria radial en la muñeca o sobre la arteria carótida en el cuello.

3. Determine la reserva funcional cardíaca (RFC) restándole la frecuencia cardíaca en reposo a la frecuencia cardíaca máxima (RFC = FCM − FCR).

4. Calcule las intensidades del entrenamiento (IE) al 50%, 70%, y 85%. Multiplique la reserva funcional cardíaca por 50%, 70%, y 85% y luego añádale la frecuencia cardíaca de reposo a estos tres valores (por ejemplo, IE al 85% = RFC × .85 + FCR).

   Ejemplo: Los siguientes cálculos se realizan para obtener las intensidades de entrenamiento de un joven de 20 años cuya frecuencia cardíaca en reposo es de 68 pulsaciones por minuto (ppm)
   FCM: 220 − 20 = 200 ppm
   FCR = 68 ppm
   RFC: 200 − 68 = 132 pulsaciones
   IE 50% = (132 × .50) + 68 = 134 ppm
   IE 70% = (132 × .70) + 68 = 160 ppm
   IE 85% = (128 × .85) + 68 = 180 ppm
   Zona de entrenamiento cardiorespiratoria:
      134 a 180 ppm.

programa de ejercicio vigoroso, se administre un examen médico y un electrocardiograma de esfuerzo a todo hombre mayor de 40 años y mujer mayor de 50 años.[1] ACSM define "ejercicio vigoroso" como aquel que presenta un "desafío significativo" para el practicante o que no se pueda mantener continuamente por más de 20 minutos.

Intensidad

La intensidad se refiere a *cuan fuerte se debe entrenar para mejorar la aptitud cardiorespiratoria.* Todo músculo debe sobrecargarse para desarrollarse. Así como el bíceps se desarrolla con flexiones del codo usando pesas, el estimulo para el sistema cardiorespiratorio se obtiene haciendo latir al corazón a una frecuencia más alta por cierto período de tiempo.

El desarrollo cardiorespiratorio ocurre cuando la persona trabaja entre el 50% y 85% de la reserva funcional cardíaca. Debido a que el consumo

La zona de entrenamiento cardiorespiratoria es el *área de intensidad en la cual una persona debe entrenarse para desarrollar el sistema aeróbico.* Cuando una persona se entrena, la frecuencia cardíaca debe permanecer entre las intensidades de 50% y 85% para obtener desarrollo óptimo. Si la persona ha estado inactiva, debe usar una intensidad de un 50% por las primeras 4 a 6 semanas de entrenamiento. Después de esta primera etapa, debe aumentar a una intensidad del 70% al 85%.

Como resultado de unas 8 a 12 semanas de entrenamiento, la frecuencia cardíaca de reposo puede disminuir de 10 a 20 ppm. Por ello, es recomendado que periódicamente se vuelva a calcular la zona de entrenamiento. Esto se puede lograr usando el formato en la Figura 3.3. Una vez que se obtenga un nivel idóneo de aptitud cardiorespiratoria, entrenando entre el 50% y el 85% de la frecuencia cardíaca de reserva, le permitirá mantener la aptitud cardiorespiratoria.

Para desarrollar el sistema cardiorespiratorio no es necesario entrenar por encima de la intensidad del 85%. En lo que se refiere a la aptitud física, entrenando por encima de este nivel no provee beneficios adicionales, y de hecho, puede ser peligroso para algunas personas. Para individuos desentrenados y personas mayores, el acondicionamiento cardiorespiratorio debe ser realizado cerca del 50% para evitar problemas asociados con el ejercicio de alta intensidad.

Modalidad

La modalidad se refiere al *tipo de ejercicio que produce los efectos deseados.* Para el desarrollo cardiorespiratorio ellos deben ser ejercicios aeróbicos. El ejercicio aeróbico involucra las grandes masas musculares y debe ser de naturaleza rítmica y continua. En la medida que aumenta la masa muscular involucrada en el ejercicio, así aumenta la efectividad del desarrollo cardirespiratorio.

Una vez determinada la zona de entrenamiento cardiorespiratoria, cualquier actividad o combinaciones de actividades que suban y mantengan la frecuencia cardíaca dentro de los limites prescritos, le proporcionará un desarrollo óptimo.

Como ejemplos de estas actividades encontramos la caminata, el trote, los bailes aeróbicos, la natación, el aeróbismo acuático, el salto de cuerda, el ciclismo, el ráquetbol, y la bicicleta y el trote estacionarío.

La actividad seleccionada debe ser una que se disfrute y que este al alcance de sus limitaciones físicas. El desarrollo de fuerza y flexibilidad muscular varia de una actividad a otra, pero en términos del desarrollo cardiorespiratorio, el corazón no sabe si usted esta caminando, trotando, o nadando. El corazón solo sabe que tiene que latir a cierta frecuencia, y mientras esta se encuentre en la zona de entrenamiento cardiorespiratoria, habrá desarrollo óptimo.

Entrenando en la parte baja de la zona produce grandes beneficios a la salud. Sin embargo, entre más cerca se entrene al límite superior de la zona, mayores serán los incrementos del VO_{2max} (aptitud física de alto rendimiento).

Duración

En cuanto a la duración, o *tiempo de ejercicio por sesión,* se recomiendan de 20 a 60 minutos por sesión. La duración depende de la intensidad del entrenamiento. Si se entrena a un 85%, 20 minutos son suficientes. Si la intensidad es de 50%, se requieren por lo menos 30 minutos. Como se mencionó anteriormente, personas desentrenadas o de edad avanzada deben entrenarse en la parte baja de la zona y por ello la sesión de entrenamiento debe ser de 30 minutos o más.

Aunque muchos expertos recomiendan de 20 a 30 minutos de ejercicio aeróbico por sesión, un estudio publicado en 1990 en el *American Journal of Cardiology* indica que 3 sesiones de entrenamiento diarias de 10 minutos cada una (separadas por lo menos por 4 horas) al 70% del VO_{2max}, también producen beneficios.[2] Aun cuando el aumento en el VO_{2max} no fue tan elevado (57%) como en el grupo que se entrenó por 30 minutos consecutivos, los investigadores concluyeron que el trabajo de intensidad moderada conducido por 10 minutos tres veces por día, beneficia significativamente al sistema cardiorespiratorio.

Los resultados de este estudio son interesantes ya que muchos se quejan de la falta de tiempo

Intensidad del Ejercicio

1. Calcule la frecuencia cardíaca máxima (FCM)

      FCM = 220 menos la edad (220 − edad)

      FCM = _____ − _____ = _____ pulsaciones por minuto (ppm)

2. Frecuencia cardíaca de reposo (FCR) = _____ ppm

3. Reserva funcional cardíaca (RFC) = FCM − FCR

      RFC = _____ − _____ = _____ pulsaciones

4. Intensidad del entrenamiento (IE) = RFC × %IE + FCR

      50% IE = _____ × .50 + _____ = _____ ppm

      70% IE = _____ × .70 + _____ = _____ ppm

      85% IE = _____ × .85 + _____ = _____ ppm

5. La zona de entrenamiento óptima se encuentra entre el 70% y el 85% de la zona de entrenamiento. Para principiantes se recomienda permanecer en un 50% de intensidad durante las primeras semanas del entrenamiento.

      Zona de entrenamiento cardiorespiratorio: _____ (70% IE) a _____ (85% IE):

Tipo de ejercicio: Indique las actividad(es) aeróbica(s): _____

_____

Duración del ejercicio: Escriba el tiempo por sesión de entrenamiento: _____ minutos

Frecuencia del ejercicio: Indique los días de entrenamiento: _____

_____

Nombre: _____ Fecha: _____

Firma: _____

FIGURA 3.3 ❖ Formato para la prescripción de ejercicio cardiorespiratorio.

para no realizar sus actividades físicas. Muchos piensan que se necesitan por lo menos 20 minutos de ejercicio continuo para derivar beneficio alguno. Aunque se recomienda de 20 a 30 minutos, el trabajo intermitente también es beneficioso.

Frecuencia

Al iniciar un programa de actividad física, la frecuencia del entrenamiento debe ser de *3 a 5 veces semanal* con 20 a 30 minutos por sesión para mejorar el VO$_{2max}$. Si se entrena más de 5 veces no se observan realmente mayores mejoras.

Para personas tratando de perder peso, se recomienda un trabajo de intensidad moderada de 45 a 60 minutos por sesión, 5 a 6 veces semanal. Sesiones de mayor duración aumentan el gasto calórico, lo cual ayuda a perder peso más rápidamente (véase el Capítulo 6).

Para mantener la aptitud cardiorespiratoria (VO$_{2max}$), siempre y cuando la persona se entrene en la debida zona de entrenamiento de 20 a 30 minutos, tres veces por semana (dejando por lo menos un día por medio), son suficientes.

Directrices del ACSM

Un resumen de las directrices emitidas por el ACSM se presentan en la Figura 3.4. Aunque una frecuencia de tres días por semana mantiene la aptitud cardiorespiratoria, la importancia de la actividad física casi diaria en la prevención de enfermedades y aumento de calidad de vida fue claramente explicada en julio de 1993. En una conferencia de prensa en el "National Press Club" en Washington, D.C., el ACSM, los Centros de Control y Prevención de Enfermedades de los Estados Unidos, y el Consejo Presidencial de Aptitud Física y Deportes presentaron una serie de recomendaciones sobre la actividad física necesaria para mantener y mejorar la salud. En este comunicado se exhortó a todo ciudadano a acumular la mayoría de los días un mínimo de 30 minutos de actividad física de intensidad moderada.[3]

Idóneamente se debería tomar parte en actividades aeróbicas seis a siete veces por semana. En

Actividad:	Aeróbica (ejemplos: caminar, trotar, ciclismo, natación, danza aeróbica, ráquetbol, futbol).
Intensidad:	50%-85% de la reserva functional cardíaca.
Duración:	de 20 a 60 mins. de actividad contínua.
Frecuencia:	3 a 5 días por semana

En base a "The recommended quantity and quality of exercise for developing and maintaining cardiorespiratory and muscular fitness in healthy adults" por el American College of Sports Medicine, *Medical Science Sports Exercise,* 22, (1990), 265–274.

FIGURA 3.4 ♣ Guía para la prescripción del ejercicio cardiorespiratorio.

base a la discusión previa, para obtener ambos, los beneficios de salud y de alto rendimiento físico, se debería entrenar por lo menos tres veces a la semana en la zona cardiorespiratoria (para lograr un alto rendimiento físico) y de tres a cuatro veces semanal en actividades de intensidad moderada (para disfrutar de los beneficios a la salud). Todas las sesiones de ejercicio o actividad física deben durar unos 30 minutos. El diario aeróbico en la Figura 3.10 es para ayudarle a mantener un registro de sus actividades aeróbicas.

FUERZA Y RESISTENCIA MUSCULAR
Conceptos Relacionados con la Fuerza y Resistencia Muscular

La capacidad del músculo de aplicar fuerza aumenta y disminuye de acuerdo a las demandas de trabajo impuestas al sistema muscular. Si a ciertos músculos se les requiere trabajar por encima de su nivel acostumbrado, las células aumentan de tamaño (hipertrofia), fuerza y/o resistencia. Si las demandas de trabajo disminuyen, bien sea por enfermedad, lesión, o por el sedentarismo de la persona, las células disminuyen de tamaño (atrofia) y pierden fuerza.

El Principio de la Sobrecarga

El principio de la sobrecarga indica que *para incrementar fuerza o resistencia muscular, la carga de trabajo debe ser incrementada sistemática y progresivamente durante varias semanas de entrenamiento, y la resistencia (peso levantado) debe ser de suficiente magnitud para producir adaptaciones fisiológicas.* En términos sencillos, tal como con otros órganos y sistemas del cuerpo, *para mejorar la capacidad de los músculos, ellos deben ser sometidos a una carga de trabajo mayor a la que comúnmente suelen usar.*

Especificidad del Entrenamiento

Fuerza muscular se refiere a la capacidad de ejercer fuerza máxima en contra de una resistencia. Resistencia muscular es la capacidad del músculo de ejercer fuerza submaximal repetidamente en contra de una resistencia.

El principio de la especificidad del entrenamiento establece que *para que el músculo mejore su fuerza o su resistencia, el entrenamiento debe ser específico a las características del efecto deseado.* Como se explica más adelante, para incrementar fuerza muscular se debe entrenar con pocas repeticiones y resistencias casi máximas. La resistencia muscular se mejora con un programa de muchas repeticiones y resistencias bajas.

Igualmente, si se desea obtener fuerza isométrica (estática) o fuerza isotónica (con movimiento), el participante debe escoger la modalidad de trabajo que le permita obtener estos resultados. Si se desea mejorar con el entrenamiento de fuerza cierta destreza, se deben usar ejercicios de fuerza que se asemejen lo más posible a dicha destreza.

Principios para la Prescripción de Entrenamientos de Fuerza

Parecido a la prescripción de ejercicios cardiorespiratorios, varios principios deben observarse para incrementar la fuerza y la resistencia muscular. Estos principios son modalidad, resistencia, series, y frecuencia.

Modalidad

Dos programas básicos se usan para aumentar la fuerza: isométrico e isotónico. En el entrenamiento isométrico el *músculo no produce ningún o casi ningún movimiento,* tal como empujar contra una pared. En el entrenamiento isotónico *la contracción muscular es acompañada por movimiento de la articulación,* como por ejemplo levantar un peso sobre la cabeza.

El entrenamiento isométrico no requiere mucho equipo. Fue muy popular hace varios años, pero ya casi no se usa. Debido a que el aumento de fuerza es especifico al ángulo de la contractura muscular, este tipo de entrenamiento es beneficioso en deportes como la gimnasia en donde se requieren posiciones estáticas durante los ejercicios.

El entrenamiento isotónico puede hacerse sin pesas, con pesas libres (barras, discos, y mancuernas), con maquinas de resistencia fija o variable, y con maquinas isocinéticas. Durante los ejercicios isotónicos sin pesas (lagartijas, sentadillas), con pesas libres, o maquinas de resistencia fija, una resistencia constante (por ejemplo, 180 libras) se mueve a lo largo de todo el radio de acción de la articulación. Debido a los cambios en la longitud

El entrenamiento isométrico no produce movimiento.

El entrenamiento isotónico se realiza con movimiento.

muscular y el ángulo de contracción, la resistencia máxima que se puede levantar durante un ejercicio equivale al peso máximo que se puede tolerar en el punto más débil de ese radio de acción.

Con el incremento de popularidad de programas de fuerza, se desarrollaron nuevos equipos de entrenamiento. La nueva tecnología trajo consigo los programas de resistencia variable e isocinética. Estos programas requieren equipos especiales que permiten el uso de resistencias variables, las cuales hipotéticamente sobrecargan al máximo los músculos durante el movimiento a lo largo del radio de acción. Una particularidad del ejercicio isocinético es de que *la velocidad de la contracción muscular se mantiene constante, puesto que la unidad provee una resistencia igual a la generada por el participante durante todo el movimiento.* Debido al alto costo de las unidades isocinéticas, este tipo de programas es usado fundamentalmente en clínicas, laboratorios de investigación, y por deportistas profesionales.

La modalidad del entrenamiento depende principalmente del tipo de equipo disponible y los objetivos específicos del programa. El entrenamiento isotónico es el más popular de todos. Su ventaja es de que el aumento de fuerza se produce a todo lo largo del radio de accion. Como la mayoría de las actividades diarias son isotónicas, (constantemente levantamos, empujamos, y halamos objetos), se requiere fuerza a través de estos radios de acción. Otra ventaja es de que el desarrollo de fuerza se puede evaluar fácilmente por la cantidad de peso levantado.

Los beneficios del entrenamiento isocinético y de resistencia variable son similares al los del entrenamiento isotónco. Teoreticamente, deberían ser mejores ya que el músculo se sobrecarga al máximo durante todo el movimiento. Los estudios de investigación, sin embargo, no han comprobado que estos programas son mejores. Una posible ventaja es de que las velocidades especificas de ciertas destrezas deportivas se pueden duplicar con las unidades isocinéticas, lo cual podría mejorar su ejecución (especificidad del entrenamiento). Una desventaja es de que estas unidades no están a la disposición de la mayoría de las personas.

Resistencia

La resistencia para los entrenamientos de fuerza es el equivalente de la intensidad para ejercicios cardiorespiratorios. La resistencia o *cantidad de peso levantado*, depende del tipo de programa: fuerza muscular o resistencia muscular.

Para desarrollar fuerza, se debe usar una resistencia de aproximadamente 80% de la capacidad

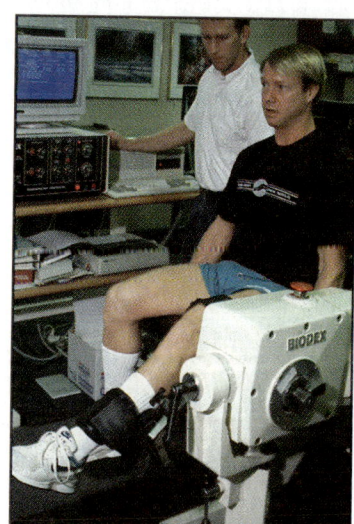

El entrenamiento isocinético requiere equipo especializado.

Cortesía del Instituto de Medicina Deportiva de Boise, Idaho.

máxima. Por ejemplo, un individuo que logra una repetición máxima (1 RM) de 150 libras en un ejercicio dado, debe trabajar con unas 120 libras (150 × .80). Si se usa menos del 80%, se desarrolla resistencia y no fuerza muscular. Un problema es el tiempo que se necesita para evaluar constantemente la 1 RM y asegurarse de que se esta trabajando al 80% de la 1 RM. Por ello, una regla común aceptada por autores y entrenadores es de *se debe trabajar entre 3 y 12 repeticiones máximas (3 a 12 RM) para incrementar adecuadamente la fuerza.*

Por ejemplo, si se esta trabajando con una resistencia de 120 libras y esta no se puede levantar más de 12 veces, la resistencia es óptima para desarrollar fuerza. Una vez que se puedan hacer más de 12 repeticiones, la resistencia se debe subir de 5 a 10 libras y se entrena nuevamente hasta lograr 12 RM. Si se entrena normalmente con más de 12 repeticiones, se desarrollara primordialmente resistencia muscular. Una persona que hace 20 RM o casi máximas, por ejemplo, notará aumentos en resistencia y no fuerza muscular.

Las investigaciones en este campo nos dicen que mientras más cerca se entrene a la 1 RM, mayor es el desarrollo de fuerza. Una desventaja, el incremento de riesgo de lesiones cuando se trabaja constantemente con 1 RM o muy cerca de ella. Atletas de alto rendimiento que buscan el mayor desarrollo de fuerza generalmente entrenan con 1 a 6 RM. Por otra parte, los entrenamientos con 10 RM parecen ofrecer los mejores resultados en términos de hipertrofia muscular.

Físicoculturistas tienden a trabajar con resistencias moderadas (60% a 80% de la 1 RM) y realizan de 8 a 20 repeticiones a fatiga casi máxima. Un objetivo principal en este deporte es el de incrementar la masa muscular. Resistencias moderadas incrementan el flujo sanguíneo a los músculos, "inflando los músculos" y haciéndoles aparecer mucho más grandes de lo que realmente son.

Desde el punto de vista de la salud, 6 a 12 RM son idóneas. Vivimos en un "mundo isotónico" en el cual se requieren ambas, la fuerza y la resistencia muscular. Por ello, entrenamientos cercanos a las 10 RM son recomendables para mejorar la aptitud física.

Series

Una serie es el *número de repeticiones realizadas en un ejercicio dado.* Por ejemplo, una persona que levanta 120 libras ocho veces, ha realizado una serie de 8 repeticiones (1 × 8 × 120). El número de series recomendado es de tres por ejercicio.

Al trabajar con 8 a 12 RM, tres series por ejercicio se recomiendan. Debido a las características del músculo, solo se puede realizar cierto numero de series. En la medida que aumenta el numero de series, así lo hace la fatiga muscular y período de recuperación del músculo. Por ello, el desarrollo de fuerza se limita si se hacen demasiadas series.

En el primer año de entrenamiento se aconseja tres series al numero máximo de repeticiones, precedido por una o dos series suaves de calentamiento. Las series de calentamiento no son necesarias para ejercicios subsiguientes que usen los mismos grupos musculares. Como los físicoculturistas usan resistencias bajas, ellos pueden realizar de cuatro a ocho series por ejercicio.

Para reducir el tiempo de entrenamiento, se deben combinar dos o tres ejercicios que trabajen diferentes grupos musculares. De esta manera no se deberá esperar de 2 a 3 minutos entre las series. Por ejemplo, el press de banco, extensiones de piernas, y abdominales cortos se pueden combinar de forma tal que se pueda ir casi directamente de un ejercicio al otro. Para el físicoculturismo no se debe reposar más de un minuto para maximizar el flujo sanguíneo al músculo.

Para evitar dolencias musculares, al iniciar un programa de entrenamiento se deben incrementar las series progresivamente. Esto se hace levantando poco peso y haciendo solo una serie por ejercicio el primer día. En la segunda sesión se hacen dos series por ejercicio, una suave y una con la resistencia recomendada. En el tercer entrenamiento se hacen tres series, una suave y dos fuertes. De allí en adelante se pueden hacer las tres series prescritas.

Frecuencia del Entrenamiento

Los entrenamientos de fuerza se realizan tres veces semanal si se hacen ejercicios para todo el cuerpo. Si se trabaja un día la parte superior del cuerpo y el otro día las piernas, los entrenamientos se pueden realizar casi todos los dias. Después de un entrenamiento de fuerza máximo, los músculos deben reposar 48 horas para poder recuperarse adecuadamente. Si en 2 o 3 días no se han recuperado, se considera un sobrentrenamiento y por ello la persona no se beneficiará como es debido. Si esto le llega a suceder, disminuya el numero de series y/o ejercicios realizados en la última sesión de entrenamiento. Un resumen de las directrices para entrenamientos de fuerza se presentan en la Figura 3.5.

Para aumentar la fuerza, se requiere un mínimo de 8 semanas de entrenamiento. Una vez que un desarrollo óptimo ha ocurrido, se puede mantener el nivel de fuerza con un entrenamiento semanal.

En vista de que físicoculturistas entrenan con resistensias moderadas, ellos comúnmente realizan de uno a dos entrenamientos diarios. La frecuencia del entrenamiento depende de la cantidad de resistencia, numero de series por sesión, y la capacidad de recuperación del individuo (véase la Tabla 3.1). La recuperación del trabajo casi siempre depende de la condición física del individuo.

Como Diseñar su Propio Programa de Entrenamiento de Fuerza

Dos programas para el desarrollo de fuerza corporal total han sido incluidos en el Apéndice B. El primero, "Entrenamiento de Fuerza Sin Pesas," solo requiere implementos mínimos (Ejercicios del 1 al 10). Este programa lo puede realizar en el hogar usando su peso corporal como resistencia. Algunos ejercicios requieren la asistencia de otra persona o implementos encontrados en el hogar. El segundo programa, "Entrenamiento de Fuerza Con Pesas," requiere equipos como los que se ven en las fotografías (Ejercicios del 11 al 17). La

Modalidad:	8 a 10 ejercicios de fuerza cubriendo la mayoría de la músculatura del cuerpo.
Resistencia:	Suficiente peso que permita realizar con cierto grado de dificultad de 8 a 12 repeticiones.
Series:	Una serie mínima.
Frecuencia:	Por lo menos 2 veces por semana.

En base a "The recommended quantity and quality of exercise for developing and maintaining cardiorespiratory and muscular fitness in healthy adults" por el American College of Sports Medicine, *Medical Science Sports Exercise*, 22, (1990), 265–274.

FIGURA 3.5 ❖ Guía para el entrenamiento de fuerza.

mayoría de estos ejercicios también se pueden realizar con pesas libres.

Dependiendo de las instalaciones y equipos disponibles, elija uno de los dos programas del Apéndice B. La resistencia y el número de repeticiones debe basarse en el objetivo del programa. Ejecute hasta 12 RM si desea aumentar fuerza muscular y más de 12 repeticiones para mejorar

TABLA 3.1 ❖ Pautas Para Various Programas de Entrenamiento de Fuerza Muscular

Programa	Resistencia	Series	Reposo Entre Series*	Frecuencia (entrenamientos por semana)**
Salud física	8–12 reps max	3	2 min	2–3
Fuerza maxima	1–6 reps max	3–6	3 min	2–3
Resistencia muscular	10–30 reps	3–6	2 min	3–6
Físico-culturismo	8–20 reps casi max	3–8	0–1 min	4–12

* El reposo entre series se puede disminuir alternando ejercicios que usan diferentes grupos musculares.

** El numero de sesiones semanal se puede aumentar si se alterna el trabajo de la parte superior del cuerpo con la inferior.

la resistencia muscular. Se aconsejan tres entrenamientos semanales dejando por lo menos un día de por medio. Ya que ambas, fuerza y resistencia muscular son necesarias en los quehaceres diarios, tres series de 12 RM son recomendadas. De esta forma se obtendrán buenos aumentos de fuerza y a la vez se entrena cerca del umbral de resistencia muscular.

Quizás el único ejercicio que requiere más de 12 repeticiones es el de los abdominales. Los músculos abdominales contribuyen a la postura corporal, por ello requieren mayor resistencia muscular. Se recomiendan series de 20 repeticiones. Al final de este capítulo encontrará un formato en la Figura 3.11 que le ayudará a llevar un registro del entrenamiento.

Para personas que no tienen mucho tiempo para entrenar, el ACSM recomienda un mínimo de una serie de 8 a 12 repeticiones a fatiga casi máxima, usando de 8 a 10 ejercicios que involucren las diferentes partes del cuerpo[4] (véase la Figura 3.12). Los entrenamientos deben realizarse dos veces semanal (véase la Figure 3.5). Esta recomendación se basa en observaciones que muestran un incremento de 70% al 80% de los beneficios obtenidos con otros programas que usan tres series de 10 RM.

FLEXIBILIDAD MUSCULAR

Desarrollar y conservar buena flexibilidad es importante para mantener la salud e incrementar la calidad de vida. No obstante, inclusive profesionales en el campo de la salud han desestimado la importancia de la flexibilidad.

Los factores que más contribuyen al deterioro de la flexibilidad son la vida sedentaria y la falta de actividad física. La inactividad física contribuye a la pérdida de elasticidad muscular y acortamiento de tendones y ligamentos. La flexibilidad también disminuye con la edad.

Generalmente los ejercicios de flexibilidad se realizan después de entrenamientos aeróbicos. Los ejercicios de flexibilidad producen mejores resultados cuando la persona ha calentado adecuadamente (el radio de acción es menor en músculos fríos). Cambios en la temperatura muscular afectan la flexibilidad hasta en un 20%. Es por ello que la mayoría de las personas prefieren realizar ejercicios de estiramiento muscular después del trabajo aeróbico.

Principios para la Prescripción de Flexibilidad Muscular

Los principios de la sobrecarga y la especificidad también se aplican para el desarrollo de flexibilidad. Para aumentar el radio de acción de una articulación los músculos que rodean esa articulación deben ser estirados más allá de su longitud acostumbrada. Los principios de modalidad, intensidad, repeticiones, y frecuencia del ejercicio también se aplican para el desarrollo de flexibilidad.

Modalidad

Los tres métodos de estiramiento muscular para desarrollar la flexibilidad son:

1. Estiramiento balístico.
2. Estiramiento gradual y sostenido
3. Facilitación neuromuscular proprioceptiva.

Aunque los tres métodos son efectivos en el desarrollo de la flexibilidad, cada uno posee ciertas ventajas.

El estiramiento balístico o dinámico *requiere de movimientos bruscos y rápidos que proveen la fuerza necesaria para estirar los músculos.* A pesar de que este tipo de estiramiento desarrolla la flexibilidad, los movimientos dinámicos pueden causar lesiones y dolores musculares por la ruptura de tejido suave.

También se deben tomar precauciones de no estirar demasiado los ligamentos, ya que ellos pueden sufrir de elongación plástica o permanente. Si la magnitud de la fuerza del estiramiento no es controlada, los ligamentos pueden fácilmente sufrir un estiramiento excesivo provocando demasiado soltura en la articulación. Tal articulación es propensa a lesiones como dislocaciones y sublaxiones (dislocación parcial). Por ello, la mayoría de los expertos no recomiendan el estiramiento balístico para desarrollar flexibilidad.

Con el estiramiento gradual y sostenido *los músculo son estirados lentamente a lo largo del radio de acción y la posición final se mantiene por unos segundos.* Este método permite que el músculo se relaje durante el estiramiento, logrando así mayor radio de acción. El riesgo de lesiones y dolencia muscular es muy mínimo con el estiramiento gradual. Este es el método más frecuentemente recomendado y usado para incrementar flexibilidad.

La facilitación neuromuscular proprioceptiva (FNP) se ha popularizado mucho en los últimos años. Esta técnica *consiste en contraer y estirar al músculo.* Para ejecutarla, se requiere un ayudante. El procedimiento es como sigue:

1. El ayudante provee la fuerza inicial, ejerciendo presión suavemente en la dirección del estiramiento deseado. Este estiramiento inicial solo cubre una parte del radio acción de la articulación.

2. Una vez alcanzado el primer grado de estiramiento, el ejecutante aplica fuerza en la dirección opuesta al estiramiento, en contra del ayudante, el cual tratará de mantener al ejecutante en la posición inicial alcanzada. Esta acción corresponde a una contracción isométrica al ángulo del estiramiento original.

3. Después de mantener la contracción isométrica por 4 o 5 segundos, el ejecutante relaja completamente los músculos. El ayudante ahora empuja nuevamente en la dirección del estiramiento, logrando así un radio de acción mayor al logrado con el primer estiramiento.

4. La contracción isométrica se repite por 4 o 5 segundos, los músculos se relajan otra vez, y el asistente facilita el estiramiento a un grado aun mayor.

El procedimiento se repite de 2 a 5 veces, hasta que el ejecutante siente pequeña molestia. En el último intento, la posición final se sostiene por varios segundos.

En teoría, la contracción isométrica ayuda a relajar los músculos que están siendo estirados, lo cual permite mayor longitud muscular. Algunos expertos afirman que el procedimiento FNP es más efectivo que el método gradual. Otro beneficio del método FNP es el incremento de fuerza en los músculos que están siendo estirados. En un estudio reciente de estiramiento FNP con una duración de 12 semanas, los resultados demostraron un aumento de 17% y 35% en fuerza y resistencia muscular respectivamente.[5] Los resultados fueron similares en los hombres y las mujeres. Estos aumentos fueron atribuidos a las contracciones isométricas realizadas con la FNP. Las desventajas de este procedimiento son: (a) mayor dolor durante el ejercicio, (b) se requiere un asistente, y (c) lleva más tiempo realizar los estiramientos.

Intensidad

La intensidad del estiramiento solo debe ser *hasta un punto leve de molestia muscular.* El dolor

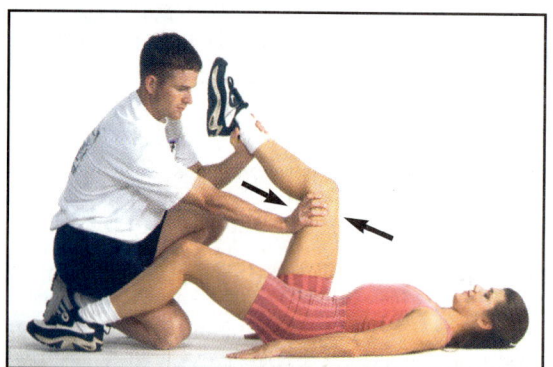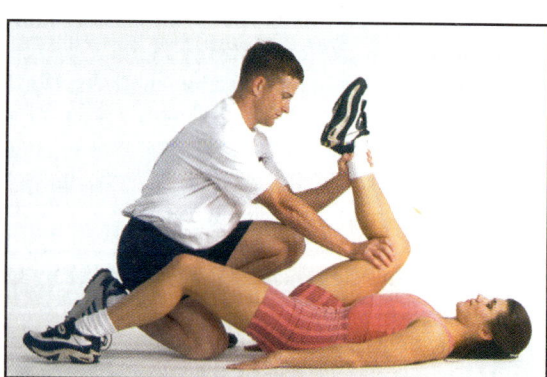

La técnica de facilitación neuromuscular proprioceptiva. (a) Fase isométrica (b) Fase de estiramiento.

excesivo es una indicación de que la carga es excesiva y puede causar lesiones.

Todo estiramiento debe hacerse por debajo del umbral de dolor. Cuando se llegue a este punto, se debe tratar de relajar el músculo lo más posible. Después de completar el estiramiento, dicha parte corporal debe restituirse gradualmente a su posición normal.

Repeticiones

El tiempo que se toma para realizar una sesión de entrenamiento depende del numero de repeticiones y el período de tiempo que se sostiene cada repetición en la posición final. Por lo general, cada ejercicio debe realizarse *4 o 5 veces, aguantando la posición final de 10 a 20 segundos*.

A medida de que la flexibilidad aumenta, el participante puede incrementar el tiempo de permanencia en la posición final, hasta llegar a sostenerla por un máximo de un minuto. Las personas que sufren fácilmente de lesiones por causa de ejercicios de flexibilidad deben limitar el estiramiento final a no más de 20 segundos.

Frecuencia

En un principio, se deben realizar los entrenamientos de flexibilidad de *5 a 6 veces por semana*. Después de trascurridas 8 semanas, puede mantenerse la flexibilidad con 2 o 3 entrenamientos semanales, aguantando cada estiramiento de 10 a 15 segundos. En la Figura 3.6 se encuentra un resumen de las directrices para el desarrollo de flexibilidad.

¿Cuando Se Deben Estirar Los Músculos?

No se debe confundir el estiramiento con el calentamiento. El calentamiento es el inicio progresivo de un entrenamiento por intermedio de la caminata, el trote suave, o con ejercicios de calistenia. Estiramiento muscular implica movimientos de las articulaciones a lo largo de su radio de acción.

Antes de una sesión de flexibilidad, los músculos deben ser calentados adecuadamente. Si esto no se hace, se aumenta el riesgo de distensiones y desgarramientos. Varias encuestas han mostrado que las personas que realizan ejercicios de estiramiento en preparación para un entrenamiento aeróbico, sin un calentamiento previo, sufren mayores lesiones que aquellas que no lo hacen.

El mejor momento para realizar estiramientos es después de una actividad aeróbica. El aumento de la temperatura corporal mejora la flexibilidad. Es más, músculos fatigados se acortan levemente y ello causa dolor y espasmo muscular. Esto se puede prevenir con el estiramiento muscular despues de actividades aeróbicas o de fuerza para retornar al músculo a su longitud inicial.

Diseño de un Programa de Flexibilidad

Para aumentar la flexibilidad, cada grupo muscular debe ser estirado por lo menos una vez. Una serie completa de ejercicios de flexibilidad se presenta en el Apéndice C. No con todos estos ejercicios se puede sostener la posición final alcanzada (por ejemplo, inclinaciones de la cabeza y círculos de brazos). De toda manera, el ejercicio se debe ejecutar a lo largo del radio de acción. Dependiendo del numero y del tiempo por repetición, una sesión completa de estiramiento puede durar de 15 a 30 minutos.

Modalidad:	Ejercicios estáticos o de facilitación neuromuscular propioceptiva (PNF).
Intensidad:	Estirar el músculo hasta un punto leve de molestia muscular.
Repeticiones:	Repita cada ejercicio de 4 a 5 veces y permanezca en la posición estática de 10 a 60 segundos.
Frecuencia:	2 a 6 veces por semana.

FIGURA 3.6 ❖ Guía para el desarrollo de la flexibilidad.

PREVENCION Y REHABILITACION DE PROBLEMAS DE LA ESPALDA BAJA

Muy pocas personas llegan a edades avanzadas sin padecer dolor en la espalda baja (lumbalgia). Aproximadamente 75 millones de ciudadanos Americanos sufren anualmente de lumbalgia. Un 80% de estas molestias pueden prevenirse, ya que son causadas por: (a) la inactividad física, (b) mala postura y mecánica de trabajo, (c) peso corporal excesivo, o (d) una combinación del las tres causas anteriores.

La falta de actividad física es el factor que más contribuye a los problemas de espalda. Una debilidad muscular en la región abdominal y gluteal, conjuntamente con contracturas musculares en la parte baja de la espalda y los músculos flexores de las piernas, causan un desplace anterior de la cadera (véase la Figura 3.7). Este desplace presiona las vertebras, causando dolor y molestias en la espalda baja. La acumulación de grasa en el abdomen agrava la situación, ya que contribuye aun más al desplazamiento mencionado.

La lumbalgia se asocia frecuentemente con la mala postura y la mecánica errónea en actividades diarias como dormir, caminar, sentarse, pararse, conducir, trabajar, y ejercitarse (Figura 3.8). La postura incorrecta y la mala mecánica, como se explica en la Figure 3.8, traumatiza no solamente la espalda sino también otros huesos, articulaciones, músculos, y ligamentos.

Muchas de estas dolencias se pueden evitar y corregir con la adopción de un régimen regular de ejercicios de flexibilidad y fuerza. En muchos casos, la lumbalgia se presenta solo con movimiento y actividad física. Si el dolor es fuerte y persiste aun en reposo, el primer paso es consultar con el médico. Este podrá determinar si hay daños en los discos vertebrales y posiblemente recomiende descanso en cama colocando varias almohadas debajo de la rodilla (véase la Figure 3.8). Esta posición estira los músculos en la región lumbar, disminuyendo los espasmos musculares. Además, el médico puede prescribir medicamentos

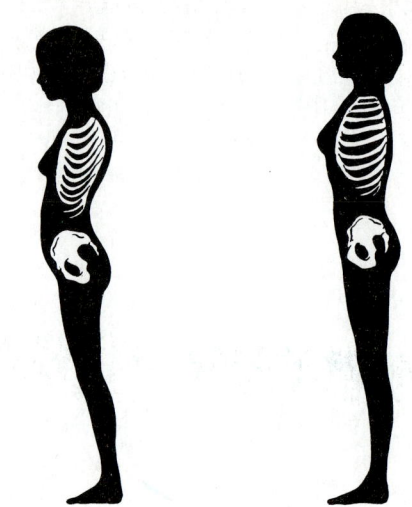

FIGURA 3.7 ❖ Alineación incorrecta (izquierda) y correcta (derecha) de la cadera.

anti-inflamatorios, relajantes musculares (o ambos), y terapia física.

Una vez que no exista dolor en reposo, se debe corregir el imbalance muscular estirando los músculos tensos y fortaleciendo los débiles. Los ejercicios de flexibilidad se deben ejecutar primero.

Varios ejercicios para prevenir y rehabilitar el dolor de espalda se encuentran en el Apéndice D. Los ejercicios se deben realizar dos veces al día cuando se sufre de lumbalgia. De otra manera, de tres a cuatro veces por semana es suficiente para prevenir este síndrome.

BIOMECANICA DEL EJERCICIO

La biomecánica comprende el estudio del movimiento humano y la forma como este responde a fuerzas que a el le son aplicadas. En los últimos años ha aumentado el numero de personas que hace ejercicio y con ello también el numero de lesiones. Un conocimiento más profundo sobre las causas de estas lesiones puede ayudar a prevenir las mismas.

COMO MANTENERSE DE PIE SIN CANSAR LA ESPALDA

Para prevenir presión y dolor durante actividades cotidianas es necesario cambiar de actividades antes de que se fatigue demasiado. Las amas de casa pueden acostarse por unos minutos entre tareas del hogar. También deben verificar las posiciones corporales frecuentemente (se debe apretar el abdomen, colocar la espalda recta, y doblar levemente las rodillas).

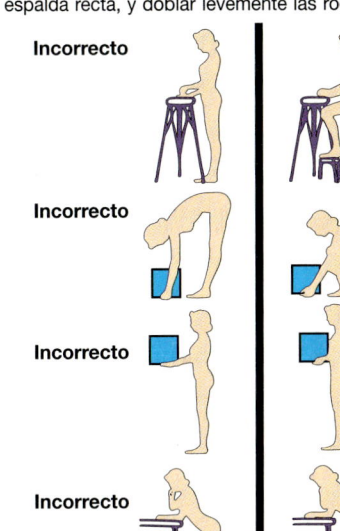
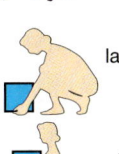

Incorrecto

Correcto

Use un banco para flexionar la rodilla.

Incorrecto

Flexione las rodillas y no la espalda.

Incorrecto

Sostenga cerca de su cuerpo los objetos pesados.

Incorrecto

Nunca se incline sin doblar las rodillas.

COMO DARLE UN BUEN DESCANSO A LA ESPALDA

Un colchón firme es esencial para buena postura durante el descanso. Tablas comerciales o hechas en casa deben ser usadas con los colchones suaves. Las tablas deben ser de madera contrachapada de 3/4 de pulgada. Las posiciones incorrectas de dormir agravan la curvatura lumbar y con ello empeoran el dolor de espalda y el entumecimiento, comezón, y dolor en los brazos y piernas.

Incorrecto:

Acostándose plano en la espalda agrava la curvatura lumbar.

El uso de una almohada alta presiona al cuello, a los brazos, y a los hombros.

Dormir boca abajo agrava la curvatura lumbar y ejerce presión sobre el cuello y los hombros.

Doblar tan solo una cadera y una pierna no alivia la curvatura lumbar.

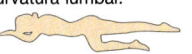

Correcto:

Acuéstese de lado y con ambas rodillas dobladas para mantener la espalda recta. Se puede usar una almohada baja para apoyar la cabeza, especialmente si se tiene hombros anchos.

Si duerme sobre la espalda, use una almohada debajo de las rodillas.

Eleve el pie del colchón, para prevenir dormir en el abdomen.

Forma de colocar las almohadas para leer en la cama.

COMO SENTARSE CORRECTAMENTE

El mejor amigo de la espalda es una buena silla con respaldo firme. Si no cuenta con una buena silla, aprenda a sentarse correctamente en todo tipo de silla. Para sentarse correctamente, ponga la la cabeza hacia atrás y luego flexionela un poquito hacia adelante metiendo la barbilla. Este movimiento mantiene la espalda recta. Ahora apreté los músculos abdominales para levantar el pecho. Verifique esta posición frecuentemente.

Alivie la tensión sentándose hacia adelante con la espalda recta, los abdominales contraídos, y las piernas cruzadas.

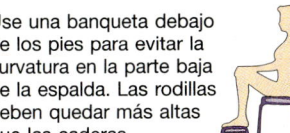

Use una banqueta debajo de los pies para evitar la curvatura en la parte baja de la espalda. Las rodillas deben quedar más altas que las caderas.

Para conducir, siéntese cerca de los pedales, abróchese el cinturón de seguridad y use un respaldar bastante firme (de los que se consiguen en el comercio).

Si se sienta de esta manera para ver televisión ello causa joroba en la espalda y tensión en los hombros y el cuello.

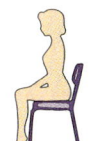

Sillas muy altas causan curvatura exagerada en la parte baja de la espalda.

Mantenga la espalda y el cuello tan recto como le sea posible y en línea con la columna vertebral.

Si el asiento se encuentra muy lejos de los pedales, se agrava la curvatura lumbar.

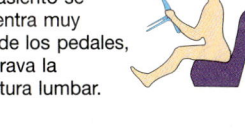

Leer con la cabeza inclinada hacia adelante causa tensión en los músculos del cuello y la cabeza.

FIGURA 3.8 ❖ Cómo cuidar de su espalda.

El análisis biomecánico de las actividades nos permite entender como ocurren las lesiones. Cuando actividades intensivas se realizan erróneamente, las fuerzas aplicadas al cuerpo se magnifican y ello aumenta el riesgo de lesiones. Si las actividades se realizan con técnica correcta, estas fuerzas se reducen, y así también el riesgo de lesiones. Se recomienda por ello que se observen los principios biomecánicos que controlan la actividad física.

Principios Biomecánicos Relacionados con el Ejercicio Aeróbico

Actividades aeróbicas como la caminata, el trote, el ciclismo y los bailes aeróbicos (o aeróbicos) ejercen una gran presión sobre los sistemas muscular y óseo. A continuación veremos la relación entre principios biomecánicos y algunas actividades seleccionadas.

La Caminata

Caminar presenta muy poco peligro de lesiones. Las fuerzas que actúan sobre el cuerpo son mucho menor que durante el trote. Al caminar se debe mantener una posición vertical y dirigir los pies directamente hacia adelante. Una inclinación excesiva del cuerpo hacia adelante pone presión en la espalda. Caminar con los pies torcidos (hacia adentro o hacia afuera) puede crear problemas en las rodillas y las caderas.

La velocidad de la caminata depende del ritmo y la longitud del paso. La mayor parte de la gente asume el ritmo más cómodo y eficiente para ellos. La mejor aptitud biomecánica se encuentra a un paso de 2.5 a 3.0 millas por hora (20 a 24 minutos por milla). Un paso más rápido incrementa la frecuencia cardíaca, pero también aumenta la fuerzas mecánicas sobre el cuerpo.

El Trote

La fuerza de reacción vertical del suelo contra el cuerpo es de 2 a 3 veces mayor que el peso corporal de la misma persona. Para alguien que pesa

150 libras, esta presión es de unas 400 libras cada vez que se planta el pie en el suelo. Algunos individuos generan presiones aun mayores por pobre técnica de carrera. La técnica correcta de carrera disminuye estas fuerzas y el riesgo de lesiones.

Un factor de importancia al correr es la forma de colocar el pie en el suelo. Como en la caminata, la punta del pie debe apuntar hacia adelante. El corredor debe contactar el piso usando el talón y luego rodar a la bola del pie. La rodilla debe flexionarse levemente al contactar el piso y luego se debe flexionar aun más para amortiguar el impacto del peso corporal. Las acciones correctas de pie y rodilla ayudan a disipar las fuerzas generadas durante el trote.

Algunos corredores permiten que los pies apunten hacia afuera de la línea de carrera. Esto hace que el pie ruede hacia adentro y se aplane el arco del pie. A esta acción se le denomina pronación. Un poco de pronación es deseable para absorber el impacto, pero demasiada pronación crea torsión en la parte inferior de la pierna y aumenta la presión sobre los tobillos y las rodillas.

El calzado apropiado es de importancia para los corredores. Un buen zapato absorbe la presión del impacto. Ciertos tipos de zapato han sido diseñados para controlar la pronación excesiva. Si usted sufre de pronación debe buscar un zapato con buena estabilidad lateral. Un vendedor en una tienda de zapatos deportivos reputable puede ayudarle a seleccionar el zapato apropiado.

El Ciclismo

Personas que se preocupan por las fuerzas de impacto durante el trote frecuentemente seleccionan el ciclismo para el ejercicio aeróbico. El ciclismo no genera tantas fuerzas de impacto, pero puede también ocasionar problemas. Las acciones para propulsar la bicicleta vienen de las caderas, rodillas, y tobillos. La presión primordial se siente en las rodillas. La altura del asiento afecta las fuerzas ejercidas sobre la rodilla. Si la silla esta muy baja, la rodilla se encuentra en desventaja biomecánica, lo cual puede provocar una lesión. Una silla demasiado alta hace que las piernas se estiren exageradamente. Esto causa rotacion anterior y posterior de las caderas, lo que puede causar dolor de espalda.

De mucha importancia es el tamaño de la bicicleta. Esta debe ser proporcional al tamaño del cuerpo. Una bicicleta muy grande o pequeña coloca al cuerpo en una posición incómoda, la cual se amplifica con el ejercicio prolongado. Si se inclina demasiado hacia adelante, los brazos y la espalda tienen que amparar gran parte del peso. Eventualmente, esta sobrecarga causa lesiones. Un vendedor conocedor puede ayudarle a seleccionar la mejor bicicleta en base a su estatura y nivel deportivo.

La mejor aptitud biomecánica en el ciclismo se consigue con una combinación de la presión ejercida sobre el pedal y el ritmo de pedaleo. Las diferentes velocidades de la bicicleta ayudan a mantener el ritmo de pedaleo óptimo. Las bicicletas de carretera tienen de 10 a 12 velocidades. Las de montaña generalmente tienen de 18 a 21 velocidades. Las velocidades bajas requiere menos fuerza pero mayor ritmo de pedaleo. Estas se usan para subir cuestas. Las velocidades altas requiere mayor fuerza, pero el ritmo de pedaleo es más lento. Mientras mayor la fuerza aplicada al pedal, mayor la presión sobre las rodillas.

Debido a que la mejor aptitud biomecánica se consigue con una combinación óptima de fuerza y velocidad, muy poca velocidad afecta la aptitud. Los estudios muestran que la mayor aptitud ciclistica se da pedaleando a un ritmo de 100 revoluciones por minuto (rpm). Muchos personas tienden a manejar en velocidades demasiado altas, lo cual crea presión excesiva en las rodillas. Es preferible manejar a una velocidad que requiera menos fuerza, pero que permita pedalear por lo menos a 60 rpm.

Aeróbicos (Bailes Aeróbicos)

Los aeróbicos de alto impacto (véase el capítulo 4) han sido señalados como una actividad que causa frecuentes lesiones. El contacto constante con el piso crea fuerzas similares a aquellas encontradas con el trote. Consecuentemente, las soluciones a estos problemas son similares a las del trote. Muchas lesiones ocurren por mal control

biomécanico del pie y la pierna. La alineación correcta de los pies, rodillas, y caderas grandemente alivia o elimina problemas de tobillo, espinilla, rodilla, cadera, y espalda baja. Buen calzado también ayuda a prevenir lesiones.

Debido al alto número de lesiones con los aeróbicos de alto impacto, la mayoría de las clases de aeróbicos son ahora de bajo impacto. Con los aeróbicos de bajo impacto por lo menos un pie esta en contacto con el piso la mayor parte del tiempo. Este tipo de aeróbicos elimina los contactos de alto impacto que se dan por los constantes saltos de una y ambas piernas realizados en aeróbicos de alta intensidad. Algunas lesiones pueden ocurrir con los aeróbicos de bajo impacto, pero estas no son demasiado serias.

Otra forma de aeróbicos que ha cobrado mucha popularidad en los últimos años son los aeróbicos de banco. En esta actividad se trabaja con un banco de una altura de 2 a 10 pulgadas. Los aeróbicos de banco proveen un efecto cardiorespiratorio parecido al de correr a un ritmo de 7 mph, pero solamente con la mitad del impacto impuesto por el trote. Debido al poco impacto y al alto beneficio aeróbico, no es sorprendente que tantas personas eligen los aeróbicos de banco como su actividad aeróbica preferida.

El área más vulnerable durante los aeróbicos de banco es el de la rodilla. Entre más alto el banco, mayor la presión sobre la rodilla y mayor el impacto al regresar al suelo.

Es muy importante que se sepa elegir la altura adecuada del banco. Esto se hace tomando en cuenta la estatura, el nivel de habilidad, y la aptitud física. Al pisar el banco no se debe flexionar la rodilla más de 90°. Personas con problemas de rodillas deben abstenerse de practicar los aeróbicos de banco.

La técnica correcta al subir al banco también reduce el riesgo de lesiones. Esto implica mantener las rodillas dobladas y la postura recta. Una excesiva inclinación hacia adelante coloca demasiada presión sobre la espalda baja. Al subir, el pie debe colocarse completamente sobre el banco. Al bajar, el piso se debe contactar primero con la punta del pie y luego con el talón.

Principios Biomecánicos Relacionados con la Fuerza y la Resistencia Muscular

Varios factores biomecánicos afectan la capacidad de producción de fuerza del individuo. Estos factores se deben tomar en cuenta durante los entrenamientos y el diseño de los mismos. Los factores biomecánicos que afectan el desarrollo de fuerza son: (a) tipo de contracción muscular (isotónica e isométrica), (b) posición de los segmentos del cuerpo, y (c) velocidad del movimiento. Cada uno de estos factores se discuten a continuación.

Tipo de Contracción

Los músculos se contraen con mayor fuerza durante movimientos ecéntricos, como bajar una resistencia (peso). Una persona puede bajar una resistencia en forma controlada, aun cuando ella no sea lo suficientemente fuerte para levantar la misma. Un concepto de importancia es que los mismos músculos que levantan una resistencia trabajan también cuando se baja. Por ejemplo, en una flexión de barra, el bíceps realizan la mayor parte del trabajo — al subir y al bajar el cuerpo. El bíceps se contrae concéntricamente (se acorta) cuando hala al cuerpo hacia arriba, y ecéntricamente (se alarga) cuando lo baja.

Posición de los Segmentos del Cuerpo

La posición de los segmentos corporales contribuye grandemente a la capacidad de generar fuerza. El primer factor biomecánico involucrado es la relación entre la longitud y la tensión. Cuando un músculo esta levemente estirado, genera mayor fuerza. En la medida que se acorta, produce menos fuerza. Un segundo factor es el ángulo de contracción en base a la posición de la articulación. En la medida que un segmento del cuerpo se desplaza a través del radio de acción, el ángulo de contracción varía. El ángulo de contracción más efectivo es de 90°. Contracciones musculares realizadas a ángulos menores no son tan efectivas. El resultado final de la interacción de estos dos factores biomecánicos indica que la capacidad de desarrollar tensión varia a través del radio de acción.

Velocidad del movimiento

La fuerza que un músculo es capaz de generar varía inversamente con la velocidad de contracción. La fuerza disminuye a medida que aumenta la velocidad de contracción. Por ejemplo, un lanzador de bala debe generar gran fuerza para lograr que la bala comience a moverse. Sin embargo, al aumentar la velocidad de la bala es más difícil para el lanzador continue aplicándole fuerza.

Destrezas y Entrenamiento de Fuerza

Levantar pesas es una destreza como cualquier otra que requiere aprendizaje. La practica mejora el nivel y la aptitud de la destreza. Al principio, la capacidad de levantar mayores resistencias se debe tanto al aprendizaje de la técnica como al incremento de la fuerza en si. Por ello, muchos instructores recomiendan que al iniciar un programa de entrenamiento de fuerza se levante poco peso y se hagan muchas repeticiones. Una vez que se aprenda la técnica correcta se puede comenzar a aumentar la resistencia.

ESTRATEGIAS PARA MANTENER UN PROGRAMA DE ACTIVIDAD FISICA

Iniciar y mantener un programa de actividad física no es fácil si no se esta acostumbrado al ejercicio. La practica de nuevas conductas muchas veces requiere meses hasta que sean adoptadas regularmente. Igual es con el ejercicio. Incluir al ejercicio en la vida cotidiana amerita cambios de conducta.

Diferentes razones motivan a diferentes personas para realizar actividades físicas. Sea cual fuese la razón por la cual se inicio el ejercicio, se deben buscar formas para que los entrenamientos sean agradables. La razón psicológica es sencilla: la gente tiende a repetir aquellas actividades que son agradables o divertidas. Si no les agrada, no la repetirán. Las siguientes recomendaciones le pueden ayudar a mantenerse físicamente activo(a):

1. Empiece lentamente. Un error común es el de tratar de hacer demasiado en muy poco tiempo. Ello puede causar lesiones y desánimo haciendo que abandone la actividad. Recuerde que el proceso de acondicionamiento tarda meses en lograrse.

2. Seleccione actividades aeróbicas de su agrado. Si la actividad no gusta, generalmente es descontinuada.

3. Combine diferentes actividades. Combine dos o tres actividades diferentes la misma semana. Esto le permitirá gozar de mayor variedad y combatir la monotonía de realizar siempre el mismo ejercicio.

4. Entrene con amistades. La interacción social estimula al ejercicio. Además, es difícil dejar de asistir si se sabe que otra persona esta esperando.

5. Aparte un horario fijo para el entrenamiento. Si no se planifica el horario del ejercicio, es fácil olvidarse. Haciendo que la hora del ejercicio sea "sagrada" le ayudara a mantener el programa.

6. Busque equipos adecuados para el ejercicio. Un zapato de mala calidad puede causar lesiones y desánimo desde el propio inicio del programa.

7. No abuse del ejercicio. Aprenda a "sentir" al cuerpo. El sobrentrenamiento conduce a fatiga crónica y lesiones. El entrenamiento debe ser placentero. No tiene nada de malo pararse durante un trote mañanero para disfrutar de un hermoso paisaje.

8. Entrene en sitios y equipos diferentes para darle variedad al programa.

9. Evalué regularmente la aptitud física. Subir a una nueva categoría de aptitud es en si un galardón.

10. Lleve registros del entrenamiento. Esto le permite evaluar su progreso y compararlo con meses y años anteriores. Use formatos similares a los encontrados en las Figuras 3.10 y 3.11.

11. Visite al médico si se presentan problemas de salud. Cuando se tiene duda, "es preferible prevenir que lamentar."

12. Trace metas y compártalas con otras personas. Abandonar una actividad es más difícil cuando otros conocen lo que se tiene en mente hacer. Si alcanza cierta meta, prémiese con un par de zapatos nuevos o un traje de entrenar.

METAS PARA MEJORAR LA APTITUD FISICA

Antes de dejar este capítulo debe pensar en sus metas de entrenamiento. En las ultimas décadas nos hemos acostumbrado al servicio al instante, desde comidas instantáneas, al planchado en seco en menos de una hora. La aptitud física no se obtiene al instante, lleva tiempo y esfuerzo para desarrollarse, y sólo por dedicación continua se obtienen sus beneficios. Tal como se explicó en el Capítulo 1, el trazo de metas alcanzables le ayudará a diseñar y desempeñar su entrenamiento físico. En la Figura 3.9 se ofrece una guía sencilla para ayudarle a trazar sus metas. Se recomienda que llene este formato, bien sea usted solo o con ayuda de su maestro.

Al diseñar sus metas tome en cuenta los resultados de las evaluaciones físicas iniciales. Si su categoría de aptitud cardiorespiratoria es pobre, no puede anhelar subir a la categoría excelente en cuestión de tres meses.

Siempre que sea posible las metas deben ser cuantificables. Una meta que establezca "mejorar la aptitud cardiorespiratoria" no es cuantificable. Mejor es escribir "lograr la categoría de buena aptitud cardiorespiratoria" o "correr la milla y media en 11:00 minutos."

Muy importante es el desarrollo de objetivos específicos para conquistar sus metas. Estos representan el plan de acción para lograr las metas. Ejemplos de objetivos específicos para alcanzar la meta de aptitud cardiorespiratoria podrían ser los siguientes:

1. Usaré el trote como modalidad del ejercicio.

2. Entrenaré a las 10:00 a.m. cinco veces por semana.

3. Trotaré alrededor de la pista en la universidad.

4. Trotaré por 30 minutos en cada entrenamiento.

5. Mediré la frecuencia cardíaca durante el entrenamiento.

6. Tomaré la prueba de 1.5-millas una vez al mes.

A veces los objetivos específicos no se logran. Por ello la meta no se alcanza. En estos casos rectifique los objetivos. Si se traza una meta muy alta al inicio del programa, se debe ser flexible y evaluar la meta. Eso si, nunca debe darse por vencido. Reflexionar y modificar una meta no es fracasar. Solo los que se dan por vencidos fracasan. El éxito se cultiva con persistencia y perseverancia hasta el final.

REFERENCIAS

1. American College of Sports Medicine, *Guidelines for Exercise Testing and Prescription* (Baltimore: Williams & Wilkins, 1995).

2. R. F. DeBusk, U. Stenestrand, M. Sheehan, and W. L. Haskell, "Training Effects of Long Versus Short Bouts of Exercise in Healthy Subjects," *American Journal of Cardiology*, 65 (1990), 1010–1013.

3. U. S. Centers for Disease Control and Prevention and American College of Sports Medicine, "Summary Statement: Workshop on Physical Activity and Public Health," *Sports Medicine Bulletin*, 28:4 (1993), 7.

4. American College of Sports Medicine, "The Recommended Quantity and Quality of Exercise for Developing and Maintaining Cardiorespiratory and Muscular Fitness in Healthy Adults," *Medicine and Science in Sports and Exercise*, 22 (1990), 265–274.

5. J. Kokkonen and S. Lauritzen, "Isotonic Strength and Endurance Gains Through PNF Stretching," *Medicine and Science in Sports and Exercise*, 27 (1995), S22:127.

Escriba 2 ó 3 metas generales en las que habrá de trabajar durante las próximas semanas, también escriba los objetivos que habrán de llevar a esa meta(s).

Meta para la Resistencia Cardiorespiratoria: _____

_____

Objetivos especificos:

1. _____
2. _____
3. _____
4. _____
5. _____
6. _____

_____   _____
Firma   Testigo

_____   _____
Fecha   Fecha de cumplimiento

Meta para la fuerza/resistencia muscular: _____

_____

Objetivos especificos:

1. _____
2. _____
3. _____
4. _____
5. _____
6. _____

_____   _____
Firma   Testigo

_____   _____
Fecha   Fecha de cumplimiento

FIGURA 3.9 ❖ Formato para planificar metas y objetivos.

Meta para la flexibilidad muscular: _____

_____

Objetivos especificos:

1._____

2._____

3._____

4._____

5._____

6._____

_____   _____
Firma   Testigo

_____   _____
Fecha   Fecha de cumplimiento

Meta para la composición corporal: _____

_____

Objetivos especificos:

1._____

2._____

3._____

4._____

5._____

6._____

_____   _____
Firma   Testigo

_____   _____
Fecha   Fecha de cumplimiento

FIGURA 3.9 ❖ Formato para planificar metas y objetivos (continuación).

Diario Aeróbico

Fecha	Peso Corporal	Frecuencia Cardíaca	Tipo de Ejercicio	Distancia en Millas	Tiempo Horas/Min.
1					
2					
3					
4					
5					
6					
7					
8					
9					
10					
11					
12					
13					
14					
15					
16					
17					
18					
19					
20					
21					
22					
23					
24					
25					
26					
27					
28					
29					
30					
31					
			Total		

FIGURA 3.10 ✤ Diario aeróbico (saque copias adicionales si es necesario).

Formato Para Entrenamiento de Fuerza

Nombre ______________________________

Fecha

Ejercicio	Ser/Rep/Res*	Ser/Rep/Res*	Ser/Rep/Res*	Ser/Rep/Res*	Ser/Rep/Res*	Ser/Rep/Res*	Ser/Rep/Res*	Ser/Rep/Res*	Ser/Rep/Res*	Ser/Rep/Res*

*Ser/Rep/Res = Series, Repeticiones, y Resistencia (ejemplo, 1/6/125 = 1 serie de 6 repeticiones de 125 libras)

FIGURA 3.11 ✤ Formato para entrenamiento de fuerza (saque copias adicionales si es necesario).

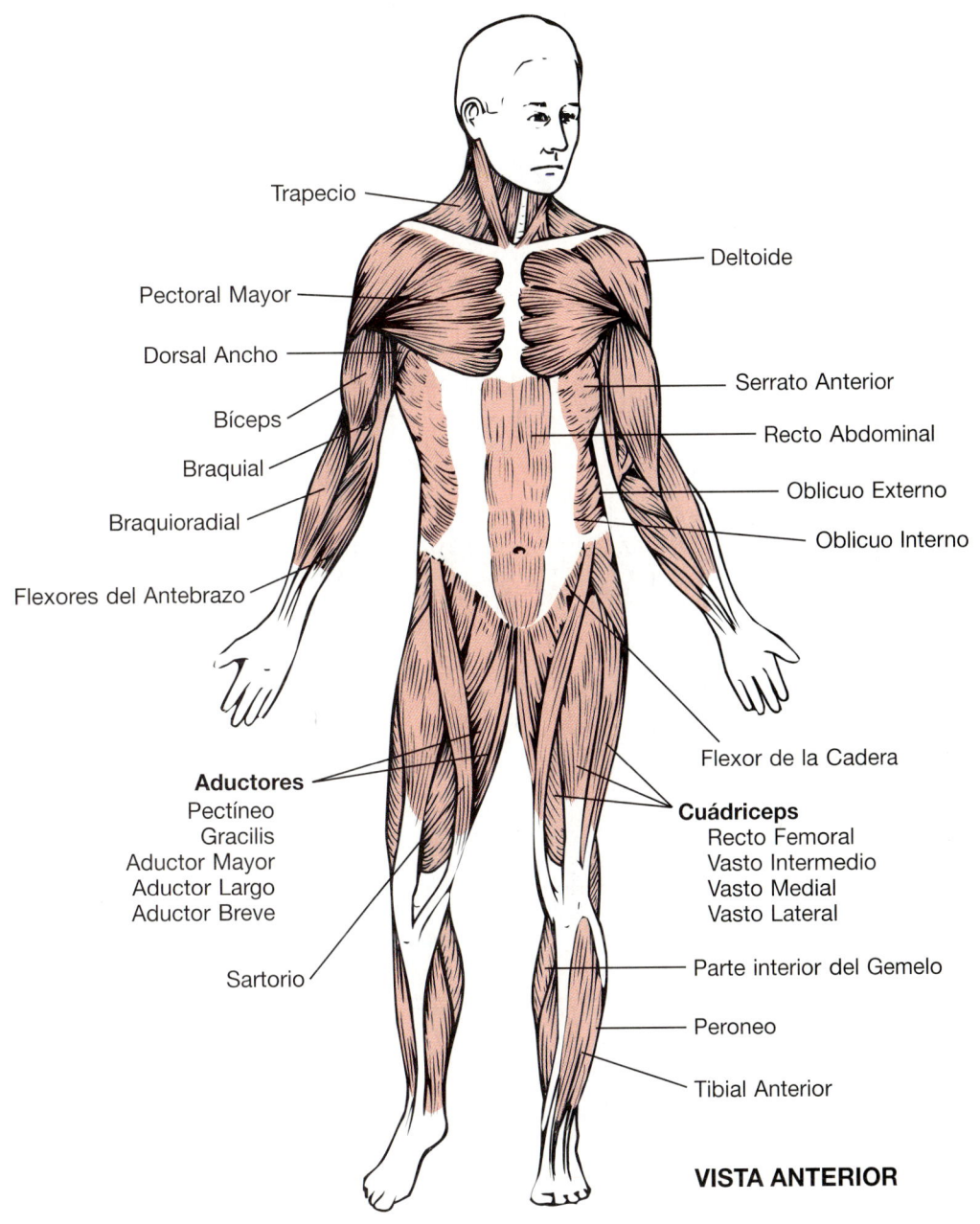

Trapecio

Deltoide

Pectoral Mayor

Dorsal Ancho

Serrato Anterior

Bíceps

Recto Abdominal

Braquial

Oblicuo Externo

Braquioradial

Oblicuo Interno

Flexores del Antebrazo

Flexor de la Cadera

Aductores
Pectíneo
Gracilis
Aductor Mayor
Aductor Largo
Aductor Breve

Cuádriceps
Recto Femoral
Vasto Intermedio
Vasto Medial
Vasto Lateral

Sartorio

Parte interior del Gemelo

Peroneo

Tibial Anterior

VISTA ANTERIOR

FIGURA 3.12 ✣ Principales músculos del cuerpo humano (vista anterior).

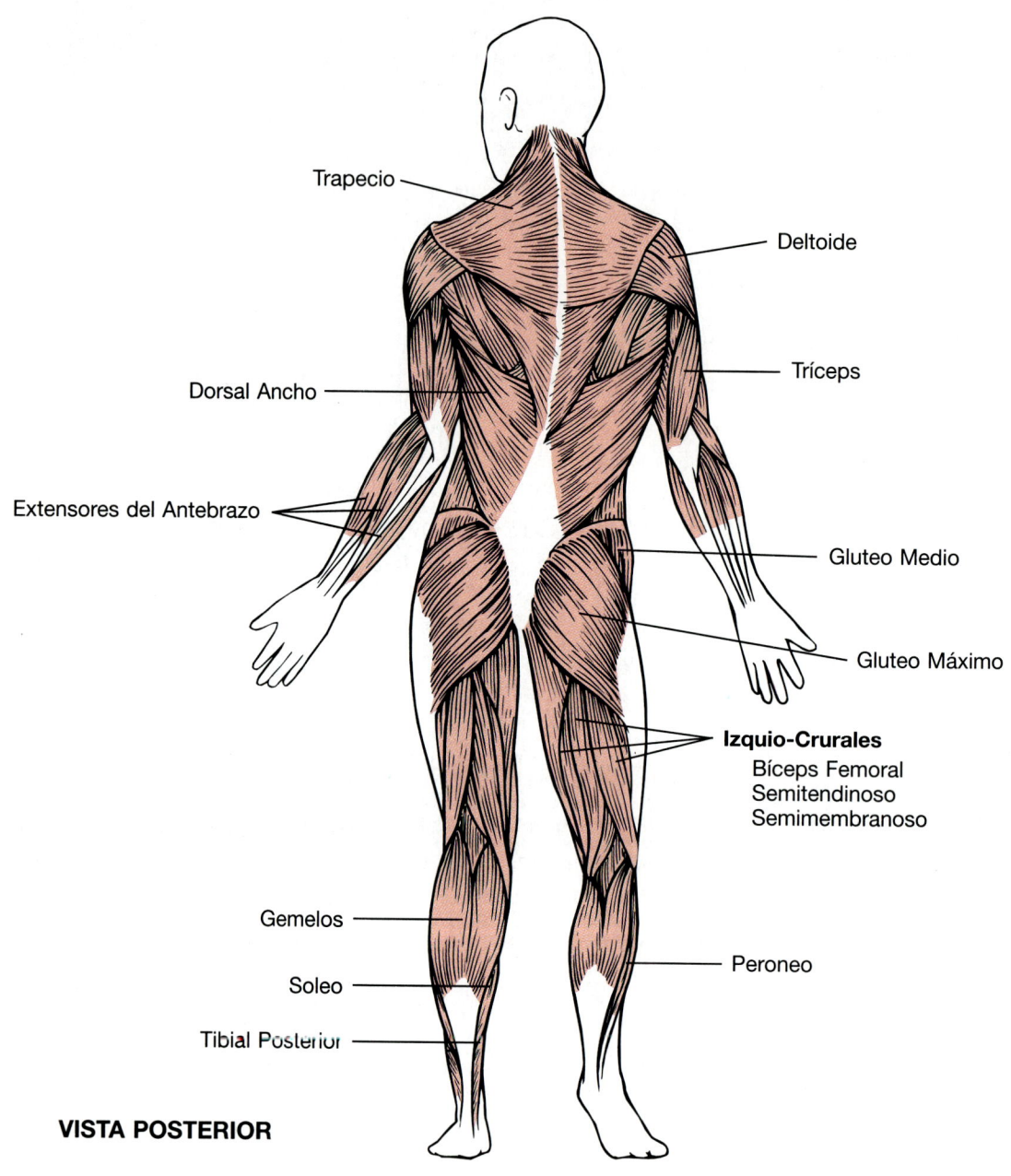

Trapecio

Deltoide

Dorsal Ancho

Tríceps

Extensores del Antebrazo

Gluteo Medio

Gluteo Máximo

Izquio-Crurales
Bíceps Femoral
Semitendinoso
Semimembranoso

Gemelos

Peroneo

Soleo

Tibial Posterior

VISTA POSTERIOR

FIGURA 3.12 ✤ Principales músculos del cuerpo humano (vista posterior) (continuación).

Evaluación
de Actividades Físicas

CAPITULO 4

CONCEPTOS CLAVES

Actividades motoras

Aeróbicos de alto
impacto (AAI)

Aeróbico de bajo
impacto (ABI)

Aeróbicos de banco (AB)

Aptitud-aeróbica

Bailes aeróbicos

Ejercicios Aero-Belt

Entrenamiento
combinado

MET (equivalentes
metabólicos)

OBJETIVOS

✤ Estudiar los beneficios y ventajas de diferentes
actividades aeróbicas.

✤ Aprender a evaluar los actividades aeróbicas.

✤ Aprender a evaluar los actividades motoras.

✤ Examinar las fases típicas del entrenamiento aeróbico.

✤ Aprender a aplicar métodos para mejorar los
entrenamientos aeróbicos.

Uno de los aspectos mas placenteros del entrenamiento aeróbico es la gran selección de actividades disponibles para el desarrollo cardiorespiratorio. Se puede seleccionar una o varias actividades diferentes para el entrenamiento. Siempre se recomienda que se escojan actividades que sean de su agrado, conveniencia, y disponibilidad.

ACTIVIDADES AEROBICAS

La mayoría de las personas se entrenan con una sola actividad aeróbica como la caminata, el trote, o la natación. No obstante, no existe actividad alguna que contribuya por si sola al desarrollo de todos los componentes de la aptitud física. Muchas actividades desarrollan el sistema cardiorespiratorio, pero su contribución a los otros componentes es limitado y varia entre actividades. Para mejorar la aptitud física, las actividades aeróbicas se deben suplementar con ejercicios de fuerza y flexibilidad muscular. Una *combinación de actividades aeróbicas*, como se usa en el entrenamiento combinado, da más variedad al entrenamiento, disminuye el riesgo de lesiones, y evita la monotonía en el ejercicio.

Conveniencia personal es muy importante para los entrenamientos. Para disfrutarlos, hay que entrenar en una hora del día cuando no se tenga prisa. Un sitio cercano también es recomendable. Es muy fastidioso tener que atravesar toda una ciudad para ir al gimnasio, al centro de salud, a la pista, o a la piscina; peor aun, si no se consigue en donde estacionar. Problemas de esta naturaleza muchas veces se usan como excusas para no entrenar.

La Caminata

El ejercicio aeróbico más fácil, natural, económico, y de menor peligro es la caminata. Por muchos años se dudaba de su efectividad en rendir beneficios. Estudios recientes han demostrado mejorías en la aptitud cardiorespiratoria si se camina por lo menos a una velocidad de 4

Caminar, el más natural de todos los ejercicios aeróbicos.

millas por hora. En cuanto a la salud, un programa regular de caminatas alarga la vida (véase el Capítulo 7). Aun si caminar toma más tiempo que trotar, el gasto calórico de trotar es solamente 10% mayor al de caminar la misma distancia.

Caminar es la mejor manera de iniciar el acondicionamiento cardiorespiratorio. Para empezar se debe caminar una milla de cuatro a cinco veces por semana. Las caminatas se pueden aumentar gradualmente 5 minutos por semana. Después de 3 o 4 semanas de acondicionamiento, se debe poder caminar 2 millas a un paso de 4 millas por hora cinco veces a la semana. Mejores beneficios aeróbicos se obtienen si se camina una distancia mayor y los brazos se mueven vigorosamente. El uso de mancuernas (pesas de mano) livianas (4 a 6 libras), un morral, o el Aero-belt (presentado más adelante en este capítulo) también incrementan la intensidad de la caminata. Debido a la mayor carga cardiorespiratoria, el uso de pesos adicionales no se recomiendan para personas con enfermedades cardiovasculares.

Caminar en agua de profundidad hasta el pecho es una actividad excelente para quienes padecen de problemas de las piernas y la espalda. El apoyo provisto por el agua hace que la persona solamente pese de un 10% al 20% del peso normal fuera del agua. La resistencia al movimiento en el agua provee una intensidad suficientemente elevada para un excelente entrenamiento cardiorespiratorio.

Excursionismo

Las excursiones son una excelente actividad para toda la familia, especialmente durante el verano y vacaciones de verano. Mucha gente se siente mal si descontinúan el entrenamiento durante períodos vacacionales. La intensidad de caminar en terrenos desnivelados es mayor que durante la caminata normal. Una excursión de 8 horas usa tantas calorías como trotar o caminar (en plano) 20 millas.

Otra ventaja es la incomparable oportunidad de admirar hermosos paisajes. El excursionismo es una gran actividad para personas altamente estrésadas que viven cerca de las montañas. Un

Una excursión de 8 horas usa tantas calorías como un trote o caminata de 20 millas.

día difícil en la oficina se puede dejar atrás rápidamente con la tranquilidad y belleza de los paisajes.

Trote Aeróbico

El trote es la forma más popular de entrenamiento aeróbico. Después de la caminata, es una de las actividades aeróbicas mas accesibles. Sitios para trotar se pueden conseguir casi en todas partes y el único requisito es un buen par de zapatos para correr.

La popularidad del trote se inicio en los Estados Unidos con la publicación del libro *Aeróbicos* del Dr. Kenneth Cooper en 1968. *El Libro Completo del Corredor* por Jim Fixx, publicado a mediados de la década de los 70, ayudo a que el trote se convirtiera en la actividad aeróbica primordial en este país.

Trotar de tres a cinco veces por semana es una de las formas más rápidas para desarrollar la aptitud cardiorespiratoria. El peligro de lesiones con el trote es mayor que con las caminatas, especialmente en los principiantes. Antes de trotar, se debe caminar por una o dos semanas. Luego se puede combinar la caminata con el trote, hasta que se lleguen a cubrir de 20 a 30 minutos trotando.

Muchos abusan del trote corriendo demasiado rápido o por demasiado tiempo. Algunas personas piensan que mientras más se trote, mejor. No siempre así con la resistencia cardiorespiratoria. Como se indicó en el Capítulo 3 (véase Frecuencia), los beneficios de entrenar por más de 30 minutos cinco veces por semana son mínimos. El riesgo de lesionarse incrementa grandemente en la medida que se aumenta el millaje y la velocidad. Trotar unas 15 millas a la semana es suficiente para mejorar la aptitud cardiorespiratoria.

Un buen calzado es vital para el trotador. Muchos problemas de pies, rodillas, y piernas son causados por zapatos inapropiados o ya muy usados. Un buen zapato debe ofrecer buena estabilidad lateral y no debe inclinarse a lado alguno cuando se coloca en una superficie plana. El zapato debe poder doblarse en la parte anterior (cerca a los dedos) y no por el medio. Zapatos usados por más de 500 millas no absorben muy bien el impacto y por ello deben cambiarse. Si comienza a sentir pequeñas lesiones, revise primero los zapatos, probablemente es hora de cambiarlos.

Por razones de seguridad, evite trotar en calles de alta velocidad o con audífonos. Al trotar (o caminar), hágalo al lado izquierdo de la carretera (en contra del tráfico) para que pueda observar el trafico a todo momento. Para el trote nocturno, se recomienda ropa reflectiva y cintas luminosas colocadas en diferentes partes del cuerpo. Trotar con linterna es aun mejor, ya que los conductores pueden verla desde distancias más lejanas.

Particularmente para personas lesionadas, aquellas que sufren de problemas crónicos de la espalda, o personas con mucho sobrepeso, se sugiere trotar en agua profunda (en la parte profunda de la piscina). Este ejercicio en casi tan exigente como trotar fuera del agua. En el agua se pueden exagerar los movimientos de brazos y piernas a todo lo largo del radio de acción. El participante lleva usualmente un chaleco salvavidas que le permite mantenerse en posición vertical. Muchos atletas de alto rendimiento usan el trote en agua para disminuir el trauma causado por el trabajo de larga distancia en tierra. Esto les permite mantener un alto consumo de oxígeno aun con programas de trote acuático.

Aeróbicos (Bailes Aeróbicos)

Los aeróbicos, antes conocidos como bailes aeróbicos, se han convertido en la forma más popular de ejercicio entre las mujeres Americanas. Los aeróbicos se caracterizan por una serie de ejercicios de calistenia general ejecutados al ritmo de la música. Los entrenamientos son sumamente divertidos y al la vez proporcionan un buen desarrollo cardiorespiratorio.

La introducción de los aeróbicos se le atribuye a Jacki Soreson a principios de la década del 70. Jacki los uso para el acondicionamiento físico de esposas de pilotos de la fuerza aérea estacionados en Puerto Rico. Aunque en principio no fueron aceptados como una legítima actividad aeróbica, actualmente cuentan con más de 20 millones de participantes de todas las edades. Hoy en día se dan clases de aeróbicos en escuelas, universidades, clubes, gimnasios, y centros recreativos.

Los aeróbicos de alto impacto (AAI), o aeróbicos tradicionales, *requieren ejercicios en los cuales ambas piernas pueden abandonar el piso*

Aeróbicos, la actividad física predilecta de las mujeres en los Estados Unidos.

momentáneamente al mismo tiempo. Estos saltos generan un gran impacto al retornar los pies al suelo. Buen acondicionamiento de piernas por intermedio de caminatas, trotes, y entrenamientos de fuerza son recomendables antes de participar en AAI.

Los AAI producen el mayor número de lesiones aeróbicas; tales como dolor de espinilla, fracturas de estrés, dolor de espalda, e inflamación de los tendones. Estas lesiones son producto del constante impacto contra superficies duras. Por ello, otras formas de aeróbicos han sido introducidos para evitar estas lesiones.

Los aeróbicos de bajo impacto (ABI) *requieren que por lo menos un pie este en contacto con el suelo en todo momento*. Esta técnica reduce el impacto sobre las articulaciones durante el retorno de los pies al piso. La intensidad del ejercicio es más difícil de mantener con los ABI. Para ayudar a elevar la frecuencia cardíaca, los movimientos de brazos y piernas se deben realizar con mayor rigor. Igualmente, la continuidad de movimiento es necesaria para mantener la frecuencia cardíaca en la zona recomendada.

Un nuevo tipo de aeróbicos son los aeróbicos de banco (AB). En esta modalidad, *constantemente se trepa un banco de 2 a 10 pulgadas de altura y se acompaña esta acción con fuertes movimientos de brazos*. Esta modalidad le da mayor variedad al entretenimiento de programas aeróbicos.

Los AB son ejercicios de alta intensidad, pero de bajo impacto. La intensidad se controla por la altura del banco. Los bancos se pueden conseguir comercialmente y la altura se regula colocando uno encima otro(s), hasta conseguir la altura deseada. Para evitar lesiones, principiantes deben usar la altura mínima. Dicha altura se incrementa gradualmente en la medida que mejore la aptitud física. Aunque un pie siempre permanece en contacto con el suelo o banca, esta actividad no se recomienda para quienes padecen problemas de tobillos, rodillas, o caderas.

Otras formas de aeróbicos incluye una combinación AAI, ABI, y aeróbicos de moderado impacto (AMI). Estos ultimos incluyen ejercicios pliométricos. Loa aeróbicos pliométricos *requieren saltos rápidos y violentos* — *o rebotes repetidos lo más rápido posible entre saltos.* Esta modalidad de aeróbicos es comúnmente usada por saltadores (salto alto, largo, y triple) y atletas en deportes que requieren destreza en el salto (jugadores de baloncesto y gimnastas).

Natación

La natación es otra excelente modalidad aeróbica. En ella se usan las grandes masas musculares para ayudar a desarrollar al corazón y los pulmones. Es una buena actividad para personas que no pueden caminar o trotar por mucho tiempo. Comparado con otras actividades, el riesgo de lesiones es muy bajo. El medio acuático sostiene al cuerpo y elimina el impacto, especialmente sobre la espalda y las extremidades inferiores.

La frecuencia cardíaca máxima en natación es de 10 a 13 ppm más baja en comparación a la carrera.[1] Se piensa que la posición horizontal del cuerpo ayuda a distribuir la sangre más efectivamente, disminuyendo de esta forma la demanda cardiorespiratoria. Además, el agua fresca y su contacto directo con la piel ayudan a disipar el calor, reduciendo así también la demanda cardíaca.

Algunos especialistas en la materia afirman que la diferencia en la frecuencia cardíaca máxima (10 a 13 ppm) debe restarse antes de calcular la zona de entrenamiento para la natación. Por ejemplo, la frecuencia cardíaca máxima para un nadador de 20 años seria aproximadamente 187 ppm (220 - 20 - 13).

Los estudios de investigación[2,3,4] son inconclusos en cuanto a la reducción de esta frecuencia en intensidades por debajo del 70% de la frecuencia máxima. Es más, otro estudio[5] que comparo las diferencias fisiológicas entre el trote y los aeróbicos acuáticos, ambos ejecutados a intensidad propia, demostró que los participantes trabajan a menor intensidad en el agua. Estos resultados indican que las personas tienden a proporcionar mayor esfuerzo en actividades

La natación, una actividad sin peligro de lesiones.

fuera del agua. Por esta razón es imperativo que se use la misma intensidad cardíaca prescrita para actividades fuera del agua durante actividades acuáticas. Si se usan intensidades menores, se reducirán los beneficios aeróbicos.

Para obtener mejor desarrollo, el movimiento de brazos debe ser continuo durante la natación. Con estilos como el de pecho y el de lado es muy difícil alcanzar la zona de entrenamiento. En estos estilos el deslizamiento por el agua (sin movimiento de brazos) es constante, limitando el trabajo aeróbico. El estilo libre es preferible para obtener mejores resultados.

Otro punto de interés es con las personas de gran sobrepeso. Ellas tienen que proporcionar mayor esfuerzo al nadar para llegar a la intensidad cardíaca recomendada. Excesiva grasa corporal aumenta la flotación del cuerpo y con ello la tendencia es de flotar sin mucho esfuerzo. Aunque relajante, en estos casos el gasto calórico para perder peso no es muy grande. Caminar o trotar en el agua a profundidad del pecho son mejores alternativas para personas con problemas de peso que no pueden caminar o trotar en "tierra."

En cuanto a la especificidad del entrenamiento, nadadores deben tener en cuenta que su aptitud cardiorespiratoria no se puede evaluar adecuadamente en tierra, como con la prueba de 1.5 millas. La natación surte su efecto en los músculos del torso y brazos. Aun cuando la efectividad cardíaca de bombear sangre oxigenada aumenta con cualquier actividad aeróbica; en la natación, el incremento fundamental en el consumo de oxígeno se produce en las extremidades superiores. La mejor forma de evaluar el progreso en la natación es comparando la distancia que se cubre en un tiempo determinado, digamos 10 minutos.

Aeróbicos Acuáticos (AA)

Esta nueva modalidad de ejercicio es agradable y de poco peligro para personas de todas las edades. Además de mejorar la aptitud física, los AA son divertidos, refrescantes, y permiten la actividad social durante el entrenamiento.

Los AA incorporan una combinación de acciones rítmicas de brazos y piernas en el agua con el cuerpo en posición vertical y sumergido hasta el pecho. El esfuerzo realizado por las extremidades contra la resistencia del agua provee el estimulo necesario para incrementar la frecuencia cardíaca.

Los AA se han convertido en una actividad muy popular en los ultimos años. Su popularidad puede atribuirse a los siguientes factores:

1. El soporte del agua reduce el impacto sobre las articulaciones, disminuyendo así el peligro de lesiones.

2. Estos ejercicios ofrecen una modalidad más atractiva para personas con sobrepeso o con problemas ambulatorios que no pueden caminar, trotar, o hacer aeróbicos en tierra.

3. La disipación de calor en el medio acuático es beneficioso para personas obesas que padecen por efectos del calor durante el ejercicio.

4. Los AA pueden ser realizarlos por nadadores como los que no saben nadar.

Las rutinas usadas durante los AA han sido diseñadas para elevar la frecuencia cardíaca y de este modo contribuir al desarrollo cardiorespiratorio. El medio acuático provee resistencia al movimiento, lo cual también ayuda a mejorar la fuerza sin gran impacto para las articulaciones. Debido a esta resistencia, los AA desarrollan mejor la fuerza muscular que los aeróbicos fuera del agua. Los ejercicios acuáticos

Los aeróbicos acuáticos, una actividad muy divertida para todas las edades sin riesgo de lesiones.

también estimulan el movimiento de las articulaciones por su radio de acción, contribuyendo de esta manera al desarrollo de flexibilidad.

Los AA también son muy beneficiosos en programas de control de peso. Estos ejercicios pueden ser realizados sin el riesgo de lesiones encontrados en otras actividades. El agua es un excelente medio para prevenir lesiones deportivas. Esta protección hace que los AA sean una actividad de riesgo bajo, pero a la vez beneficiosa para personas en rehabilitación por lesiones de piernas, espalda, y articulaciones. También son provechosos para atletas lesionados, mujeres embarazadas, y personas obesas. Con los AA, estas personas logran desarrollar o mantener la resistencia cardiorespiratoria sin el temor de agravar las lesiones.

Al igual que con la natación, frecuencias cardíacas máximas obtenidas con los AA son más bajas que con el trote. La diferencia esta en el orden de 10 ppm.[6] Sin embargo, las personas

Evaluación del consumo de oxígeno y frecuencia cardíaca durante aeróbicos acuáticos.

saludables pueden entrenar en el agua con intensidades similares a las usadas fuera del agua. Con ello, obtienen beneficios iguales o mejores a los obtenidos con los aeróbicos en tierra.[7] Por lo tanto, al igual que con la natación, la intensidad del ejercicio usada fuera del agua se debe usar con los AA.

Ciclismo

La mayoría de la gente aprende a montar bicicleta en la juventud. Es un magnífico ejercicio para personas con lesiones de piernas y espalda. El ciclismo mejora el sistema cardiorespiratorio y la fuerza y resistencia muscular de piernas. Con el advenimiento de la bicicleta estacionaria, esta actividad se puede practicar a lo largo del año.

Alcanzar la intensidad de entrenamiento es más difícil en el ciclismo. Al disminuir la masa muscular activa durante el ejercicio, disminuye también la demanda sobre el sistema cardiorespiratorio. En el ciclismo, los muslos solos realizan casi todo el trabajo muscular, por lo cual, es difícil mantener la intensidad del entrenamiento.

Para incrementar la frecuencia cardíaca es necesario pedalear constantemente durante el ciclismo. Sin embargo, se puede compensar la falta de intensidad con un aumento en la duración del entrenamiento. Para obtener beneficios similares al trote, se debe manejar la bicicleta al doble de la velocidad y triplicar la distancia recorrida con el trote. Por otra parte, el ciclismo ofrece una buena alternativa aeróbica para personas que no pueden caminar o trotar.

Para obtener la mejor eficiencia mecánica durante el ciclismo, el asiento se debe acomodar de forma tal que la pierna este casi completamente estirada cuando se coloca el talón sobre el pedal. El cuerpo no debe moverse de lado a lado al conducir la bicicleta. El ritmo de pedaleo también es importante. Las velocidades de la bicicleta deben colocarse a un nivel que permita pedalear entre 60 y 100 revoluciones por minuto.

El dominio sobre la bicicleta es muy valioso. El ciclista debe tener control en todo momento y estar preparado para maniobrar en tráfico y sitios congestionados, mantener equilibrio a bajas velocidades; poder frenar y cambiar de velocidades; y percatarse de peatones y luces de cruce. Con la bicicleta estacionaria no se requieren tales precauciones y casi todos pueden disfrutar de ella.

La seguridad personal es importante en ciclismo de carretera. Más de un millón de

El dominio de la bicicleta es factor importante para la seguridad y el disfrute del ciclismo en carretera.

accidentes ciclísticos ocurren cada año. Equipos apropiados y sentido común son indispensables. Una bicicleta buena y bien mantenida es más fácil de controlar. Se recomiendan también ganchos de pie en los pedales para evitar que se resbalen los pies. El uso de ganchos también permite generar fuerza a través de toda la circunferencia del pedaleo.

Los ciclistas deben observar las mismas reglas que los conductores de carros. Muchos accidentes ocurren porque los ciclistas se tragan la luz roja y las señales de pare. Entre otras sugerencias se recomienda:

❖ Usar señales de mano para inducir sus movimientos.

❖ No manejar la bicicleta de lado a lado con otro ciclista.

❖ Tener cuidado con vehículos que van a cruzar o salir en retroceso de callejones o estacionamientos. Siempre se le da paso a los vehículos primero.

❖ Cuidarse de las alcantarillas. De no cruzar estas al ángulo correcto, el ciclista puede ser lanzado si se queda la rueda pegada en la alcantarilla.

❖ Llevar un buen casco certificado por la Snell Memorial Foundation o el American National Standards Institute. Muchos accidentes críticos y muertes han sido prevenidos por el uso de cascos. Precio, apariencia, comodidad, o moda no deben interferir con el uso de un buen casco en el ciclismo de carretera. No vale la pena arriesgar la salud y la vida por la economía y la vanidad.

❖ Usar ropa y zapatos apropiados. Ropa especial para el ciclismo no es necesaria a excepción de las pantalonetas. La ropa debe ser liviana y cómoda. Las pantalonetas deben ser acojinadas y lo suficientemente largas para evitar que se pellizque la piel con el asiento. Los ciclistas experimentados usan zapatos de tacos que se fijan a los pedales.

La bicicleta estacionaria es una de las mercancías de mayor popularidad vendida en

El ejercicio en la bicicleta estacionaria añade variedad a los entrenamientos aeróbicos.

tiendas deportivas. Antes de comprar una unidad, pruébala por algunos días. Si le gusta, cómprala, pero invierta con cuidado. Si el modelo es muy barato, se puede sorprender. Buenas bicicletas estacionarias traen asientos cómodos, son estables, y proveen un ritmo de pedaleo suave y parejo. Una bicicleta que se pega y es difícil de pedalear generalmente termina almacenada en un rincón del sótano.

Ejercicios Aero-Belt

Los ejercicios Aero-belt (Aerobic Endurance Resistance Overloader) constituyen una nueva modalidad aeróbica. El Aero-belt™ consiste de un cinturón con una banda elástica que pasa por el cinturón y se engancha con bandas a las muñecas.[*] El Aero-belt fue creado para proporcionarle resistencia a los brazos durante el trabajo aeróbico de piernas. Con su uso se logra incrementar el consumo de oxígeno, gasto calórico, y la fuerza y resistencia muscular del tronco y los brazos. Al igual que en el esquí de

[*] Aero-belt es una marca registrada de Nurge Fitness Systems, P. O. Box 889, Ketchum, ID 83340 Telefono 1–800–879–8695.

Caminando con un Aero-belt.

Aeróbicos con el Aero-belt.

campo traviesa, el Aero-belt le proporciona resistencia a los brazos durante las caminatas, los trotes, los aeróbicos, las escalinatas, y el ejercicio en bicicleta estacionaria.

Con el uso del Aero-belt es posible lograr un acondicionamiento de tronco y brazos similar al del esquí de campo traviesa. En base al nivel de aptitud física y la aptitud de fuerza muscular, uno puede seleccionar tres niveles diferentes de bandas elásticas. Las de tensión media y alta son para el desarrollo de fuerza pura. La de tensión baja se usa para un mejor desarrollo de resistencia cardiorespiratoria.

Los efectos fisiológicos de caminar a 4.0 y 4.2 mph, trotar a 6.0 mph, y realizar aeróbicos de banco con y sin el Aero-belt fueron investigados en Boise State University.[8,9,10] La frecuencia cardíaca, el consumo de oxígeno, y el gasto calórico de estas actividades subieron de un 32% a un 54% con el uso del Aero-belt (véase la Figura 4.1).

Entrenamiento Combinado

Con este entrenamiento se combinan dos o más actividades para permitir a la persona reposar músculos cansados, disminuir lesiones, y eliminar la monotonía o fastidio de siempre realizar la misma actividad. Estos tipos de entrenamiento pueden combinar actividades aeróbicas y anaeróbicas como el trote, el entrenamiento de velocidad, y las pesas.

El uso de varias actividades puede propiciar mejores entrenamientos. Por ejemplo, el trote fortalece las piernas y la natación el torso y brazos. El remo desarrolla la parte superior del cuerpo y el ciclismo fortalece las piernas. Una combinación de actividades como las mencionadas proporcionan un acondicionamiento general para mejorar o mantener la aptitud física. El entrenamiento combinado también nos permite aprender nuevas destrezas y estimula la diversión con diferentes actividades.

Los entrenamientos de velocidad frecuentemente se usan conjuntamente con ejercicios aeróbicos. Mejores marcas en actividades aeróbicas (carrera, ciclismo) se logran por intermedio de los entrenamientos de velocidad (intervalos cortos). Estos intervalos se realizan a mayor velocidad al ritmo normal de carrera. Por ejemplo, un aspirante a correr la milla en 6 minutos puede hacer cuatro intervalos de 400 metros a una velocidad de 1 minuto y 20 segundos cada uno. Entre intervalos, se pueden usar 400 metros de caminata o trote como recuperamiento.

El entrenamiento de fuerza también se usa frecuentemente en los entrenamientos combinados. Las pesas acondicionan músculos, tendones,

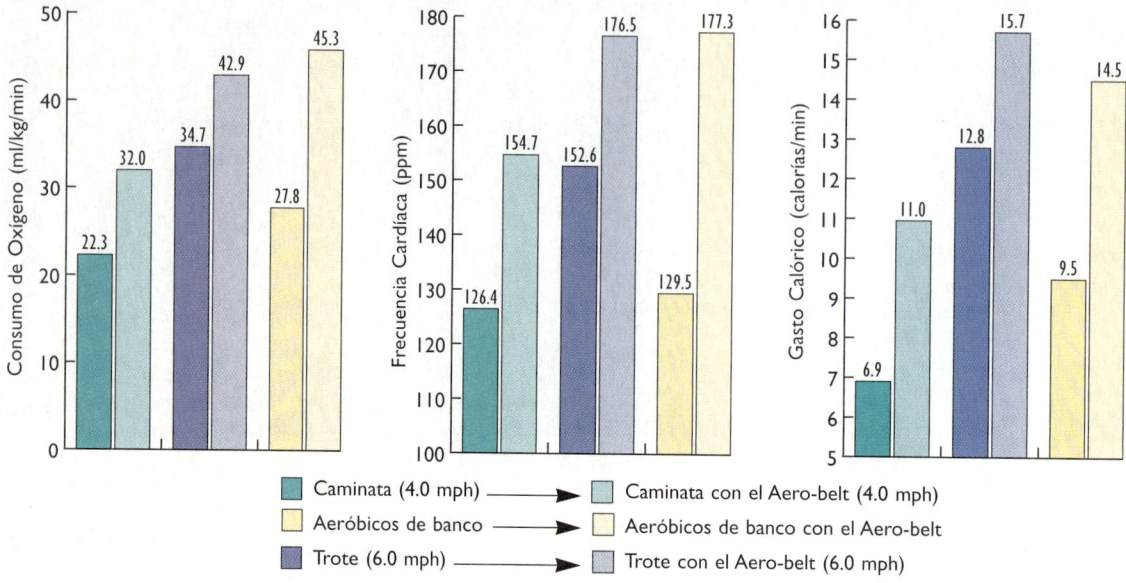

FIGURA 4.1 ✤ Consumo de oxígeno, frecuencia cardíaca, y gasto calórico resultante de la caminata, el trote, y los aeróbicos de banco sin y con el Aero-belt.

y ligamentos. El aumento de fuerza muscular es beneficioso para muchas actividades. En un estudio reciente[11] se encontró que un grupo de ciclistas entrenado con pesas incremento la distancia total de recorrido en un 33% (trabajando a un 75% de la capacidad máxima), a pesar de que no hubo incremento alguno en la capacidad aeróbica.

Salto de Cuerda

El salto de cuerda no solo contribuye al desarrollo cardiorespiratorio, sino también incrementa el tiempo de reacción, la coordinación, la agilidad, el balance dinámico, y la fuerza de las piernas. Al empezar, este ejercicio parece ser muy exigente para los participantes. Muchos de ellos alcanzan frecuencias cardíacas máximas en tan solo 2 o 3 minutos. En la medida que la habilidad de saltar mejora, las demandas energéticas disminuyen considerablemente.

Algunos individuos afirman que es posible obtener un beneficio equivalente a 30 minutos de trote con solo 10 minutos de saltos. Bien sea que se observan diferencias en desarrollo de fuerza y flexibilidad entre diferentes actividades, 10 minutos de actividad a cierta intensidad cardíaca proporcionan beneficios similares al sistema cardiorespiratorio, sin importar la naturaleza del ejercicio. Para obtener beneficios cardiorespiratorios óptimos, todas las actividades debe durar por lo menos 20 minutos.

Al igual que los aeróbicos de alto impacto, el salto de cuerda es muy impactante para las piernas. Saltando con una pierna a la vez, se disminuye un poco el impacto pero no se elimina totalmente el riesgo de lesiones. Los expertos recomiendan que este ejercicio se use esporádicamente y solo como complemento al programa aeróbico.

Esquí de Campo Traviesa

Muchos consideran el esquí de campo traviesa como la actividad aeróbica más completa por lo que requiere movimientos vigorosos de brazos y piernas. A pesar de ser una actividad sumamente intensiva por la alta masa muscular involucrada durante el ejercicio, el impacto sobre músculos y articulaciones es muy leve. Uno de los consumos de oxígeno más elevados que se han encontrado (85 ml/kg/min) ha sido en un esquiador de campo traviesa.

Además de ser una excelente actividad aeróbica, el esquí a campo traviesa es apaciguador. Esquiar por paisajes cubiertos de nieve es sumamente agradable. Aun si la falta de nieve es una limitación obvia, equipos para simular esta actividad durante todo el año se consiguen en muchas tiendas deportivas.

Un cierto nivel de destreza es necesario para esquiar. La falta de dominio sobre la actividad no permite subir la frecuencia cardíaca a la zona deseada. Para los interesados, un poco de instrucción es buena para poder disfrutar y gozar de los beneficios del esquí de campo traviesa.

Patinaje en-Línea

El patinaje en línea se ha convertido en una actividad muy popular en los últimos años. Repentinamente millones de niños y adultos han adoptado la actividad. Al principio de esta década (1990), las tiendas no podían suplir la demanda de patines.

Este deporte tiene sus orígenes en el patinaje sobre hielo. Patinaje sobre hielo es imposible practicarlo en temperaturas calientes, por ello, ruedas reemplazaron las hojillas del patín en los meses de verano. Patines de cuatro ruedas fueron inventados a mediados del siglo XVIII, pero la actividad no se popularizó sino hasta el final del siglo XIX. El primer patín en-línea de 5 ruedas se invento en 1823. En los Estados Unidos tomo auge esta actividad en 1980, cuando patines de hockey fueron adaptados para patinaje en carretera.

El patinaje en-línea es una actividad excelente para desarrollar el sistema cardiorespiratorio y fuerza de piernas. La intensidad de la actividad se controla por el vigor del patinaje. La clave para un entrenamiento cardiorespiratorio efectivo es el movimiento constante, usando brazos y piernas y disminuyendo los períodos de deslizamiento. Como actividad que requiere soporte del peso corporal, los patinadores desarrollan un gran nivel de fuerza en las piernas.

Clases introductorias son necesarias para aprender a patinar en-línea y aprender a evitar obstáculos como huecos, ranuras, grietas, piedras, palos, aceite, aceras, y entradas a garajes. Caídas y lesiones se observan más comúnmente en patinadores de poca habilidad.

El uso de buenos equipo permite que la participación sea menos peligrosa y más divertida. Patines varían en precio de $40 a $500. Los patines más costosos no son necesarios para patinadores recreativos. Más que nada, un buen patín debe proveer buen soporte para los tobillos. Botas suaves y flexibles no proporcionan suficiente soporte. Las ruedas pequeñas son buenas para obtener mayor estabilidad. Las grandes se usan para incrementar la velocidad. Es recomendable comprar los patines en tiendas que conozcan el deporte y puedan hacer recomendaciones en base a su nivel técnico.

Los equipos de protección son obligatorios para esta actividad. Como en el ciclismo, un casco que reúna las condiciones requeridas por la Snell Memorial Foundation o el American National Standards Institute es indispensable para protegerse en caso de caídas. Protectores para las muñecas, rodillas, y codos son también necesarios. La rotula (rodilla) y los codos se lesionan muy fácilmente durante caídas. Para patinaje de noche, se debe llevar ropa de colores claros y cintas reflectivas.

Remo

El remo es una actividad de bajo impacto que requiere trabajo del cuerpo entero. Durante el remo se usan las grandes masas musculares, incluyendo los brazos, piernas, caderas, músculos abdominales, el tronco, y los hombros. Además de ser buena actividad aeróbica, contribuye al desarrollo total de fuerza por lo que constantemente se hala y se empuja una resistencia (los remos).

Para acomodar diferentes niveles de aptitud física, la carga de trabajo se puede regular en la mayoría de estas unidades. No obstante, el remo no es una actividad aeróbica muy popular. Al igual que con bicicletas estacionarias, se recomienda probar la actividad por varias semanas antes de comprar una unidad.

Escalinata

Los ejercicios de escalinata son una excelente modalidad aeróbica si se realizan por un mínimo de 20 minutos. ¡Precisamente por su alta intensidad, mucha gente evita las escaleras y suben con los ascensores! Hay personas que detestan vivir en casas de dos plantas porque les toca subir las escaleras con frecuencia.

No existen muchos lugares en donde se consiguen suficientes escalones para subir continuamente por 20 minutos. Las unidades (equipos) para escalinatas nos ofrecen una buena alternativa. Estas unidades son tan populares que frecuentemente las personas esperan en cola para usarlas en los centros de salud.

Esta actividad no ofrece mucho peligro de lesiones ya que los pies nunca abandonan la

Las escalinatas proporcionan un buen trabajo aeróbico.

superficie de los escalones. Como las articulaciones y los ligamentos no reciben gran trauma durante el esfuerzo, se le considera una actividad de bajo impacto. La intensidad del trabajo puede ser controlada en la mayoría de las unidades.

Para derivar beneficios aeróbicos con los deportes de raqueta, la actividad debe ser rítmica y contínua durante todo el ejercicio.

Deportes de Raqueta

En deportes tales como el tenis, ráquetbol, squash, y badmintón, los beneficios aeróbicos dependen de la habilidad del individuo y la intensidad y duración del juego. Cierto nivel de destreza es necesario para poder participar efectivamente y mantener continuidad durante el juego. La zona de entrenamiento para el desarrollo cardiorespiratorio no se puede mantener si el juego es interrumpido frecuentemente.

Muchos participantes en los deportes de raqueta lo hacen a manera de diversión, relajamiento, y actividad social. Por ello generalmente suplementan su desarrollo cardiorespiratorio con el trote, la natación, o la bicicleta.

Si los deportes de raqueta son la actividad aeróbica fundamental, se debe tratar de jugar vigorosa y continuamente durante todo el juego. No se debe perder mucho tiempo recogiendo pelotas. Al igual que con los aeróbicos de baja intensidad, todos los movimientos deben enfatizarse para obtener mejor desarrollo cardiorespiartorio.

EVALUACION DE ACTIVIDADES AEROBICAS

Los beneficios adquiridos por intermedio de las diferentes actividades aeróbicas presentadas en este capítulo varían entre si y de persona a persona. Como se ha indicado anteriormente, los componentes físicos relacionados con la salud son la resistencia cardiorespiratorio, la fuerza y resistencia muscular, la flexibilidad, y la composición corporal. A pesar de que es difícil proporcionar la contribución exacta de una actividad a cada componente físico, un resumen de estos beneficios se presenta en la Tabla 4.1. En algunas de las categorías se usa un rango en vez de un solo numero. Esto es debido a que los beneficios obtenidos dependen del nivel de esfuerzo realizado durante el ejercicio.

Una participación constante en actividades aeróbicas mejora notablemente la salud, incluyendo una aumento en la resistencia cardiorespiratoria, calidad de vida, y longevidad. La magnitud del desarrollo cardiorespiratorio (aumento del VO_{2max}) depende de la intensidad, duración, y frecuencia de la actividad. La naturaleza de la actividad comúnmente dicta el desarrollo aeróbico. Por ejemplo, el trote es más exigente que la caminata. El esfuerzo durante la actividad también impacta el nivel del desarrollo fisiológico. Los beneficios de los aeróbicos de bajo impacto cuando solo se "pretende" hacer los ejercicios son muy diferentes a cuando se participa con vigor y energía (véase aeróbicos de bajo impacto).

La Tabla 4.1 incluye una aptitud física inicial recomendada para cada actividad aeróbica. Participar en actividades de alta intensidad sin acondicionamiento propio puede causar lesiones y desanimo. Todo principiante debe empezar con actividades de baja intensidad y de riesgo bajo para lesiones. En casos como los aeróbicos de alto impacto y el salto de la cuerda, el riesgo de lesionarse sigue siendo alto, aun con acondicionamiento apropiado. Estas actividades deben ser usadas solo para suplementar el entrenamiento y nunca como única modalidad de ejercicio.

El nivel de METs de las actividades aeróbicas también se encuentra en la Tabla 4.1. Los METs proporcionan otra alternativa para prescribir la intensidad del ejercicio y son frecuentemente usados por médicos que supervisan pacientes cardíacos. Un MET *representa el requerimiento energético del cuerpo en reposo o el equivalente de 3.5 ml/kg/min.* Por ejemplo, una actividad de 10 METs requiere diez veces el gasto energético del cuerpo en reposo o el equivalente de 35 ml/kg/min. El nivel de METs alcanzado en una actividad depende del esfuerzo aportado por la persona. Mientras más fuerte el esfuerzo, mayor el nivel de METs.

Los beneficios que ofrecen estas actividades para controlar el peso corporal también se dan en la Tabla 4.1. Como regla general, mientras mayor sea la masa múscular usada durante el ejercicio, mayor los beneficios. Actividades rítmicas y continuas que involucran gran parte de la masa muscular son más efectivas en generar un alto gasto calórico.

Cuando se realizan actividades aeróbicas de alta intensidad también se aumenta el gasto calórico. Si la intensidad es baja, se puede compensar alargando el tiempo del entrenamiento. Inclusive las caminatas ayudan a perder peso si se camina por 45-60 minutos de cinco a seis veces por semana. Mayor información para un programa completo de control de peso se encuentra en el Capítulo 6.

ACTIVIDADES MOTORAS

Como se señaló en el Capítulo 1, eficiencia en destrezas motoras es importante para tener exito en el deporte y en deportes que se pueden practicar a lo lardo de la vida. Los componentes de la aptitud física motora son la agilidad, el balance, la coordinación, la potencia, el tiempo de reacción, y la velocidad (véanse las definiciones en el Capítulo 1). Hasta cierto punto, todos los componentes son importantes en el deporte.

Por ejemplo, un buen gimnasta debe poseer un alto nivel en todos estos componentes. La agilidad se requiere para realizar un doble salto atrás con giro completo — una destreza en la que el gimnasta rota alrededor de un eje y gira al rededor del otro. El balance estático es esencial para mantener una parada de manos o una plancha. El balance dinámico se utiliza para hacer muchas de las rutinas gimnásticas (viga de equilibrio, barras paralelas, caballo con arsones). La coordinación es importante para integrar

TABLA 4.1 ❖ Evaluacion de Actividades Aeróbicas

Actividad	Aptitud Física Inicial Recomendada[1]	Riesgo de Lesiones[2]	Desarrollo Cardiorespiratorio (VO_{2max})[3,5]	Desarrollo de Fuerza en la Parte Superior del Cuerpo[3]	Desarrollo de Fuerza en las Piernas[3]	Desarrollo de Flexibilidad en la Parte Superior del Cuerpo[3]	Desarrollo de Flexibilidad en las Piernas[3]	Control de Peso Corporal[3]	Numero de METs[4,5,6]	Gasto Calórico (cal/hora)[5,6]
Aeróbicos Acuáticos	P	B	2–4	3	3	3	2	3	6–12	450–900
Aeróbicos de Alto Impacto	A	A	3–4	2	4	3	2	4	6–12	450–900
Aeróbicos de Bajo Impacto	P	B	2–4	2	3	3	2	3	5–10	375–750
Aeróbicos de Banco	I	M	2–4	2	3–4	3	2	3–4	5–12	375–900
Aeróbicos de Moderado Impacto	I	M	2–4	2	3	3	2	3	6–12	450–900
Bicicleta Estacionaria	P	B	2–4	1	4	1	1	3	6–10	450–750
Caminar	P	B	1–2	1	2	1	1	3	4–6	300–450
Caminar en Agua—(de profundidad al pecho)	I	B	2–4	2	3	1	1	3	6–10	450–750
Ciclismo (carretera)	I	M	2–5	1	4	1	1	3	6–12	450–900
Deportes de Raqueta	I	M	2–4	3	3	3	2	3	6–10	450–750
Ejercicios Aero-belt	P	M	4–5	4	4	3	2	4–5	10–16	750–1200
Entrenamiento Combinado	I	M	3–5	2–3	3–4	2–3	1–2	3–5	6–15	450–1125
Escalinata	P	B	3–5	1	4	1	1	4–5	8–15	600–1125
Esquí de Campo Traviesa	P	M	4–5	4	4	2	2	4–5	10–16	750–1200
Excursionismo	P	B	2–4	1	3	1	1	3	6–10	450–750
Natación (estilo libre)	P	B	3–5	4	2	3	1	3	6–12	450–900
Patinaje en Línea	I	M	2–4	2	4	2	2	3	6–10	450–750
Remo	P	B	3–5	4	2	3	1	4	8–14	600–1050
Salto de Cuerda	I	A	3–5	2	4	1	2	3–5	8–15	600–1125
Trote	I	M	3–5	1	3	1	1	5	6–15	450–1125
Trote en Agua Profunda	A	B	3–5	2	2	1	1	5	8–15	600–1125

[1] P = Principiante, I = Intermedio, A = Avanzado

[2] B = Bajo, M = Moderado, A = Alto

[3] 1 = Bajo, 2 = Regular, 3 = Promedio, 4 = Bueno, 5 = Excelente

[4] Un MET representa el consumo energético en reposo (3.5 ml/kg/min). Cada MET adicional es un múltiplo del valor en descanso. Por ejemplo, 5 METs representan un consumo energético 5 veces mayor al del consumo en reposo o el equivalente de 17.5 ml/kg/min.

[5] Varía de acuerdo al esfuerzo realizado por la persona (intensidad) durante el ejercicio.

[6] Varía de acuerdo al peso corporal.

varios movimientos de diferente dificultad en una sola rutina. La potencia y la velocidad se necesitan para impulsar al cuerpo durante los ejercicios de manos libres (piso) y salto de potro. El tiempo de reacción es muy importante para terminar la rotación por intermedio de una indicación visual, como cuando se ve el piso durante la salida de un aparato.

El principio de la especificidad del entrenamiento también es valido para los componentes motores. Este principio indica que para aprender una destreza, el entrenamiento debe ser muy parecido a la destreza que se piensa desarrollar. En el caso de la agilidad, el balance, la coordinación, y el tiempo de reacción, las investigaciones indican que el desarrollo de estos componentes es sumamente especifico. Para aprender cierta destreza, la destreza misma se debe practicar repetidamente. En si, no existe trasferencia de aprendizaje entre distintas destrezas.

Por ejemplo, con la practica regular de la parada de manos se logra aprender esta destreza, pero llegar a ejecutarla perfectamente no garantiza la ejecución de otras destrezas estáticas en la gimnasia. La potencia y la velocidad se mejoran con entrenamientos de fuerza, con la repetición especifica de la destreza misma, o por combinación de los dos factores.

El índice de aprendizaje de destrezas motoras varía de persona a persona, primordialmente porque estos componentes tienen gran influencia genética. Personas con habilidad natural logran mejor ejecución y aprenden destrezas deportivas con mayor rapidez. Sin embargo, no existen muchas personas con talento innato en todos los componentes motores. Si bien los componentes motores se mejoran con la practica, debido al factor genético, mejorías en el tiempo de reacción y la velocidad son bastante limitados.

Actualmente no se sabe que constituye un nivel motor óptimo. No obstante, todos debemos tratar y aspirar a mantener un nivel por encima del promedio. La aptitud física motora no es importante solo para atletas sino también para todos los que desean llevar una mejor y más feliz vida. Buena aptitud motora no solo proporciona mayor agrado y exito en deportes como el baloncesto, el tenis, y el raquetbol, sino también es beneficiosa en situaciones de emergencia. Por ejemplo:

1. Buen tiempo de reacción, balance, coordinación, y agilidad pueden ayudar a evitar caídas y a minimizar lesiones.

2. La capacidad de generar fuerza máxima en corto tiempo (potencia) puede ser vital para prevenir daño, o inclusive la muerte, en casos en que se tenga que levantar un objeto para rescatar a alguien o a si mismo.

3. En nuestra sociedad, en donde el tiempo de vida continúa alargándose, mantener la velocidad es importante, especialmente para personas de edad avanzada. Para muchas de ellas, y en ciertos casos jóvenes obesos o fuera de condición, se les hace difícil cruzar la calle antes de que cambie nuevamente la luz de trafico.

La participación regular en programas de aptitud física para la salud pueden beneficiar los componentes motores y viceversa. Por ejemplo, personas con sobrepeso no poseen mucha agilidad o velocidad. Como el ejercicio aeróbico y los entrenamientos de fuerza ayudan a perder peso, una persona que logre rebajar por intermedio de estos programas puede mejorar su agilidad y velocidad. Mejorías en fuerza muscular incrementan la potencia. Un buen programa de flexibilidad ayuda a disminuir la resistencia al movimiento en las articulaciones. Con ello se incrementa la agilidad, el balance, y la coordinación general. Por otro lado, personas con buenas destrezas motoras usualmente participan en deportes a lo lardo de la vida, lo cual desarrolla la aptitud física relacionada a la salud.

EVALUACION DE ACTIVIDADES MOTORAS

Al igual que con la evaluacion de actividades aeróbicas previamente realizado en este capítulo, los beneficios de las actividades motoras varían entre actividades y personas. La magnitud de los beneficios provistos depende no solo por el esfuerzo del individuo, pero aun más importante, por la ejecución correcta de la destreza y el aporte genético (la técnica apropiada debe ser enseñada por un instructor). De manera similar a las actividades aeróbicas, un resumen de las posibles contribuciones de varias actividades a los componente motores se dan en la Tabla 4.2.

DEPORTES DE EQUIPO

Para mantener un programa regular de actividad física se recomienda seleccionar actividades de su agrado. La tendencia humana es de repetir lo que alaga y da alegría. La alegría por si sola es muy buena recompensa. En tal sentido, combinar actividades individuales (trote o natación) con deportes de agrado es recomendable.

La gente con buenas destrezas motoras tiende a participar en juegos y deportes que contribuyen al desarrollo de la aptitud física. Deportistas de antaño (baloncesto, fútbol) continuan disfrutando de sus deportes más adelante en la vida. Muchas veces, formando equipos deportivos y uniéndose a ligas en la comunidad es todo lo que se necesita para dejar de contemplar y comenzar a participar.

El aspecto social de los deportes colectivos añade incentivo a la participación. Los deportes de equipo permiten la interacción social de personas que tienen intereses comunes. Ser miembro de un equipo crea cierta responsabilidad —otro incentivo para ir a entrenar cuando se sabe que alguien lo esta esperando. También se presenta la oportunidad de crear amistades de por vida y de fortalecer las dimensiones social y emocional del bienestar general.

Para aquellos que no pudieron participar en deportes durante su juventud, nunca es demasiado tarde para empezar (véase la información sobre motivación y modificación de la conducta en el Capítulo 1). No se debe temer una actividad nueva, aun si ello significa tener que aprender nuevas destrezas. Las satisfacciones físicas y sociales serán abundantes.

TABLA 4.2 ♣ Contribución de Actividades Deportivas a los Componentes Motores

Actividad	Agilidad	Balance	Coordinación	Potencia	Tiempo de Reacción	Velocidad
Arco y Flecha	1	2	4	2	3	1
Bádminton	4	3	4	2	4	3
Baloncesto	4	3	4	3	4	3
Béisbol	3	2	4	4	5	4
Boliche	2	2	4	1	1	1
Esquí Acuático	3	4	3	2	2	1
Esquí Alpestre	4	5	4	2	3	2
Esquí de Campo Traviesa	3	4	3	2	2	1
Fútbol Americano	4	4	4	4	4	3
Fútbol (soccer)	5	3	5	5	3	4
Gimnasia	5	5	5	4	3	3
Golf	1	2	5	3	1	3
Judo/Karate	5	5	5	4	5	4
Lucha Olímpica	5	5	5	4	5	4
Patinaje en Línea	4	4	4	3	2	4
Patinaje Sobre Hielo	5	5	5	3	3	3
Ráquetbol	5	4	4	4	5	4
Tenis	4	3	5	3	5	3
Tenis de Mesa	5	3	5	3	5	3
Volibol	4	3	5	4	5	3

* 1 = Bajo, 2 = Regular, 3 = Promedio, 4 = Bueno, 5 = Excelente

RECOMENDACIONES PARA MEJORAR EL ENTRENAMIENTO AEROBICO

Un típico entrenamiento aeróbico consiste de tres partes (véase la Figura 4.2)

1. Un calentamiento gradual de 2 a 5 minutos para incrementar la frecuencia cardíaca hasta llegar a la zona de entrenamiento.

2. El entrenamiento aeróbico en si. Durante este se mantiene la frecuencia cardíaca en la respectiva zona de 20 a 60 minutos.

3. Un enfriamiento de 5 a 10 minutos para disminuir gradualmente la frecuencia cardíaca al nivel de descanso.

El trabajo aeróbico no se debe parar repentinamente. Ello causa una acumulación de sangre en los músculos activos y con ello se reduce el volumen sanguíneo que retorna al corazón. Esta disminución del flujo sanguíneo puede causar mareos, desmayos, e inclusive anomalías cardíacas.

Para controlar la frecuencia cardíaca debe medirse regularmente el pulso durante el entrenamiento. Como se indicó en el Capítulo 2, el pulso se toma en las arterias radial o carótida. Si se toma en la arteria carótida, presión excesiva sobre la arteria puede disminuir la frecuencia y proveer cifras erróneas.

Al medir el pulso, empiece a contar con cero y cuente las pulsaciones por 10 segundos. Esta cifra se multiplica por 6 para obtener la frecuencia cardíaca por minuto. El pulso se mide por 10 segundos y no todo un minuto puesto que la frecuencia cardíaca comienza a disminuir 15 segundos después de terminar el ejercicio.

Medir el pulso durante el ejercicio es difícil. Uno debe parar el ejercicio para hacerlo. Si la frecuencia cardíaca es muy baja, aumente la intensidad del ejercicio. Si es muy alta, reduzca la intensidad. Es bueno practicar la medición del pulso varias veces durante el día para aprender a hacerlo correctamente.

Durante las primeras semanas del entrenamiento, la frecuencia cardíaca debe tomarse varias veces durante el entrenamiento. Con el tiempo se aprende a reconocer la adaptación corporal al ejercicio y solo será necesario medirse el pulso dos veces — una a los 5 ó 7 minutos de empezar el ejercicio, y la segunda vez, casi al final del trabajo.

Otra técnica usada a veces para determinar la intensidad del trabajo es simplemente conversando durante el ejercicio y estableciendo una relación con el pulso. Así se puede aprender a asociar la frecuencia cardíaca con el nivel de dificultad para hablar. En términos generales, si

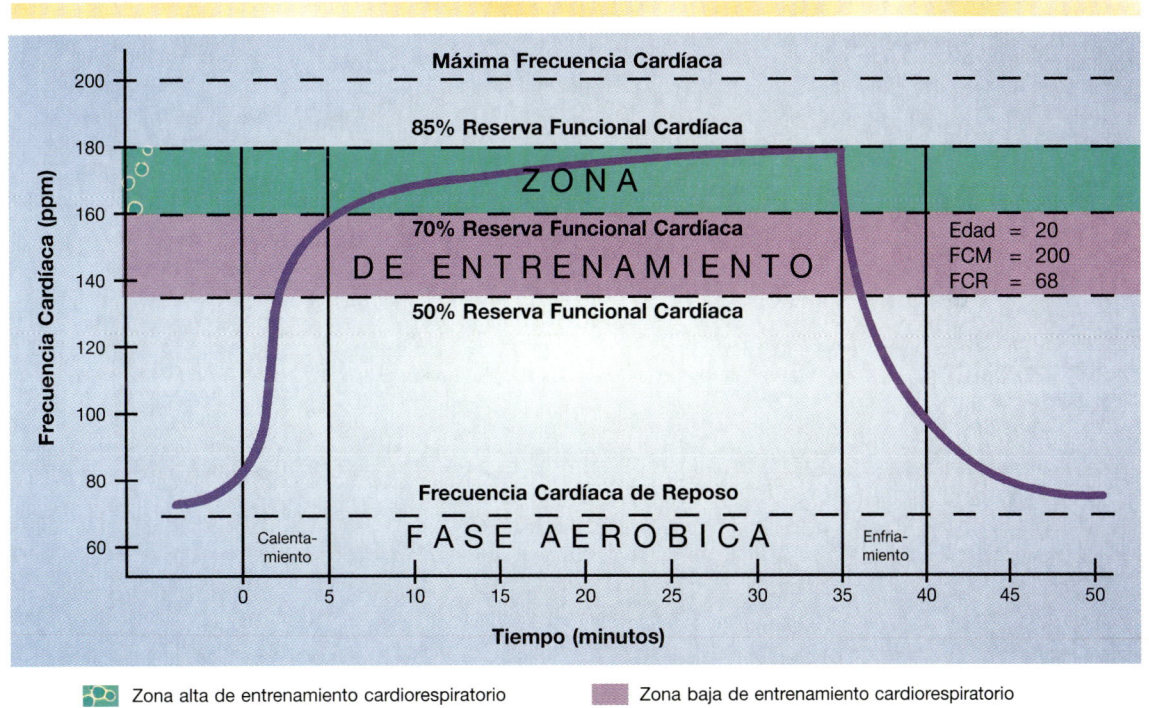

FIGURA 4.2 ❖ Fases típicas del entrenamiento aeróbico.

se habla fácilmente, el entrenamiento es demasiado suave. Si se habla con pequeña dificultad, se encuentra en la zona apropiada. Si no se puede hablar del todo, el entrenamiento es demasiado fuerte.

Si tiene problemas manteniendo el programa de entrenamientos, puede ser necesario evaluar los objetivos y progresar más gradualmente. La modificación de conducta es un proceso. Desde el punto de vista fisiológico y psicológico, puede que no sea posible entrenar de 20 a 30 minutos por sesión. Durante las primeras 2 a 3 semanas, se puede caminar por cinco minutos varias veces al día. En lo que el cuerpo se adapte física y mentalmente, se debe incrementar gradualmente la duración e intensidad del ejercicio.

Como punto final, es bueno ponerle cuidado a las señales corporales. A veces puede sentir pequeñas molestias o fatiga excesiva. Dolor es una señal corporal de que algo no anda bien.

Si siente dolor o molestias no comunes durante o después del ejercicio, debe disminuir o descontinuar el programa de entrenamiento y notificarle el problema al instructor de la materia. Este tal vez pueda localizar la razón de la molestia o le referirá al médico. Simplemente con ponerle cuidado a las señales corporales y realizando los ajustes necesarios se pueden prevenir muchas lesiones.

REFERENCIAS

1. W. D. McArdle, F. I. Katch, and V. L. Katch, *Essentials of Exercise Physiology* (Philadelphia: Lea & Febiger, 1994).

2. J. L. Christi, L. M. Sheldahl, F. E. Tristani, L. S. Wann, K. B. Sagar, S. G. Levandoski, M. J. Ptacin, K. A. Sobocinski, and R. D. Morris, "Cardiovascular Regulation During Head-out Water Immersion Exercise," *Journal of Applied Physiology*, 69 (1990), 657-664.

3. L. M. Sheldahl, F. E. Tristani, P. S. Clifford, C.V. Hughes, K. A. Sobocinski, and R. D. Morris, "Effect of Head-out Water Immersion on Cardiorespiratory Response to Dynamic Exercise," *Journal of American College of Cardiology*, 10 (1987), 1254–1258.

4. J. Svedenhang and J. Seger, "Running on Land and in Water: Comparative Exercise Physiology," *Medicine and Science in Sports and Exercise*, 24 (1992), 1155–1160.

5. W. W. K. Hoeger, "Is Water Aerobics Aerobic?" *Fitness Management*, 11 (April 1995), 29–30, 43.

6. W. Hoeger, D. Hopkins, and D. Barber, "Physiologic Responses to Maximal Treadmill Running and Water Aerobic Exercise," *National Aquatics Journal*, 11 (1995), 4–7.

7. W. W. K. Hoeger, T. S. Gibson, J. Moore, and D. R. Hopkins, "A Comparison of Selected Training Responses to Low Impact Aerobics and Water Aerobics," *National Aquatics Journal*, 9 (1993), 13–16.

8. W. W. K. Hoeger, M. L. Chupurdia, W. J. Nurge, and D. E. Van Zee, "Physiologic Responses to Step Aerobics and Aero-belt Step Aerobics," *Medicine and Science in Sports and Exercise*, 26 (1994), S43:246.

9. D. R. Hopkins, W. W. K. Hoeger, D. E. Van Zee, and W. J. Nurge, "Physiologic Responses to Aero-belt Walking," *Medicine and Science in Sports and Exercise*, 26 (1994), S43, 245.

10. W. J. Nurge, D. E. Van Zee, and W. W. K. Hoeger, "Physiologic Responses to Aero-belt Walking and Jogging," *Medicine and Science in Sports and Exercise*, 26 (1994), S43, 247.

11. E. J. Marcinick, J. Potts, G. Schlabach, S. Will, P. Dawson, and B. F. Hurley, "Effects of Strength Training on Lactate Threshold and Endurance Performance," *Medicine and Science in Sports and Exercise*, 23 (1991), 739–743.

Nutrición Para Bienestar General

CAPITULO 5

CONCEPTOS CLAVES

Aminoácidos

Anorexia nerviosa

Antioxidantes

Asignaciones Dietéticas Recomendadas (RDA)

Bulimia

Carbohidratos

Fibra dietética

Fitoquímicos

Grasas

Minerales

Nutrición

Proteínas

Valores Diarios (DV)

Vitaminas

OBJETIVOS

✤ Definir nutrición y explicar su relación con la salud y el bienestar general.

✤ Aprender las funciones de nutrientes en el cuerpo humano.

✤ Familiarizarse con los grupos alimenticios y aprender a balancear la dieta.

✤ Entender la función de los antioxidantes en la prevención de enfermedades.

✤ Familiarizarse con los desordenes alimenticios, sus problemas médicos y los patrones de conducta asociados con ellos.

✤ Aprender a identificar mitos y farsas asociadas con la nutrición.

La ciencia de la nutrición estudia la relación entre los alimentos, la salud, y el funcionamiento del cuerpo humano. Si bien falta mucho por aprender, desde hace mucho tiempo las investigaciones científicas han establecido un vínculo entre la buena nutrición, la salud, y el bienestar. Buena nutrición implica que la dieta suministra todos los nutrientes necesarios para el crecimiento, la reparación y el mantenimiento de los tejidos. La dieta también debe suministrar suficientes fuentes energéticas para el trabajo, la actividad física, y la recreación.

La típica dieta americana es demasiada alta en calorías, azúcar, grasa, grasa saturada, y sodio (sal) y al vez muy baja en fibra. Todos estos factores afectan la salud. El superconsumo alimenticio es otro problema de gran magnitud para muchos Americanos.

Las investigaciones han demostrado que la nutrición juega un papel muy importante en el desarrollo y progreso de enfermedades crónicas. Una dieta alta en grasa saturada y colesterol precipita la formación de la ateroscleorosis y las enfermedades coronarias del corazón. El consumo excesivo de sal en personas con sensividad al sodio causa un aumento en la presión arterial. Algunos investigadores piensan que de un 30% a un 50% de los cánceres están relacionados con la nutrición. La diabetes, la osteoporosis, y la obesidad se relacionan con la mala alimentación.

NUTRIENTES ESENCIALES

Los nutrientes esenciales para el cuerpo son los carbohidratos, las grasas, las proteínas, las vitaminas, los minerales, y el agua. Los carbohidratos, proteínas, grasas, y el agua se les denomina macronutrientes, ya que *grandes cantidades son requeridas diariamente*. Las vitaminas y los minerales se denominan micronutrientes ya que *solo se requiere pequeñas cantidades de ellos*.

Dependiendo de la cantidad de nutrientes y calorías, los alimentos se clasifican en alimentos de alta densidad nutritiva y de baja densidad nutritiva. Los alimentos de alta densidad nutritiva *tienen un alto valor nutritivos y son bajos en calorías*. Los alimentos *altos en calorías y bajos en nutrientes*, frecuentemente denominados "chucherías," son de baja densidad nutritiva.

Carbohidratos

Los carbohidratos son la fuente calórica más importante para proveer energía para el trabajo, el mantenimiento celular, y la producción de calor. Estos ayudan a digerir y regular las grasas y al metabolismo proteíco. Cada gramo de carbohidrato suple al cuerpo con 4 calorías. Las fuentes principales de carbohidratos son el pan,

los cereales, las frutas, los vegetales, y la leche y sus derivados.

Los carbohidratos se clasifican en carbohidratos simples y carbohidratos complejos. Los carbohidratos simples (tales como los caramelos, los refrescos [sodas], y los pasteles) *se les denota como azúcares* y tiene muy poco valor nutritivo. Estos carbohidratos se subdividen en monosacáridos (glucosa, fructosa y galactosa) y disacáridos (sucrosa, lactosa y maltosa). Muchas veces los carbohidratos simples toman el lugar de alimentos más nutritivos en nuestras dietas.

Los carbohidratos complejos *se forman cuando varias moléculas de carbohidratos simples se unen*. Dos ejemplos de azúcares complejos son los almidones y la dextrina. Los almidones se encuentran en semillas, maíz, nueces, granos, raíces, papas, y legumbres. Las dextrinas se forman de los almidones expuestos al calor seco, tal como con el pan horneado y la producción de cereales fríos. Los carbohidratos complejos proveen una gran variedad de nutrientes y a la vez son excelente fuente de fibra.

La fibra dietética es un tipo de *carbohidrato complejo compuesto por el material vegetal que el cuerpo humano no puede digerir*. Se encuentra fundamentalmente en hojas, corteza, raíces, y semillas. El procesamiento y refinamiento de alimentos le extrae casi toda la fibra natural a estos. Las fuentes principales de fibra dietética en la alimentación diaria son el pan y granos de trigo integral, las frutas, y los vegetales.

La fibra es importante en la dieta porque disminuye el riesgo de enfermedades cardiovasculares y cáncer. Otros problemas de salud vinculados a la deficiencia de fibra incluye la diverticulosis, el estreñimiento, las hemorroides, la enfermedad de la vesícula, y la obesidad.

Grasas

Las grasas o lípidos son usadas por el cuerpo como fuente de energía. Son la *fuente más concentrada de energía*. Cada gramo de grasa le proporciona al cuerpo 9 calorías. Las grasas forman parte de la estructura celular y se usan como reserva energética y aislante térmico para

Alimentos altos en fibra son esenciales en una dieta saludable.

mantener la temperatura corporal. También amortiguan y protegen los órganos vitales, suministran ácidos grasos esenciales, y transportan vitaminas solubles en grasa (A, D, E, y K). Las fuentes básicas de grasa son la leche y sus derivados y las carnes. Las grasas se clasifican en grasas simples, compuestas, y derivadas.

Las grasas simples consisten de *una molécula de glicerol unida a uno, dos, o tres ácidos grasos*. De acuerdo al contenido de ácidos grasos, las grasas simples se subdividen en monoglicéridos (un ácido graso), diglicéridos (dos ácidos grasos), y triglicéridos (tres ácidos grasos). Los triglicéridos forman más del 90% de las grasas en los alimentos y del 95% de la grasa almacenada en el cuerpo.

El tamaño de la cadena de átomos de carbono y su grado de saturación con hidrógenos varia entre los ácidos grasos. Basado en el grado de saturación, los ácidos grasos pueden ser saturados o insaturados. Los ácidos insaturados se subdividen en monoinsaturados y poliinsaturados. Los ácidos grasos saturados provienen de productos animales y los insaturados provienen de productos vegetales.

En ácidos grasos saturados los carbonos se encuentran completamente saturadas con hidrógeno, por ello, sólo existe un lazo químico entre carbonos a lo largo de la cadena. A estos ácidos grasos saturados se les llaman frecuentemente grasas saturadas. Ejemplos de alimentos altos en

ácidos grasos saturados son las carnes, la grasa de carnes, la manteca, la leche entera, la crema de leche, el queso, la mantequilla, el helado, los aceites hidrogenados (un proceso que satura los aceites), el aceite de coco, y el aceite de palma.

En *ácidos grasos insaturados* (grasas insaturadas) se forma un doble enlace entre átomos de carbono insaturados. En ácidos grasos monoinsaturados (MUFA) sólo un doble enlace existe en toda la cadena. Los aceites de oliva, canola, maní, y cacahuate son ejemplos de grasas monoinsaturadas. Los ácidos grasos poliinsaturados (PUFA) contienen dos o más doble enlaces entre carbonos insaturados en la cadena. Los aceites de maíz, algodón, nogal, girasol, y semilla de soya tienen alto nivel de grasas poliinsaturadas.

Las grasas saturadas generalmente no se derriten a temperatura ambiental. Las grasas insaturadas generalmente son líquidas a temperatura ambiental. Los aceites de coco y de palma son excepciones. Estos son líquidos y altos en grasas saturadas. Acidos grasos con cadenas cortas también tienden a ser líquidos a temperaturas ambientales.

En términos generales las grasas saturadas aumentan los niveles sanguíneos de colesterol y las insaturadas reducen estos niveles (la función del colesterol en relación a la salud y las enfermedades se presenta en el Capítulo 7). No obstante, las grasas poliinsaturadas también tienden a reducir los niveles del "buen" colesterol (HDL), lo cual no ayuda a mejorar el perfil del colesterol. Las grasas monoinsaturadas, por otro lado, solo tienden a reducir el colesterol malo (LDL) y no el colesterol bueno (HDL).

Las grasas compuestas son una combinación de grasas simples con otras moléculas químicas. Como ejemplos tenemos los fosfolípidos, los glucolípidos, y las lipoproteinas.

Las grasas derivadas son combinaciones de grasas simples y grasas compuestas. Los esteroles son un ejemplo de ellas. Estos no contienen acidos grasos pero se clasifican entre las grasas porque no se disuelven en agua. El esterol más mencionado es el colesterol que se encuentra en muchos alimentos o se puede producir en el cuerpo a partir de grasas saturadas.

Proteínas

Las proteínas son *substancias primordialmente usadas por el cuerpo para formar y reparar tejidos como los músculos, la sangre, los órganos, la piel, las uñas, el pelo, y los huesos*. También forman parte de hormonas, enzimas, anticuerpos, y ayudan a mantener el balance liquido corporal. Las proteínas pueden ser utilizadas como energía, pero solo en caso de que no hayan suficientes carbohidratos. Las fuentes más importantes de proteínas son las carnes, la leche, y los derivados de ambos.

En el cuerpo humano se usan 20 aminoácidos los cuales *son indispensables para la formación de diferentes tipos de proteínas*. Los aminoácidos contienen nitrógeno, carbón, hidrógeno, y oxígeno. Nueve de los 20 aminoácidos han sido denominados esenciales debido a que no se pueden producir en el cuerpo. Los otros 11, denominados no-esenciales, si se pueden producir en el cuerpo si la dieta provee suficientes proteínas con nitrógeno. Para el funcionamiento normal, todos los aminoácidos deben estar presentes en el cuerpo.

La deficiencia proteíca no es un problema en la dieta típica Americana. Dos vasos de leche descremada combinada con 4 onzas de pollo o pescado satisfacen el requerimiento diario de proteína. La deficiencia proteíca si podría ser significativa en algunas dietas vegetarianas. Los vegetarianos dependen primordialmente de comidas derivadas de los grupos del pan y los cereales, las frutas, y los vegetales. Los alimentos de origen animal encontrados en los grupos de la leche y la carne, generalmente son evitados. Las dietas vegetarianas pueden ser balanceadas, pero este tópico requiere una discusión más detallada que no es posible presentar en pocos párrafos. Los interesados en dietas vegetarianas deben consultar textos especializados en este campo.

Vitaminas

Las vitaminas son *substancias orgánicas necesarias para el metabolismo, el crecimiento, y el desarrollo humano*. Las vitaminas funcionan como antioxidantes, coenzimas (principalmente del complejo B) que regulan las funciones de las enzimas; y en el caso de la vitamina D, puede inclusive funcionar como hormona.

Basados en su solubilidad, las vitaminas se clasifican en vitaminas solubles en grasa (A, D, E, y K) y vitaminas solubles en agua (el complejo B y la C). El cuerpo no es capaz de producir vitaminas. Estas se obtienen por intermedio de la dieta bien balanceada. Información más detallada sobre la función de vitaminas antioxidantes se presenta más adelante en este capítulo.

Minerales

Los minerales son *elementos inorgánicos encontrados en el cuerpo y los alimentos* y ellos sirven diferentes funciones. Los minerales constituyen parte de la célula, especialmente de las partes duras del organismo (huesos, uñas, y dientes). Los minerales son importantes en el mantenimiento del balance del agua y el balance ácido-básico. También son componentes importantes de los pigmentos respiratorios, enzimas y sistemas enzimaticos, y regulan la estimulación muscular y nerviosa.

Agua

El agua es el nutriente más importante ya que es *necesaria en casi todos los procesos vitales del organismo*. El agua se usa en la digestión y la absorción de alimentos, en la circulación, en la secreción, en la formación y mantenimiento celular, y en el transporte de otros nutrientes. El agua esta presente en casi todos los alimentos, pero fundamentalmente en los líquidos y en las frutas y los vegetales. Además del contenido natural en los alimentos, se debe tomar de ocho a diez vasos de agua al día.

LA DIETA BALANCEADA

La mayoría de la gente desea vivir a plenitud, poseer buena salud, y llevar una vida productiva. Un aspecto fundamental para el logro de estas metas es la dieta balanceada. Como se indica en la Figura 5.1, las recomendaciones dietéticas establecen que un 58% del consumo calórico diario debe provenir de los carbohidratos (48% carbohidratos complejos y 10% simples), menos del 30% del total calórico de las grasas (divididas en 10% saturadas, 10%

Actual

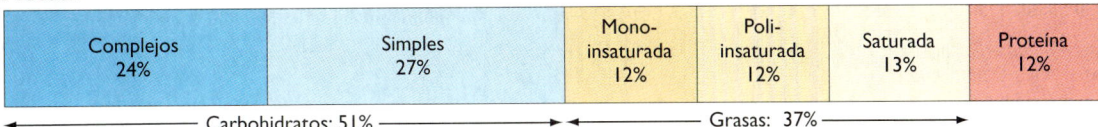

| Complejos 24% | Simples 27% | Mono-insaturada 12% | Poli-insaturada 12% | Saturada 13% | Proteína 12% |

← Carbohidratos: 51% → ← Grasas: 37% →

Recomendado

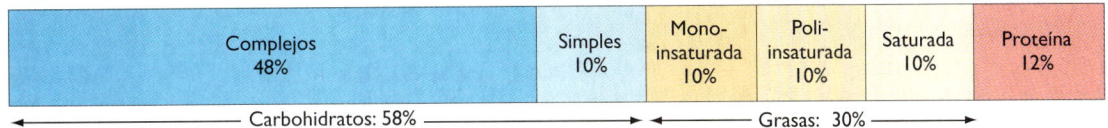

| Complejos 48% | Simples 10% | Mono-insaturada 10% | Poli-insaturada 10% | Saturada 10% | Proteína 12% |

← Carbohidratos: 58% → ← Grasas: 30% →

FIGURA 5.1 ❖ Distribución del consumo actual y recomendado de carbohidratos, grasas, y proteínas.

monoinsaturadas y 10% poliinsaturadas), y 12% del total de calorías de las proteínas (0.8 gramos de proteína por kilogramo [2.2 libras] de peso corporal). La dieta debe también suplir los requisitos de vitaminas, minerales, y agua.

Uno de los aspectos más dañinos para la salud es el alto consumo de grasa en la típica dieta Americana. El consumo promedio esta en el orden del 37% de todas las calorías diarias y debe ser 30% o menos. Para prevenir el riesgo de enfermedades, especialmente las cardiovasculares y el cáncer, se debe realizar un esfuerzo deliberado por reducir el consumo excesivo de grasa. Para alcanzar esta meta es necesario saber cuales alimentos son altos en grasa.

Como se indica en la Figura 5.2, cada gramo de carbohidratos y proteína suple al organismo con 4 calorías y cada gramo de grasa suple 9 calorías (el alcohol proporciona 7 calorías por gramo). Observar tan sólo el total de gramos alimenticios consumidos es bien engañoso.

Por ejemplo, una persona que consume 160 gramos de carbohidratos, 100 gramos de grasa y 70 gramos de proteína, alcanza un consumo total de 330 gramos de alimentos. Esto indica que un 33% del peso total de los alimentos ingeridos proviene de las grasas (100 gr de grasa ÷ 330 gr del total alimenticio × 100).

En realidad, casi la mitad de las calorías provienen de la grasa. En esta dieta, 640

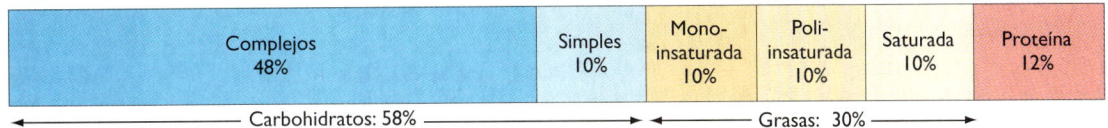

FIGURA 5.2 ❖ Valor calórico (calorías) por gramo alimenticio.

Porción = 120 calorías   Grasa = 5 gr

Porcentaje Calórico en grasa = (gr de grasa × 9) ÷ calorías por porción × 100

5 gr de grasa × 9 calorías por gr de grasa = 45 calorías en grasa

45 calorías en grasa ÷ 120 calorías por porción × 100 = 38% en grasa

FIGURA 5.3 ❖ Como determinar el contenido de grasa en los alimentos.

calorías se derivan de los carbohidratos (160 gr × 4 calorías/gr), 280 calorías se derivan de las proteínas (70 gr × 4 calorías/gr) y 900 calorías provienen de la grasa (100 gr × 9 calorías/gr), para un gran total de 1,820 calorías. Si 900 calorías se derivan de la grasa, se puede notar que casi la mitad de la ingesta calórica proviene de grasas (900 ÷ 1,820 × 100 = 49.5%).

Conociendo que cada gramo de grasa provee 9 calorías nos permite calcular el contenido de grasa en los alimentos. Como se indica en la Figura 5.3, lo único que hay que hacer es multiplicar los gramos de grasa por 9 y dividir esta cifra entre el total de calorías contenidas en dicho alimento. Este número se multiplica por 100 y así se obtiene el respectivo porcentaje. Por ejemplo, si cierto alimento contiene un total de 100 calorías y 7 gramos son grasa, el 63% (7 × 9 ÷ 100 calorías × 100) de las calorías proviene de las grasas. Este sencillo computo le puede ayudar a reducir el consumo diario de grasas.

ASIGNACIONES DIETETICAS Y VALORES DIARIOS RECOMENDADOS

Aproximadamente cada 10 años la Academia Nacional de las Ciencias emite una nueva serie de Asignaciones Dietéticas Recomendadas (RDA) basadas en las investigaciones más recientes sobre las necesidades nutritivas de personas saludables. Las RDA proveen *la cantidad de nutrientes que se deben consumir diariamente*, establecidas lo suficientemente altas para cubrir las necesidades del 97.5% de la población saludable de los Estados Unidos. En otras palabras, las recomendaciones para los nutrientes de las RDA han sido establecidas muy por encima de las necesidades de casi toda persona.

Entre el final de la década del 60 y el principio de la década del 90, la información nutritiva en etiquetas alimenticias se expresaba en terminos de las Asignaciones Diarias Recomendadas para los Estados Unidos (U.S. RDA) — una serie de normas para el consumidor — derivadas de la edición de las RDA de 1968. En 1993, la Administración de Alimentos y Drogas (FDA) modifico las regulaciones para las etiquetas y

Datos Nutritivos

Porción: 1 taza (240 ml)
Número de Porciones por Recipiente: 4

Cantidad en cada Porción

Calorías 120	Calorías en Grasa 45

	% Valores Diarios*
Total de Grasa 5g	**8%**
Grasa Saturada 3g	**15%**
Colesterol 20mg	**7%**
Sodio 120mg	**5%**
Total de Carbohidratos 12g	**4%**
Fibra Dietética 0g	**0%**
Azúcares 12g	
Proteina 8g	

Vitamina A	10%	•	Vitamina C	4%
Calcio	30%	•	Hierro	0%

* Los porcentajes de los valores diarios se basan en una dieta de 2,000 calorías. Los valores diarios pueden ser mayores o menores dependiendo de sus necesidades calóricas:

	Calorías	2,000	2,500
Total de Grasa	Menos de	65g	80g
Grasa Saturada	Menos de	20g	25g
Colesterol	Menos de	300mg	300g
Sodio	Menos de	2,400mg	2,400g
Total de Carbohidratos		300g	375g
Fibra		25g	30g

Calorías por gramo:
Grasa 9 • Carbohidratos 4 • Proteina 4

FIGURA 5.4 ❖ Etiqueta alimenticia actual con Valores Diarios (DV).

reemplazo las U.S. RDA por los Valores Diarios (DV). La principal diferencia entre las dos es de que los DV *proveen porcentajes de las asignaciones diarias recomendadas*, no solo para vitaminas y minerales, sino también para el total de grasa, la grasa saturada, el colesterol, el sodio, los carbohidratos, la fibra, el azúcar, y las proteínas. Estos DV se basan en una dieta de 2,000 calorías y deben ser ajustados si las necesidades calóricas varían.

Las etiquetas con los DV (véase la Figura 5.4) son mejor guía para planificar la dieta diaria. Por ejemplo, si los DV para carbohidratos en cierta comida solo llegan a un 35%, la persona sabe que en ese día debe comer varias porciones adicionales de alimentos ricos en carbohidratos para alcanzar la norma del 100%. Más aun, si cierto alimento contienen 60% o 70% de los DV de grasa, es necesario limitar el consumo de grasas por el resto del día.

Tanto las RDA como los DV son solo para personas saludables y no son aplicables a personas enfermas que pueden necesitar ajustes dietéticos o suplementos adicionales.

ANALISIS DE NUTRIENTES

Alcanzar y mantener una dieta balanceada no es tan difícil como mucha gente piensa. La Pirámide Alimenticia en la Figura 5.5, publicada por el Departamento de Agricultura de los Estados Unidos, es una guía sencilla, pero fundamentada para la buena nutrición. La pirámide contiene cinco grupos alimenticios importantes más un grupo de grasas, aceites, y azúcares que han de ser usados muy escasamente. El numero de porciones diarias recomendadas en los cinco grupos son:

1. De 6 a 11 porciones de pan, cereal, arroz, y pastas.
2. De 3 a 5 porciones de vegetales.
3. De 2 a 4 porciones de frutas.
4. De 2 a 3 porciones de leche, yogur, y queso.
5. De 2 a 3 porciones de carne, pollo, pescado, frijoles secos, huevos, y nueces.

Como se indica en la Pirámide Alimenticia, los granos, vegetales, y frutas proveen la base nutritiva de la dieta saludable. Entre las frutas y los vegetales se deben incluir como mínimo una porción diaria alta en vitamina A (duraznos, melón, brócoli, zanahorias, calabaza, o vegetales de hojas oscuras) y una porción alta en vitamina

C (frutas cítricas, kiwi, melón, fresas, brócoli, repollo, coliflor, y pimentones verdes).

Un nuevo campo de investigación con resultados muy promisorios en la medicina preventiva es el de los fitoquímicos[1] (fitos proviene del griego plantas). Descubiertos recientemente, estos nutrientes se encuentran en grandes cantidades en las frutas y los vegetales.

La función más importante de los fitoquímicos es de proteger las plantas de la luz solar. Se piensa que en el hombre ejercen una poderosa acción en contra de tumores cancerosos. Las propiedades de los fitoquímicos son tan diversas que atacan al cáncer a cada fase de su formación. Los fitoquímicos tienen la habilidad de bloquear, interrumpir, disminuir el desarrollo, o incluso revertir el proceso canceroso (véase también el Capítulo 7). Estos compuestos no se encuentran en pastillas. El mensaje aquí es de comer una dieta con gran variedad de frutas y vegetales. El consumo de 5 a 9 porciones diarias de frutas y vegetales no tiene substituto alguno. La gente no puede seguir consumiendo "chucherías," tomar unas cuantas pastillas, y esperar obtener los mismos beneficios.

La leche, el pollo, y la carne deben consumirse con moderación. La leche debe tomarse descremada y los derivados deben ser de poco contenido grasoso. Se recomienda tan solo 3 onzas de carne de ave (pollo), pescado, o carne roja al día. No debe consumirse más de 6 onzas diarias. El pellejo y toda la grasa visible en las carnes deben quitarse antes de cocinarlas. Los huevos deben limitarse a no más de 3 por semana.

La parte más difícil para la gente es desarrollar habidos nutritivos en pro de la salud y que se puedan mantener por toda la vida. Si usted (a) evita el exceso de grasas, aceites, azucares, alcohol, y sal, (b) aumenta el uso de fibras, y (c) consume el numero mínimo de porciones en cada grupo alimenticio recomendado, podrá lograr una dieta bien balanceada.

Para ayudarle a balancear su dieta, en la Figura 5.6 al final de este capítulo se provee un formato para llevar un registro alimenticio diario. Sáquele tantas copias como sean necesarias, de forma que tenga suficientes para el

Grasas, Aceites y Azúcares
USESE ESCASAMENTE

Leche, Yogur, y Queso
2-3 PORCIONES

Carne, Pollo, Pescado, Frijoles Secos, Huevos y Nueces
2-3 PORCIONES

Vegetales
3-5 PORCIONES

Frutas
2-4 PORCIONES

Pan, Cereal, Arroz y Pasta
6-11 PORCIONES

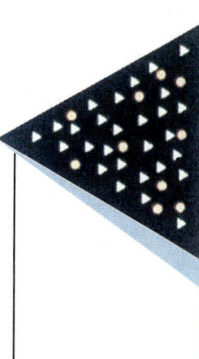

Que cuenta como una porción?

Pan, Cereales, Arroz, y Pasta

1 rebanada de pan
1/2 taza de arroz o pasta
1/2 taza de cereal cocido
1 onza de cereal instantáneo

Vegetales

1/2 taza de vegetales crudos o cocidos
1 taza de hojas de vegetales crudos

Frutas

1 fruta o un corte de melón
3/4 de vaso de jugo
1/2 taza de jugo de fruta enlatado
1/4 de frutas deshidratadas

Leche, Yogur, y Queso

1 taza de leche o yogur
1½ a 2 onzas de queso

Carnes, Pollo, Pescado, Frijoles, Huevos, y Nueces

2½ a 3 onzas de carne magra (sin grasa) cocida, pollo o pescado

Se reemplaza ½ taza de frijoles, o 1 huevo, o 2 cucharadas de manteca de maní por 1 onza de carne magra (aproximadamente el tercio de 1 porción)

Grasas, Aceites, y Azúcares

LIMITESE SU CONSUMO, especialmente si necesita perder peso.

La cantidad ingerida podrían ser más de una porción. Por ejemplo, una ración de espaguetis en una comida puede contar como dos o tres porciones de pasta.

Un Vistazo más Minucioso de las Grasas y Azúcares Añadidos

El tope de la pirámide contiene el grupo de grasas, aceites y azúcares. Este representa alimentos como las salsas de ensaladas (aderezos), cremas, mantequilla, margarina, azúcares, refrescos (sodas), caramelos y dulces. Las bebidas alcohólicas también forman parte de este grupo. Estos alimentos proveen calorías pero en muchas vitaminas y minerales. La mayoría de las personas deben consumir estos alimentos con mucha moderación.

Algunos de los símbolos de las grasas y los azúcares se presentan en los otros grupos. Esto es para recordarles que algunos alimentos en estos grupos también pueden ser altos en grasas y azúcares añadidos, tal como el queso y los helados del grupo de la leche o papas fritas del grupo vegetal. Cuando se selecciona una dieta saludable, se debe considerar el contenido de grasas y azúcares añadidas de las selecciones alimenticias de todos los grupos, no tan solo del grupo de grasas, aceites y azucares del tope de la pirámide.

¿Cuantas porciones diarias son necesarias?

	Mujeres y algunas personas de edad avanzada	Niños, jovencitas mujeres activas, la mayoría de los hombres	Jovencitos y hombres activos
Nivel Calórico*	Unas 1,600	Unas 2,200	Unas 2,800
Grupo del pan	6	9	11
Grupo vegetal	3	4	5
Grupo de frutas	2	3	4
Grupo de la leche	2–3**	2–3**	**2–3
Grupo de carnes	2, para un total de 5 oz.	2, para un total de 6 oz.	3, para un total de 7 oz.

* Este es el contenido calórico si se escogen alimentos magros y bajos en grasa de los 5 grupos principales y si se consumen escasamente alimentos del grupo de grasas, aceites y azúcares.
** Las mujeres embarazadas o lactantes, adolescentes, y jóvenes menores hasta los 24 años requieren 3 porciones.

*Desarrollado por el Departamento de Agricultura de Los Estados Unidos con la intención de promover una dieta saludable para el pueblo americano.

FIGURA 5.5 ❖ La Pirámide Alimenticia: Una guía para la selección de alimentos diarios.

numero de días que se va a analizar. Anote la porción y la cantidad de alimentos consumidos, de una vez después de cada comida, para que el registro sea más exacto y fácil de llevar.

Al final del día, consulte la lista de alimentos en el Apéndice E y anote el código y el numero de calorías de cada alimento consumido. Anote el numero de porciones en la Figura 5.6 debajo de los respectivos grupos alimenticios. Si se ingiere una doble porción, asegúrese de anotar las dos porciones y el doble de calorías.

La dieta se evalúa fijándose si se consumió el numero de porciones recomendadas para cada grupo alimenticio. Si usted consumió el mínimo de porciones requerido en cada grupo, su dieta y balance nutritivo van por muy buen camino.

Además de consumir el numero recomendado de porciones diarias, se recomienda hacer un análisis de nutrientes para evaluar con mayor exactitud la dieta. Este análisis puede denotar problemas en el régimen alimenticio, tales como demasiada grasa, grasa saturada, colesterol, y sodio. Un análisis completo de nutrientes representa una oportunidad educacional única, ya que muchas personas no se dan cuenta de cuan dañinos y poco nutritivos son muchos de los alimentos que se han acostumbrado a consumir.

Analizar la dieta es mucho más simple si se usa el programa de computación para el análisis (por ahora solamente disponible en Inglés).* Para ello, use la información que usted registró en la Figura 5.6. Antes de ejecutar el programa, llene la información en la parte superior del formato (edad, peso, genero, índice de actividad física y numero de días que se van a analizar) y asegúrese que los alimentos se han anotado de acuerdo al coligo y cantidades oficiales en los listados que aparecen en el Apéndice E. Hasta siete días pueden ser analizados usando este programa. El análisis incluye calorías, carbohidratos, grasa, colesterol, y sodio; al igual que ocho nutrientes vitales: proteína, calcio, hierro, vitamina A, tiamina, riboflavina, niacina y vitamina C. Si la dieta contiene cantidades

*Este programa (en Inglés) se puede adquirir por intermedio de la Morton Publishing Company, Englewood, CO; 1-800-348-3777.

suficientes de estos ocho nutrientes, los alimentos (en forma natural) generalmente también contienen todos los otros nutrientes necesarios para la salud.

El análisis generado por la computadora incluye un promedio diario de nutrientes (en base a todos los días analizados) y una comparación con las RDA. Un ejemplo de este análisis se provee en la Figura 5.7 al final de este capítulo.

SUPLEMENTOS NUTRITIVOS

Cuatro de cada diez adultos en los Estados Unidos toma suplementos nutritivos diarios. No obstante, los requisitos RDA para vitaminas y minerales se pueden obtener con una dieta de apenas 1,200 calorías si esta incluye las porciones recomendadas de los cinco grupos alimenticios.

Para la mayoría de las personas, suplementos excesivos de vitaminas y minerales no son necesarios, y a veces, es hasta peligroso. La deficiencia de hierro (determinada por prueba de laboratorio) es una excepción en mujeres que sufren de flujo excesivo durante la menstruación. Algunas mujeres embarazadas o lactantes también requieren suplementos. En estos casos se deben tomar bajo supervisión médica.

Otras personas que pueden requerir suplementos incluyen los alcohólicos y adictos a las drogas que no ingieren dietas balanceadas, los fumadores, los vegetarianos puros, personas en dietas calóricas excesivamente bajas, personas de edad avanzada, y niños recién nacidos (usualmente se les da una dosis de vitamina K para prevenir hemorragias inesperadas).

Antioxidantes: Combatientes de Radicales Libres

Muchos estudios se están realizando en torno a los efectos de suplementos antioxidantes contra enfermedades crónicas. Las vitaminas C, E, el beta-caroteno (un precursor de la vitamina A), y el mineral selenio funcionan como antioxidantes. Los antioxidantes evitan la combinación del oxígeno con otras sustancias a las que pueden dañar (véase la Tabla 5.1). El oxígeno se

Fecha: _____

Nombre: _____ Edad: _____ Peso: _____ lbs.

Genero: _____ M _____ F (Embarazada – E, Lactante – L, Ninguno – N)

Indice de Actividad: Sedentaria (actividad física limitada) = 1
Actividad física moderada = 2
Trabajo laborioso = 3

Número de días que se van a analizar: _____ Dia: _____ (1, 2 ...)

No.	Código*	Alimento	Cantidad	Calorías	Pan, Cereales, Arroz, y Pasta	Vegetales	Frutas	Leche, Yogur y Queso	Carnes, Pollo, Pescado, Frijoles Secos, Huevos y Nueces
							Grupos Alimenticios		
1									
2									
3									
4									
5									
6									
7									
8									
9									
10									
11									
12									
13									
14									
15									
16									
17									
18									
19									
20									
21									
22									
23									
24									
25									
26									
27									
28									
29									
30									
Totales									
Porciones Recomendadas				**	6–11	3–5	2–4	2–3	2–3
Deficiencias									

*Véanse los valores nutritivos de seleccionados alimentos en el Apéndice E.

**Véase la Tabla 5.1.

FIGURA 5.6 ❖ Registro de la dieta diaria.

Fecha: _____

Nombre: _____ Edad: _____ Peso: _____ lbs.

Genero: _____ M _____ F   (Embarazada – E, Lactante – L, Ninguno – N)

Indice de Actividad: Sedentaria (actividad física limitada) = 1
                      Actividad física moderada   = 2
                      Trabajo laborioso   = 3

Número de días que se van a analizar: _____ Dia: _____ (1, 2 . . .)

No.	Código*	Alimento	Cantidad	Calorías	Pan, Cereales, Arroz, y Pasta	Vegetales	Frutas	Leche, Yogur y Queso	Carnes, Pollo, Pescado, Frijoles Secos, Huevos y Nueces
					Grupos Alimenticios				
1									
2									
3									
4									
5									
6									
7									
8									
9									
10									
11									
12									
13									
14									
15									
16									
17									
18									
19									
20									
21									
22									
23									
24									
25									
26									
27									
28									
29									
30									
Totales									
Porciones Recomendadas				**	6–11	3–5	2–4	2–3	2–3
Deficiencias									

*Véanse los valores nutritivos de seleccionados alimentos en el Apéndice E.

**Véase la Tabla 5.1.

FIGURA 5.6 ❖ Daily diet record form (continued).

TABLA 5.1 ✤ Nutrientes Antioxidantes, Fuentes y Funciones

Nutrientes	Fuente	Función Antioxidante
Vitamina C	Frutas cítricas, kiwi, melones, fresas, brócoli, pimentones verdes o rojos, coliflor, repollo	Inactiva radicales libres
Vitamina E	Aceites vegetales, vegetales de hojas verdes o amarillas, margarina, germen de trigo, avena, almendras, pan integral y cereales	Protege la oxidación de los lípidos
Beta-caroteno	Zanahorias, calabaza, batata, brócoli, vegetales de hojas verdes	Absorbe los radicales libres
Selenio	Mariscos, carnes, granos enteros	Previene daño a la estructura celular

utiliza durante el metabolismo para convertir los carbohidratos y las grasas en energía. Durante este proceso el oxígeno es transformado a formas estables de agua y bióxido de carbono. Sin embargo, *una pequeña porción de oxígeno termina en un compuesto inestable* denominado radical libre.

Los radicales libres atacan y dañan la integridad de proteínas y lípidos, en particular la membrana celular y el ADN. Este daño se piensa contribuye al desarrollo de condiciones como las enfermedades cardiovasculares, el cáncer, la enfisema, las cataratas, el mal de Parkinson, y el envejecimiento prematuro (véase también el Capítulo 7). La radiación solar, el humo del cigarrillo, otros tipos de radiación, y algunos factores ambientales también facilitan la formación de radicales libres. Los antioxidantes se piensa ofrecen su protección absorbiendo los radicales libres antes de que puedan causar daño o interrumpiendo la secuencia de reacciones una vez que el daño ha comenzado, atenuando así algunas enfermedades crónicas.

Los antioxidantes abundan en los alimentos, especialmente en las frutas y los vegetales. Increíblemente, solo un 9% de los Americanos consumen el mínimo de 5 porciones diarias de frutas y vegetales[2] (de 5 a 9 son recomendadas).

En un cambio de posición, en 1994 el comite editorial de la "University of California at Berkeley *Wellness Letter* (Carta de Bienestar General) emitió las siguientes directrices sobre suplementos antioxidantes para personas que comen por lo menos cinco porciones de frutas y vegetales ricas en antioxidantes:[3]

✤ 250 a 500 mg de vitamina C.
✤ 200 a 800 UI de vitamina E.
✤ 10,000 a 25,000 UI de beta-caroteno.

En un reporte especial, el comite emitió la siguiente declaración:[4]

El comite editorial la Carta de Bienestar General ha rehusado en el pasado recomendar suplementos vitamínicos en general para personas saludables y con dietas saludables. Sin embargo, la abundancia de evidencia científica en los últimos años nos ha hecho cambiar de parecer.

En base a estas recomendaciones, personas que por intermedio de la dieta consumen diariamente nueve abundantes porciones de frutas y vegetales pueden obtener la cantidad requerida de beta-caroteno y vitamina C. Obtener la cantidad adecuada de vitamina E es prácticamente imposible a través de los alimentos solos. Como

TABLA 5.2 ✤ Contenido Antioxidante de Algunos Alimentos

Beta-Caroteno	UI
Brócoli fresco (½ taza)	680
Brócoli congelado (½ taza)	1,780
Camote o batata dulce (1 mediana)	24,875
Durazno (1 mediano)	675
Espinacas congeladas (½ taza)	7,395
Guisantes verdes (½ taza)	535
Hojas de mostaza congeladas (½ taza)	3,350
Hojas de nabo hervidas (½ taza)	3,960
Mango (1 medio)	8,060
Melón (1 taza)	5,160
Lechosa (1 mediana)	6,120
Tomate (1 mediano)	1,395
Zanahoria (½ taza cruda)	20,255

Vitamina C	mg
Acerola, jugo (8 oz)	3,864
Acerola fresca (1 taza)	1,640
Fresas (1 taza)	88
Guayaba (1 mediana)	165
Jugo de frambuesa (8 onzas)	90
Kiwi (1 mediano)	75
Lechosa (1 mediana)	85
Limón, jugo (8 oz)	110
Melón (1 mediano)	90
Naranja, jugo (8 oz)	120
Naranja (1 mediana)	66
Pimentón fresco (½ taza)	95
Toronja blanca (½ mediana)	52
Toronja, jugo (8 oz)	92

Vitamina E	UI	mg*
Aceite de canola (1 cuchara)		9.0
Aceite de algodón (1 cucharada)		5.2
Aceite de almendras (1 cuchara)		5.3
Aceite de semillas de girasol (1 cucharada)		6.9
Almendras (1 oz)	10.1	
Avellanas (1 oz)	4.4	
Batata (camote)	7.2	
Calé (1 taza)	15.0	
Camarones (3 oz hervidos)	3.1	
Germen de trigo (1 cucharada)		20.0
Maní o cacahuates (1 oz)	3.0	
Margarina (1 cucharada)		2.0
Semillas de girasol (1 oz secas)	14.2	

* Los valores de la vitamina E en aceites se expresan comúnmente en miligramos (mg). Un mg es casi igual a una UI.

se muestra en la Tabla 5.2, la vitamina E no se consigue en grandes cantidades en alimentos comunes a nuestras dietas. Por lo tanto, suplementos de esta vitamina son recomendados. En general, cuando se toman suplementos, se recomienda hacerlo con las comidas y dividirlos en dos o tres dosis diarias[5].

Los suplementos del mineral selenio por ahora no son recomendados, aunque una nuez Brasileña diaria parece suministrar suficiente cantidad antioxidante de este nutriente. Cinco o más nueces por día pueden producir efectos tóxicos en el cuerpo.[6]

A pesar de no ser un antioxidante, el ácido fólico (del grupo de la vitamina B) es recomendado (400 mcg) para toda mujer premenopáusica.[7] El ácido fólico previene ciertos defectos de nacimiento y se piensa ofrece protección contra el cáncer del colón y el cervical.

Efectos tóxicos de los antioxidantes son raros cuando se toman de acuerdo a las recomendaciones previas. Generalmente no se corre peligro si se toman menos de 4,000 mg de vitamina C, 3,200 UI de vitamina E y 50,000 UI de beta-caroteno. Si se nota cualquiera de los siguientes síntomas, descontinué los antioxidantes y consulte con su médico:

✤ Vitamina E: Problemas gastrointestinales, aumento de lípidos sanguíneos.

✤ Vitamina C: Nausea, diarrea, calambres abdominales, piedras en el riñón, y problemas del hígado.

✤ Beta-Caroteno: Aunque no peligroso, pigmentación amarillenta de la piel.

✤ Selenio: Vómito, diarrea, irritabilidad, fatiga, lesiones en la piel y el sistema nervioso, pérdida del cabello y uñas.

Cantidades elevadas de vitamina E no son recomendables para personas bajo terapia anticoagulante. La vitamina E es de por si un anticoagulante. Vea a su médico si usted esta bajo este tipo de terapia. Igualmente, las mujeres embarazadas necesitan aprobación médica antes de tomar suplementos de beta-caroteno. Estos también pueden ser peligrosos si se toman con alcohol o por personas que consumen más de 4 onzas de alcohol puro al día (el equivalente de 8 cervezas).

Algunos investigadores muestran preocupación por las personas que participan regularmente en actividades altamente intensivas (encima del 70% de la frecuencia cardíaca de reserva —véase el Capítulo 3) o en entrenamientos prolongados (mas de 5 horas por semana). El sobrentrenamiento aumenta la producción de radicales libres, pudiendo exceder los limites de defensa de los antioxidantes. Este aumento de radicales libres puede aumentar el riesgo de enfermedades crónicas, incluyendo el cáncer.[8]

Un numero de científicos están investigando la posible relación entre el ejercicio intensivo y las enfermedades en personas que de otra manera llevan una vida muy saludable. Aunque los datos son escasos, el Dr. Kenneth Cooper, en su libro *La Revolución Antioxidante*, recomienda una dosis mayor para atletas y personas que entrenan intensivamente: 3,000 mg de vitamina C, 1,200 UI de vitamina E, y 50,000 UI de beta-caroteno.[9] Es importante percatarse si surgen efectos secundarios con suplementos de esta magnitud.

Muchas personas que regularmente consumen demasiada grasa y azucares piensan que tomar suplementos les va a proporcionar un balance nutritivo. Esto no es cierto. El problema no es la falta de minerales y vitaminas, sino el exceso de grasa, sodio, y calorías. Los suplementos no substituyen una dieta balanceada.

Alimentos saludables contienen vitaminas, minerales, carbohidratos, fibras, proteínas, grasas, fitoquímicos, y otros nutrientes aun no descubiertos. Los investigadores en la materia no saben si la protección ofrecida por alimentos saludables es causada por los antioxidantes mismos, en combinación con otros nutrientes (como los fitoquímicos), o por nutrientes que aun no han sido identificados. Más aun, muchos nutrientes trabajan sinergéticamente, realzando la efectividad de procesos químicos en el cuerpo. Los suplementos en si no contrarrestan el daño causado por malos hábitos nutritivos. Las pastillas nunca substituirán la buena nutrición y la falta de sentido común.

DESORDENES ALIMENTICIOS

Se piensa que la anorexia nerviosa y la bulimia son problemas físico-emocionales que se desarrollan por presiones personales, familiares, o sociales. Estos desordenes se caracterizan por un tremendo miedo de engordar, el cual no desaparece aun si se han perdido grandes cantidades de peso. La anorexia nerviosa y la bulimia han aumentado gradualmente en la mayoría de los países industrializados en donde existe demasiado énfasis en la esbeltez y las dietas de bajo contenido calórico.

Anorexia Nerviosa

La anorexia nerviosa es *una condición de inanición (hambre por no comer casi nada) autoimpuesta para perder y mantener un peso corporal exageradamente bajo.* Aproximadamente 19 de cada 20 personas anoréxicas son mujeres jóvenes. Se estima que el 1% de la población femenina en los Estados Unidos es anoréxica. Las personas anoréxicas temen más subir peso que la misma muerte por hambre. Peor aun, estas personas tienen una percepción distorsionada de su cuerpo y se estiman gordas cuando en realidad están demacradas.

Aunque puede existir la predisposición genética, la anorexia nerviosa es más común en personas provenientes de hogares donde la madre es dominante y en donde existe adicción a las drogas en la familia. El síndrome puede iniciarse como resultado de un difícil evento en la vida y la incertidumbre que tiene la persona en su capacidad de salir adelante.

La función de la mujer en nuestra sociedad ha cambiado con mucha rapidez y se piensa que por ello las mujeres son más susceptibles. Experiencias como subir de peso, el primer período menstrual, el inicio de estudios universitarios, la perdida del novio, la baja auto-estima, el rechazo social, el inicio de una profesión, o el llegar a ser esposa o madre, todos son factores que pueden dar inicio al síndrome.

Estas personas típicamente empiezan una dieta y en un principio se sienten en control y contentos por la perdida de peso, aun si no existe problema de sobrepeso. Para acelerar el proceso, muchas veces combinan dietas extremas con ejercicios exhaustivos y uso excesivo de laxantes y diuréticos.

Las personas anoréxicas comúnmente desarrollan hábitos obsesionantes, compulsivos, y enfáticamente rechazan la existencia de la enfermedad. Siempre andan preocupados por los alimentos, su preparación, la compra de ellos, y formas de comerlos. En la medida que pierden peso y se deteriora su salud, se sienten débiles y cansados y pueden notar la enfermedad, pero aun así rehúsan abandonar el ayuno y aceptar la conducta como anormal.

Con la perdida de peso y la malnutrición, los cambios físicos se hacen más visibles. Entre ellos se encuentran la amenorrea (cese del flujo menstrual), problemas digestivos, extrema sensibilidad al frió, problemas de cabello y uñas, anomalías en el balance liquido y electrólitico (conducentes a ritmos cardíacos irregulares y el repentino paro cardíaco), lesiones de nervios y tendones, anomalías del sistema inmunológico, anemia, crecimiento corporal de pelo muy fino, confusión mental, incapacidad de concentración, letargo, depresión, resequedad en la piel, hipotermia corporal, y osteoporosis.

Los criterios para el diagnostico de la anorexia nerviosa son:[10]

❖ Rehusar mantener un peso corporal sobre un peso mínimo normal de acuerdo a la edad y estatura (perdida y mantenimiento de peso a un 15% por debajo del recomendado, o falta de ganancia de peso durante el período del crecimiento produciendo un peso de un 15% por debajo del esperado).

❖ Miedo intensivo de subir de peso o engordar a pesar de ya tener un peso muy bajo.

❖ Disturbios en la percepción personal de su peso, tamaño, y figura (la persona dice sentirse gorda aun estando demacrada o ella percibe una parte del cuerpo muy gorda cuando obviamente esta demasiado delgada).

❖ En mujeres, la ausencia de por lo menos tres ciclos menstruales cuando estos deberían ser regulares (amenorrea primaria o secundaria). (Se considera que una mujer es amenorreica cuando su período solo puede ser provocado por el uso de hormonas como la administración de estrógeno).

Muchos de los cambios experimentados durante la anorexia pueden ser revertidos. Su tratamiento casi siempre requiere ayuda profesional y mientras más rápido se inicie, mayores las posibilidades de reversibilidad y saneamiento. La terapia consiste en una combinación de técnicas médicas y psicológicas para ayudar a restablecer una buena nutrición, prevenir complicaciones médicas, y modificar el ambiente o factores que provocaron el desorden.

Es muy difícil que el paciente anoréxico se recupere por si solo. Ellos enfáticamente niegan su condición. Se las ingenian muy bien para esconder el problema y engañar a parientes y amigos. De acuerdo a su conducta, muchos presentan todas las características de la anorexia pero no son identificados porque la "esbeltéz" y las dietas son socialmente aceptables. En muchos casos, solo un profesional clínico puede realizar el diagnostico positivo.

Bulimia

La bulimia, *un circulo vicioso de comer exageradamente para luego purgarse,* es más común que la anorexia nerviosa. Por muchos años se le consideró como una variante de la anorexia, pero ahora se le define como una condición separada. La bulimia afecta principalmente a gente joven. Hasta una de cada cinco estudiantes universitarias padece de bulimia. Esta enfermedad también es más común en los hombres que la anorexia.

Los bulímicos usualmente lucen muy saludables, son educados, se encuentran cerca del peso recomendado, disfrutan de la comida, y les gusta socializar alrededor de ella. En verdad, son personas inseguras, dependen de otros, y les falta confianza propia y auto-estima. El peso corporal y los alimentos son de suma importancia para ellos.

El ciclo de "tragar y purgar" (comer exageradamente, seguido por vómitos autoprovocados) ocurre en etapas. Como resultado de situaciones difíciles o de una simple compulsión por comer, de vez en cuando los bulímicos comen en rachas que pueden durar por más de una hora.

Con mucho nerviosismo, los bulímicos anticipan y planifican el ciclo. Luego sienten una necesidad imperiosa de empezar, seguido por un incontrolable consumo de alimentos durante el cual pueden comer miles de calorías (hasta 10,000 calorías en casos extremos). Después de un breve período de tranquilidad y satisfacción, sienten intensa culpabilidad, vergüenza, y miedo de engordar. La solución más sencilla para ellos es purgarse y de esta forma el ciclo continua sin temor de subir de peso.

Los criterios para el diagnostico de la bulimia incluyen:[11]

❖ Episodios repetidos de consumo excesivo de alimentos (consumo rápido de mucha comida en muy poco tiempo).

❖ Falta de control durante las rachas de consumo exagerado.

❖ Practica regular de vómito autoprovocado, o uso de laxantes o diuréticos, o dieta o ayuno estricto, o ejercicio intensivo para controlar el peso.

❖ Un mínimo de dos rachas de consumo excesivo a la semana practicado por lo menos por tres meses.

❖ Preocupación constante por la figura y el peso.

La forma más común de purgarse es el vomito autoprovocado. Los bulímicos también usan laxantes y eméticos fuertes. Ayunos prolongados y ejercicios intensivos son comunes en el paciente. Problemas médicos que se asocian con la bulimia incluyen arritmias cardíacas, amenorrea, daño de los riñones y la vejiga, úlceras, colitis, ruptura del esófago o estómago, daño de dientes y encías, y debilidad muscular general.

En contraste con los anoréxicos, los bulímicos reconocen que esta condición no es normal y se avergüenzan grandemente por ello. Por temor al rechazo social, se esconden y realizan sus episodios de "tragar y purgar" en horas poco usuales del día.

La bulimia se puede tratar con éxito cuando la persona se da cuenta de que su conducta es destructiva y no va a solucionar los problemas de la vida. Un cambio de actitud puede prevenir daños permanentes o inclusive la muerte.

Tratamiento para la anorexia nerviosa y la bulimia se puede obtener en la mayoría de los institutos educacionales a través de sus centros de consejería y de salud. Los hospitales de la localidad también ofrecen servicios para estas condiciones. Muchas comunidades cuentan con grupos de apoyo dirigidos por personal profesional y usualmente sin costo alguno.

BUENA NUTRICION: UN COMETIDO DE POR VIDA PARA LOGRAR BIENESTAR GENERAL

La buena nutrición, un buen programa de actividad física, y dejar de fumar (para los que fuman) son los tres factores de mayor influencia sobre la salud, la longevidad, y la calidad de vida. Lograr y mantener una dieta balanceada no es tan difícil como muchos piensan. La dificultad radica en el reacondicionamiento de la conducta para seguir un buen plan nutritivo por toda la vida. Una dieta balanceada incluye granos, legumbres, frutas, vegetales, productos lácteos bajos en grasa; y el uso moderado de carnes, sodio, alcohol y alimentos sin valor nutritivo (dulces, caramelos).

A pesar de que muchos estudios han comprobado la relación entre la mala nutrición y las enfermedades y muertes prematuras, la mayoría de la gente aun se resiste a cambiar sus hábitos nocivos. Incluso cuando se sufre de obesidad, lípidos sanguíneos elevados, hipertensión, u otras enfermedades relacionadas con la nutrición; la mayoría sigue sin cambiar. Se motivan cuando de pronto se encuentran con una enfermedad muy seria como un ataque cardíaco, un derrame cerebral, o un cáncer.

Así como se dice "mas vale prevenir que lamentar," mientras más pronto se implementen las recomendaciones dietéticas presentadas en este capítulo, mayores serán las posibilidades de prevenir enfermedades crónicas y alcanzar un nivel más alto de bienestar total.

REFERENCIAS

1. S. Begley. "Beyond Vitamins," *Newsweek*, April 25, 1994, pp. 45–49.
2. "Vitamin Report," University of California at Berkeley *Wellness Letter* (Palm Coast, FL: The editors, October, 1994).
3. "Antioxidants: Never Too Late," University of California at Berkeley *Wellness Letter*, 10:8 (1994), 2.
4. "Vitamin Report."
5. S. Kalish, "The Free Radical Radical: Kenneth Cooper, M.D., on Antioxidants and the Dangers of Hard Running." *Running Times*, March 1995, 16-17.
6. J. Carper. "Say 'Nuts' to Heart Disease," *USA Weekend*, December 2–4, 1994, 8–9.
7. "Vitamin Report."
8. K. H. Cooper, *Antioxidant Revolution* (Nashville, TN: Thomas Nelson Publishers, 1994).
9. Cooper.
10. American Psychiatric Association, *Diagnostic and Statistical Manual of Mental Disorders*. (Washington, DC: APA, 1987), p. 67.
11. APA.

Jane R. Moore   Date: 02-12-1992
Age: 20
Body Weight: 141 lbs (64.0 kg)
Activity Rating: Moderate

Food Intake Day One

Food	Amount	Calo-ries	Pro-tein gm	Fat gm	Sat Fat gm	Cho-les-terol mg	Car-bohy-drate gm	Cal-cium mg	Iron mg	Sodium mg	Vit A I.U.	Thi-amin mg	Ribo-fla-vin mg	Nia-cin mg	Vit C mg
Cocoa/hot/with whole milk	1 cup	218	9.1	9	6.1	33	26	298	0.8	123	318	0.10	0.44	0.4	2
Egg/scrambled w/milk butter	1 egg(s)	95	6.0	7	3.0	282	1	54	0.9	176	510	0.04	0.18	0.0	0
Bread/white	2 slice(s)	136	4.4	2	0.4	0	26	42	1.2	254	0	0.12	0.10	1.2	0
Butter	2 tsp	72	0.0	8	0.8	24	0	2	0.0	92	320	0.00	0.00	0.0	0
Milk/whole	1 c	159	9.0	9	5.1	34	12	288	0.1	120	350	0.07	0.40	0.2	2
Bread/whole wheat	2 slice(s)	122	5.2	2	1.2	0	24	50	1.6	264	0	0.12	0.06	1.4	0
Tuna/canned/oil/drained	1.5 oz.	84	12.5	4	0.9	30	0	4	0.8	69	35	0.02	0.05	5.1	0
Mayonnaise	2 tsp.	72	0.0	8	1.4	6	0	2	0.0	56	26	0.00	0.00	0.0	0
Pickles/dill	1 large	15	0.9	0	0.0	0	3	35	1.4	1,928	140	0.00	0.03	0.0	8
Potato/French fried	20 strips	428	6.8	20	3.4	0	56	24	2.0	10	0	0.20	0.12	4.8	32
Tomato sauce (catsup)	1 tbsp.	16	0.3	0	0.0	0	4	3	0.1	156	105	0.01	0.01	0.2	2
Apple/raw	1 med	80	0.3	1	0.0	0	20	10	0.4	1	120	0.04	0.03	0.1	6
Soda pop/root beer	12 oz.	140	0.0	0	0.0	0	36	17	0.2	45	0	0.00	0.00	0.0	0
Coleslaw	1 c	173	1.6	17	1.0	5	6	53	0.5	144	190	0.06	0.06	0.4	35
Spaghetti/meat balls/sauce	1 c	332	18.6	12	3.0	75	39	124	3.7	1,009	1,590	0.25	0.30	4.0	22
Pie/apple	1 pc. (3.5 in.)	302	2.6	13	3.5	120	45	9	0.4	355	40	0.02	0.02	0.5	1
Totals Day One		2,444	77.3	111	29.8	609	298	1,015	14.1	4,802	3,744	1.0	1.8	18.3	110

*Disponible a través de la Morton Publishing Company

FIGURA 5.7 ✤ Análisis computarizado de nutrientes (por ahora solo disponible en Inglés).*

	Calo-ries	Pro-tein gm	Fat %	Sat Fat %	Cho-les-terol mg	Car-bohy-drate %	Cal-cium mg	Iron mg	Sodium mg	Vit A I.U.	Thi-amin mg	Ribo-fla-vin mg	Nia-cin mg	Vit C mg
Day One	2,444	77.3	40	11	609	48	1,015	14.1	4,802	3,744	1.0	1.8	18.3	110
Day Two	2,234	105.1	44	12	536	37	639	20.6	5,719	1,902	1.1	1.7	21.6	60
Day Three	2,491	92.0	43	19	603	43	1,787	14.7	3,919	6,351	1.6	3.5	18.2	55
Three Day Average	2,390	91.5	42	14	583	43	1,147	16.5	4,813	3,999	1.3	2.3	19.4	75
RDA	1,904*	51.2	<30	<10	<300	50>	1,200	15.0	1,904	4,000	1.1	1.3	15.0	60

*Estimated caloric value based on gender, current body weight, and activity rating (does not include additional calories burned through a physical exercise program).

OBSERVATIONS

Daily caloric intake should be distributed in such a way that 50 to 60 percent of the total calories come from carbohydrates and less than 30 percent of the total calories from fat. Protein intake should be about .8 to 1.5 grams per kilogram of body weight or about 15 to 20 percent of the total calories. Pregnant women need to consume an additional 15 grams of daily protein, while lactating women should have an extra 20 grams of daily protein (these additional grams of protein are already included in the RDA values for pregnant and lactating women). Saturated fats should constitute less than 10 percent of the total daily caloric intake.

Please note that the daily listings of food intake express the amount of carbohydrates, fat, saturated fat, and protein in grams. However, on the daily analysis and the RDA, only the amount of protein is given in grams. The amount of carbohydrates, fat, and saturated fat are expressed in percent of total calories. The final percentages are based on the total grams and total calories for all days analyzed, not from the average of the daily percentages.

If your average intake for protein, fat, saturated fat, cholesterol, or sodium is high, refer to the daily listings and decrease the intake of foods that are high in those nutrients. If your diet is deficient in carbohydrates, calcium, iron, vitamin A, thiamin, ri-boflavin, niacin, or vitamin C, refer to the statements below and increase your intake of the indicated foods or consult the list of selected foods in your textbook.

Caloric intake may be too high.

Total fat intake is too high.

Saturated fat intake is too high, which increases your risk for coronary heart disease.

Dietary cholesterol intake is too high. An average consumption of dietary cholesterol above 300 mg/day increases the risk for coro-nary heart disease. Do you know your blood cholesterol level?

Carbohydrate intake is low. Good sources of carbohydrates are whole grain breads and cereals, pasta, rice, fruits, and vegetables such as potatoes and peas.

Calcium intake is low. Good sources of calcium are milk, yogurt, cheese, green leafy vegetables, dried beans, sardines, and salmon.

Sodium intake is high.

Vitamin A intake is low. Foods high in vitamin A include skim milk fortified with vit. A, cheese, butter, fortified margarine, eggs (yolk), liver, and dark green/yellow fruits and vegetables.

*Disponible a través de la Morton Publishing Company

FIGURA 5.7 ❖ Análisis computarizado de nutrientes (continuación).*

Control del Peso Corporal

CONCEPTOS CLAVES

Ecuación de balance energético

Metabolismo basal

Obesidad

Peso tolerable

Regulador del peso

Sobrepeso

OBJETIVOS

✤ Aprender a identificar mitos y farsas asociadas con el control de peso corporal.

✤ Estudiar la fisiología del control de peso.

✤ Estudiar los efectos de las dietas y el ejercicio físico sobre el metabolismo en reposo.

✤ Reconocer la importancia del ejercicio físico a lo largo de la vida como factor fundamental para controlar el peso corporal.

✤ Aprender a diseñar e implementar un programa fundamentado de control de peso corporal.

✤ Aprender estrategias para lograr un control permanente del peso corporal.

Aproximadamente 65 millones de ciudadanos Americanos actualmente están o se consideran pasados de peso. De estos, 30 millones son obesos. En un momento dado, el 50% de todas las mujeres y el 25% de todos los hombres están a dieta. La gente gasta entre 40 y 50 billones de dólares al año con el propósito de perder peso. Mas de 10 billones de dolares se gastan en los centros de reducción de peso y los otros 30 billones en alimentos de dieta.

Alcanzar y mantener un peso corporal recomendado es un objetivo importante en todo programa de aptitud física. La evaluación del peso corporal recomendado fue explicado minuciosamente en el Capítulo 2. Después de la mala resistencia cardiorespiratoria, la obesidad es el problema más frecuentemente encontrado durante evaluaciones de aptitud física y bienestar general.

Los dos terminos más comunes usados en referencia a las personas que pesan más de lo recomendado son el sobrepeso y la obesidad. Sobrepeso se usa en referencia a *un exceso de peso con respecto a cierto índice como la estatura o el porcentaje de grasa corporal recomendado*. La obesidad se define como *una enfermedad crónica caracterizada por una excesiva cantidad de grasa corporal en relación al peso magro*. El individuo se considera obeso cuando el contenido excesivo de grasa le puede causar serios problemas de salud.

La obesidad por si sola ocasiona problemas de salud y se le atribuye de un 15% al 20% de la mortalidad anual en los Estados Unidos. La obesidad es un principal factor de riesgo para las enfermedades cardiovasculares, incluyendo enfermedades de las arterias coronarias, hipertensión arterial, falla cardíaca congestiva, lípidos sanguíneos elevados, aterosclerosis, derrames cerebrales, enfermedades tromboembolicas, diabetes, osteoartritis, venas varicosas, y claudicación intermitente.

Otros estudios indican una posible relación entre la obesidad y los canceres de colon, recto, prostata, vesícula, senos, utero, y ovarios. También se ha asociado con la diabetes, ruptura de discos intervertebrales, cálculo biliario, gota, insuficiencia respiratoria, complicaciones de embarazo y parto, problemas psicológicos, y mayor riesgo de muerte accidental.

Es necesario aclarar que los terminos de sobrepeso y obesidad no significan lo mismo. La mayoría de las personas con sobrepeso (10 a 15 libras) no son obesas. Primordialmente aquellos con bastante sobrepeso son los que padecen de los problemas relacionados con la obesidad. Claro, ciertas asociaciones genéticas existen, y por ello, algunas personas con solo un poco de sobrepeso sufren de problemas de salud. Sin embargo, en la mayoría de los casos no es así. Personas diabéticas, o con otros factores de riesgo cardiovascular, sí se les recomienda bajar de peso, aun si el sobrepeso no es excesivo.

PESO TOLERABLE

Mucha gente desea perder peso para lucir mejor. Tal meta se puede elogiar. El problema radica en que muchas veces estas personas poseen una imagen distorsionada de como lucirán cuando logren perder peso y lleguen a lo que ellas consideran un peso "ideal." La genética juega un papel muy

Lograr y mantener un porcentaje de grasa de alto rendimiento físico requiere programas permanentes (de por vida) de ejercicio físico y buena nutrición.

importante, y la verdad es, son muy pocas las personas que realmente pueden obtener ese "cuerpo perfecto". Un peso tolerable es una meta más real. Con el peso tolerable *la persona se identifica con un físico "aceptable" en lugar de un físico "ideal".* Para muchos, el peso tolerable se halla más cerca del índice de la salud que del índice de alto rendimiento físico.

Cuando se busca un peso "predilecto," se debe ser objetivo. Obtener el índice de alto rendimiento físico de acuerdo a los porcentajes de grasa que aparecen en la Tabla 2.10 (Capítulo 2) es muy difícil para muchas personas. Peor aun, este índice es difícil de mantener a menos que la persona se comprometa a cumplir con un programa *intensivo de ejercicios,* acompañados por permanentes cambios dietéticos a lo largo de toda la vida. Lamentablemente, muy pocas personas toman tal iniciativa. Por ello, el índice de grasa corporal recomendado para la salud física es más viable para ellas.

Una pregunta que se debe plantear el lector es: ¿Estoy conforme con mi peso actual? Un aspecto importante para el disfrute de una mejor calidad de vida es la satisfacción personal. Si no lo esta, debe hacer algo al respecto o deberá resignarse a vivir con el exceso de peso por el resto de su vida.

Si su porcentaje de grasa esta por encima del índice recomendado para la salud, debe tratar de rebajar y obtener el porcentaje recomendado para la salud. Se piensa que con este porcentaje no se incrementa el riesgo de enfermedades.

Si ha logrado este objetivo, pero aun quiere reducir más, hágase una segunda pregunta: ¿Que tanto significa para usted bajar aun más de peso? ¿Es lo suficientemente importante como para comprometerse a una régimen de actividad física y buena nutrición de por vida? Si usted no esta dispuesto a implementar estos cambios, es mejor que deje de preocuparse por el peso y acepte el índice de la salud como tolerable para usted.

PRINCIPIOS PARA EL CONTROL DEL PESO

La ecuación del balance energético establece que si el número de calorías ingeridas es igual al número de calorías gastadas, no se gana ni se pierde peso.

Si el consumo calórico es mayor que el utilizado, se gana peso. Cuando el gasto es mayor al consumo, se pierde peso.

Cada libra de grasa equivale a 3,500 calorías. En teoría se deduce que si una persona consume un exceso de 3,500 calorías, aumentará una libra de grasa. De igual manera, para perder una libra de grasa, se deberá reducir el consumo calórico en 3,500 calorías. Este principio parece ser muy lógico, pero como veremos más adelante, la solución no es tan sencilla.

Solo un 10% de las personas que comienzan un programa de dieta (sin ejercicio) pierden el peso deseado. Peor aun, menos del 1% de ellas son capases de conservar el peso logrado. Las dietas tradicionales fallan continuamente porque casi ninguna de ellas incorpora cambios permanentes en la selección alimenticia y la inclusión del ejercicio como los dos factores fundamentales para perder y controlar el peso. No obstante, las dietas de moda continúan engañando a las personas con el señuelo de pérdida rápida de peso y esbeltez garantizada.

Casi todas estas dietas son muy bajas en calorías y deficientes en ciertos nutrientes. Tales dietas crean un desbalance metabólico, que a veces puede ser fatal. Con este tipo de dietas, gran parte de la pérdida de peso es agua y proteínas — y no grasa.

Personas con mucho sobrepeso que tratan de perder peso rápidamente (dietas de "semi-ayuno" — excesivamente bajas en calorías) no se dan cuenta de que la mitad del peso perdido es peso magro[1] (proteína — véase la Figura 6.1). Cuando el cuerpo usa proteína en vez de grasas y carbohidratos para obtener energía, la pérdida de peso puede ser hasta diez veces más rápida.[2] Un gramo de proteína genera la mitad de la energía proporcionada por un gramo de grasa. En el caso del músculo, el 20% es proteína y casi el 80% es agua. Por ello, una libra de músculo solo produce una décima parte de la energía producida por una libra de grasa. Como consecuencia, la mayor parte del peso perdido es agua. Desde luego, esto se ve muy bien cuando uno se pesa y se forma la idea de que se esta perdiendo fundamentalmente grasa.

Algunas dietas solo permiten el uso de ciertos alimentos. La industria de dietas no tuviese tanto exito si la gente se diera de cuenta que: (a) no

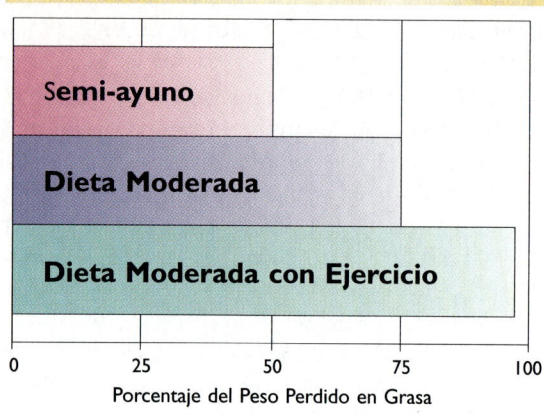

Porcentaje del Peso Perdido en Grasa

Adaptado de *Alive Man: The Physiology of Physical Activity*, by R.J. Shepard (Springfield IL: Charles C Thomas, 1975), p. 484-488.

FIGURA 6.1 ❖ **Efectos de tres formas de dieta en la pérdida de grasa corporal.**

existe alimento "mágico" alguno que proporcione todos los nutrientes esenciales y (b) se debe ingerir una gran variedad de alimentos para lograr una dieta saludable. La mayoría de las dietas crean un desbalance nutritivo, que a veces puede inclusive llevar a la muerte. La razón por la cual algunas dietas tienen exito, es porque las personas se cansan de comer los mismos alimentos todos los días y por ello empiezan a comer menos. Si logran perder peso sin realizar cambios permanentes en patrones nutritivos, rápidamente recuperarán el peso perdido al seguir con sus viejos hábitos alimenticios.

Algunas dietas recomiendan el ejercicio conjuntamente con reducciones calóricas; desde luego, el mejor procedimiento para perder peso. Gran parte de la perdida de peso se debe al ejercicio, lográndose el objetivo planteado (mas adelante en el capítulo se discute como el ejercicio juega un papel importante en el peso de la persona). Desafortunadamente, si no se cambian permanentemente los patrones alimenticios y el nivel de actividad física, el peso perdido se recuperará rapidamente una vez terminada la dieta y el programa de ejercicios.

Hace algunos años se pensaba que los principios de control de peso eran muy claros, pero ahora sabemos que las soluciones definitivas no son tan simples. Tradicionalmente se asumía que el control de peso corporal se basaba en los tres siguientes conceptos:

1. Balanceando el consumo y el gasto calórico le permiten a al persona controlar el peso.
2. Las personas obesas simplemente comen demasiado.
3. El cuerpo humano no distingue cuanta grasa es almacenada.

Aunque estos conceptos tienen cierta validez, aun se prestan para mucha discusión e investigación.

Cada persona cuenta con un regulador del peso o termostato de grasa que *determina su porcentaje de grasa*. Este regulador es controlado por factores genéticos y ambientales. El instinto de la sobrevivencia le indica al cuerpo que cierto nivel de grasa almacenada es vital, y por ello, el regulador del peso fija un nivel aceptable. El regulador se mantiene más o menos constante o puede subir gradualmente a consecuencia de malos patrones de vida.

Especialmente durante restricciones calóricas severas (menos de 800 caloría por día), el organismo realiza ajustes metabólicos con le fin de mantener la reserva de grasa corporal. El metabolismo basal, o *nivel más bajo de consumo de oxígeno para sustentar la vida*, puede disminuir drásticamente como consecuencia de un constante balance calórico negativo y la persona puede pasar días o semanas sin perder casi ningún peso. Cuando el individuo retorna a su consumo normal, o inclusive algo inferior al normal (en donde el peso se mantuvo estable por mucho tiempo), rápidamente empieza a recobrar la grasa pérdida hasta alcanzar los niveles aceptables de grasa corporal.

Estos conceptos fueron coraborados por estudios realizados en la Rockefeller University en Nueva York.[3] Los autores demostraron que el cuerpo opene gran resistemcia a cambios de peso. Personas obesas y personas que nunca habían tenido problemas de peso participaron en esta investigación. Después de una perdida de peso del 10%, en un intento por recuperar el peso perdido, el cuerpo redujo las necesidades energéticas hasta en un 15% por debajo de lo que debería ser para este nuevo peso (más liviano). Los efectos fueron similares en ambos grupos, los obesos y no-obesos.

Se concluye entonces que si se reduce el peso corporal en un 10%, la persona deberá comer menos o ejercitarse más para contrarrestar el déficit diario de 200 a 300 calorías causado por los ajustes metabólicos.

En el mismo estudio, cuando se le permitió a los participantes subir de peso en un 10% (por encima del peso original — previo a la pérdida del 10%), el gasto energético subió de un 10% a un 15% más allá de lo esperado. Esto indica que el cuerpo esta tratando de desperdiciar energía para regresar a su peso programado. Este estudio es otra indicación de que el cuerpo resiste fuertemente variaciones de peso, a menos que se incorporen cambios en patrones de vida que garanticen el cambio permanente de peso. Tales cambios se presentan más adelante en este capítulo.

Estudios de esta naturaleza muestran porque la mayoría de las personas que hacen dieta, sin ejercicio, vuelven a subir de peso. Veamos un ejemplo práctico: Jaime quiere bajar de peso. Actualmente el mantiene un peso estable con un promedio diario de 2,500 calorías (no sube ni baja de peso con este consumo). Con la finalidad de rebajar rápidamente, Jaime adopta una dieta muy baja en calorías (o peor aun, una dieta de semi-ayuno). Inmediatamente el cuerpo activa los mecanismos de sobrevivencia y reduce el ritmo metabólico a un nivel energético mucho menor.

Después de varias semanas de estar consumiendo entre 400 a 600 calorías diarias, el cuerpo logra mantener sus funciones vitales con apenas 1,000 calorías por día. Una vez alcanzada su meta, Jaime termina la dieta y reconoce que el consumo original de 2,500 calorías diarias debe ser reducido para mantener el peso reducido.

Para ajustarse al nuevo peso, Jaime adopta un consumo diario de 2,200 calorías; pero para sorpresa de Jaime, aún consumiendo menos calorías que antes (300 menos que el consumo original), su peso comienza a subir en una libra cada una o dos semanas. Después de terminar este tipo de dieta, le puede tomar al cuerpo varios meses para retornar el metabolismo a su nivel normal.

En base a estas explicaciones uno nunca debe adoptar dietas de muy bajo consumo calórico. No solo disminuyen ellas el metabolismo de reposo, pero también privan al organismo de nutrientes esenciales. De ningún modo se deben adoptar dietas menores de 1,200 y 1,500 calorías para mujeres y hombres respectivamente. El peso (grasa) se gana a lo largo de meses y años y no en una sola noche. Igualmente la perdida de peso debe ser gradual y no brusca. Un consumo calórico diario de 1,200 a 1,500 calorías provee los nutrientes necesarios, siempre y cuando se consuman las porciones mínimas de cada grupo alimenticio. También se debe aprender cuales alimentos cumplen con cuales grupos alimenticios, pero que a la vez sean bajos en grasas, azucares, y calorías.

Cuando se rebaja únicamente por restricción calórica, siempre se pierde peso magro (proteína del músculo y los órganos). El grado de disminución de peso magro depende completamente del grado de restricción calórica. Cuando las personas obesas adoptan una dieta de semi-ayuno, hasta la mitad de la pérdida de peso es en peso magro y la otra mitad es en grasa. Cuando la dieta se combina con el ejercicio, cerca del 100% de la pérdida de peso es en grasa y el peso magro puede inclusive aumentar (véase la Figura 6.1). Perdida de peso magro nunca es provechoso porque debilita los órganos, los musculos y disminuye el metabolismo.

La perdida de peso magro es común en personas que hacen dietas de alta restricción calórica. Ninguna dieta con un consumo por debajo de 1,200 a 1,500 calorías diarias puede prevenir la perdida de peso magro. Aun a estos niveles la perdida es inevitable, a menos que la dieta se combine con el ejercicio. Muchas dietas pretenden que ellas no alteran el peso magro. La verdad es, no importa cuales suplementos nutritivos se le añada a la dieta, cualquier restriccion calórica produce cierta perdida de peso magro.

Muchas personas hacen dietas repetidamente. Con cada dieta, el metabolismo baja cada vez más por la contínua pérdida de peso magro. Frecuentemente personas de 40 años o mayores que pesan lo mismo que pesaban cuando tenían 20 años, piensan que su peso es ideal. Sin embargo, durante el transcurso de estos 20 años han hecho muchas dietas, pero nunca acompañadas por el ejercicio. La perdida de peso siempre es recuperada poco después de terminadas las dietas, pero desafortunadamente, la

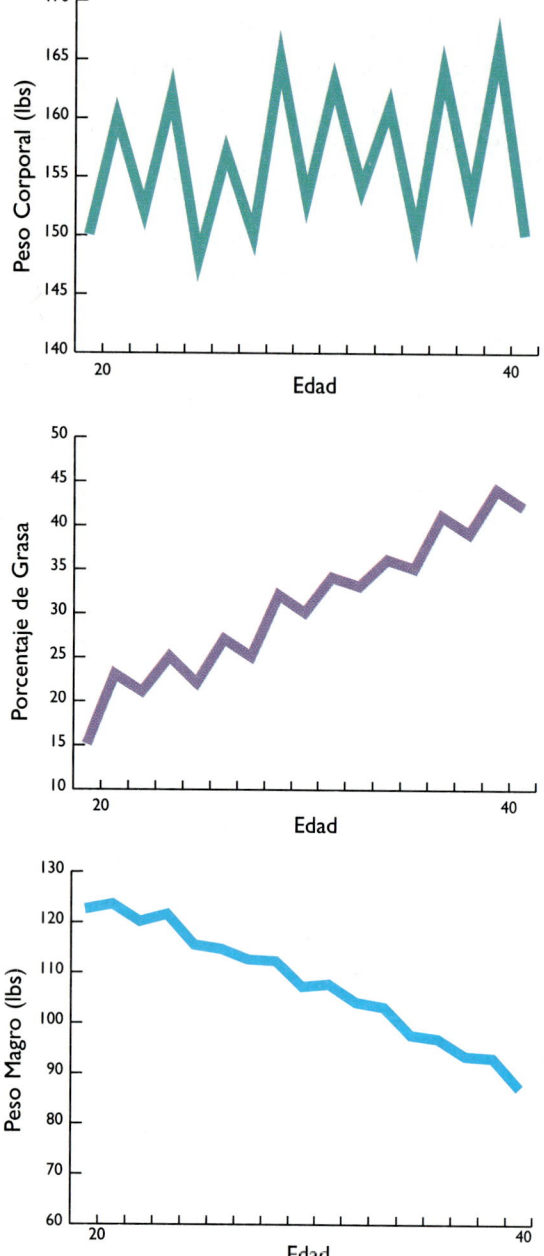

FIGURA 6.2 ❖ Efectos de frecuentes dietas sin ejercicio sobre el peso corporal, porcentaje de grasa, y peso magro.

mayoría de la ganancia es en grasa. Tal vez a la edad de 20 años pesaban 150 libras, de las cuales solo un 15% o 16% era grasa. Ahora a la edad de 40, todavía pesando 150 libras, tienen 30% de grasa corporal (véase la Figura 6.2 y la Figura 2.1 en el Capítulo 2). Considerandose bien de peso, no entienden como es posible que no puedan comer igual que antes sin subir de peso.

Alimentos altos en grasas y carbohidratos simples, dietas de semi-ayuno, y posiblemente los azucares artificiales, no permiten que el individuo logre perder peso exitosamente. Al contrario, estos contribuyen al aumento de grasa corporal. *El unico método practico y sensible para perder peso en grasa es por intermedio de un programa de ejercicios combinado con una dieta de modesta reducción calórica — alta en carbohidratos complejos y baja en grasas y azucares.*

Después de estudiar los efectos de la buena alimentación, muchos especialistas en la materia opinan que la fuente alimenticia que suple las calorías es de gran importancia en programas de control de peso. Hay que dedicarle mucho tiempo al reacondicionmiento de conductas alimenticias para: (a) incrementar el consumo de carbohidratos complejos y alimentos altos en fibras y (b) disminuir el consumo de carbohidratos refinados (azucares) y grasas. Para muchos, solamente este cambio en patrónes alimenticios trae una reducción en el consumo total de calorías diarias.

Hoy en día, una "dieta" no es simplemente una técnica usada para perder peso, sino un cambio permanente en hábitos alimenticios para asegurar un efectivo control de peso y para mejorar la salud. Un aumento en actividad física también debe ser incluido. La perdida exitosa de peso y el logro de una composición corporal recomendada casi nunca se obtienen sin una leve restricción calórica combinada con un buen programa de actividad física.

EL EJERCICIO: FACTOR FUNDAMENTAL EN EL CONTROL DE PESO

La ecuación del balance energético se puede inclinar efectivamente a su favor quemando calorías por intermedio de la actividad física. El ejercicio también parece dictar el peso de la persona.

A partir de la edad de 25 años, el típico Americano sube una libra de peso por año. Una libra al año representa una sencilla ingesta adicional de menos de 10 calorías diarias (10 × 365 = 3,650). En la mayoría de los casos, el aumento de peso a partir de los 25 años se le atribuye en la disminución en actividad física y no al aumento de la ingesta calórica. De acuerdo al Dr. Jack Wilmore, autoridad en el campo de la fisiología del ejercicio y resaltado investigador en el area del control de peso:[4]

> La inactividad física es definitivamente un factor principal, o posiblemente el factor más importante causante de la obesidad en los Estados Unidos. Al parecer cierto nivel de actividad física es indispensable para que el cuerpo pueda

La participación regular en un programa que incluya ejercicios aeróbicos y entrenamientos de fuerza muscular es fundamental para controlar el peso corporal.

balancear con precisión el consumo alimenticio con el gasto calórico. Con muy poca actividad física se puede perder el detallado control que normalmente ejercemos sobre este asombroso balance. Este detallado balance representa menos de 10 calorías por día o el equivalente de una simple hojuela de papa frita.

Si una persona esta tratando de perder peso, una combinación de ejercicio aeróbico con entrenamientos de fuerza produce los mejores resultados. Debido a la continuidad y duración de la actividad aeróbica, ella quema muchas calorías. El entrenamiento de fuerza, por otro lado, produce su mejor impacto en el aumento del peso magro.

La función del ejercicio aeróbico en el control de peso a lo largo de toda la vida no puede ser subestimado. Como se ilustra en la Figura 6.3, se puede perder mayor peso si se combina la dieta con el ejercicio aeróbico.[5] Aun más importante, solamente aquellas personas que participaron en actividades aeróbicas durante los 18 meses de seguimiento (después de terminada la dieta), pudieron mantener la perdida de peso. Quienes abandonaron el ejercicio, aumentaron de peso.

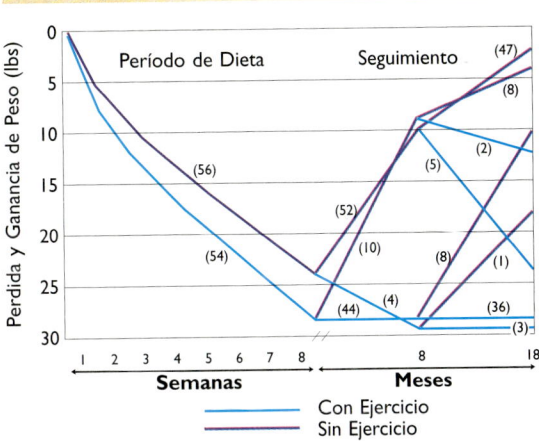

Nota: Los números en paréntesis indican el número de participantes.
Fuente informativa: "Exercise as an Adjunct to Weight Loss and Maintenance in Moderately Obese Subjects," *American Journal of Clinical Nutrition,* 49 (1989), 115–1123.

FIGURA 6.3 ❖ Relación entre el ejercicio aeróbico y la perdida y mantenimiento de peso en personas moderadamente obesas.

Igualmente, aquellos que comenzaron o volvieron a comenzar la actividad aeróbica durante estos 18 meses, pudieron volver a perder peso. Aquellos que solo hicieron dieta y nunca entrenaron, recuperaron el 60% del peso a los 6 meses de seguimiento y el 92% a los 18 meses.

El peso también se puede perder con mayor rapidez cuando se combina el ejercicio aeróbico con el entrenamiento de fuerza muscular. Dos grupos experimentales fueron observados a lo largo de dos meses de tres entrenamientos semanales de 30 minutos cada uno. Un grupo se entreno por 30 minutos aerobicamente. El segundo hizo 15 minutos de trabajo aeróbico y 15 minutos de pesas. Ambos grupos siguieron el mismo régimen nutritivo con un 60% de carbohidratos, 20% de grasas, y 20% proteínas.

Los resultados del estudio[6] mostraron una perdida de 3½ libras en el grupo aeróbico, de las cuales 3 fueron en grasa y la otra ½ libra fue en peso magro. El grupo que combino el entrenamiento aeróbico con la fuerza muscular perdió un promedio de 8 libras. Mejor aun, la evaluación de la composición corporal revelo que este último grupo realmente perdió 10 libras de grasa y ganó 2 libras de peso magro (véase la Figura 6.4). Estas observaciones indican que el entrenamiento de fuerza muscular ayuda en la perdida de peso y en el mantenimiento de masa muscular y ritmo metabólico.

Es importante resaltar que un incremento de una libra en masa muscular puede elevar el metabolismo basal en 35 calorías por día.[7] Por ejemplo, un individuo que gana 5 libras de musculatura como resultado del trabajo con pesas, incrementaría su metabolismo basal en 175 calorías diarias (35 × 5). Esta cifra representa un gasto adicional de 63,875 (175 × 365) calorías por año para mantener el nuevo tejido magro o el equivalente de 18.25 libras de grasa (68,875 ÷ 3,500).

En virtud de que el ejercicio promueve la formación del peso magro, muchas veces el peso corporal no varia, o inclusive aumenta a principios de un programa de actividad física, aun cuando el porcentaje de grasa baja. Al incrementar el peso magro, incrementa la capacidad funcional del cuerpo. Por intermedio del ejercicio, la mayoría de la perdida de peso se hace aparente después de varias semanas de entrenamiento, cuando el componente magro se estabiliza.

Trabajos de investigación han revelado que no es posible reducir grasa en ciertos puntos del cuerpo (lo que algunas personas llaman "celulitis," o depósitos de grasa que sobresalen). Estos depósitos no son más que células saturadas con excesiva grasa. *Simplemente hacer varias series abdominales diarias no le ayudarán a perder la grasa abdominal (barriga).* Cuando se pierde grasa, la perdida se refleja en forma general (todo el cuerpo) y nunca exclusivamente en la parte ejercitada. La mayor proporción de grasa podría provenir de los depositos corporales más grandes, pero el gasto calórico de unas cuantas series de abdominales no tiene casi ningún efecto en la reducción de grasa corporal. Se debe ejercitar por períodos mucho más largos para obtener resultado alguno.

Hacer dieta nunca ha sido, ni será divertido. Las personas con intensiones serias de rebajar deben aprender a incorporar al ejercicio en la rutina diaria, seleccionar prudentemente sus alimentos, y reducir modestamente el consumo calórico. Ya que el exceso de peso corporal es un factor de riesgo para las enfermedades cardiovasculares, algunas precauciones son necesarias. Dependiendo de la severidad del sobrepeso, se debe consultar con el médico para ver si un examen

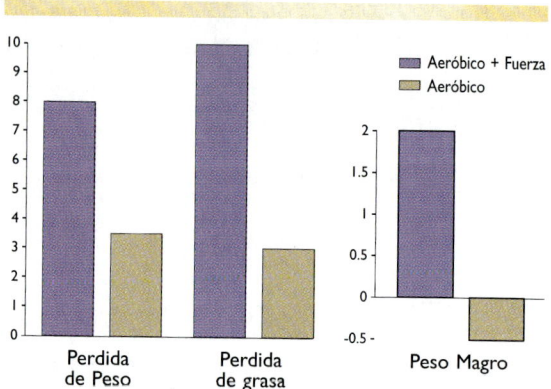

Fuente Informativa: "You Can Sell Exercise for Weight Loss," by W. L. Wescott, *Fitness Management*, 7:12 (1991), 33–34.

FIGURA 6.4 ❖ Cambios en composición corporal como resultado de entrenamientos aeróbicos y aeróbicos combinados con fuerza muscular.

médico y un electrocardiograma (ECG) de esfuerzo son necesarios antes de empezar con el ejercicio.

Las personas muy pesadas deben seleccionar actividades que no les requiera aguantar el propio peso corporal, pero que permitan quemar calorías con efectividad. Lesiones de las articulaciones y los músculos son comunes en personas pesadas que eligen actividades ambulatorias como caminar, correr, y los aeróbicos en tierra.

Mejores alternativas de entrenamiento para estas personas son el ciclismo (estacionario o de carretera), los aeróbicos en agua, caminar en la parte baja de la piscina, o correr en agua profunda. Estas actividades en agua han ganado gran popularidad en los últimos años porque muy pocas destrezas motoras son requeridas para participar eficazmente. Ellas parecen ser tan efectivas como otras actividades aeróbicas en el logro de perdida de peso sin el dolor o temor producido por las lesiones.

Un último beneficio obtenido por el ejercicio aeróbico es el incremento en la efectividad de "quemar" grasa. Tanto los carbohidratos como las grasas son usados como fuentes energéticas. Cuando los niveles de glucosa bajan durante el ejercicio aeróbico prolongado, mayor cantidad de grasa es usada para producir energía. Con el entrenamiento, la concentración de las enzimas que se usan para transformar la grasa en energía aumenta. Como la grasa se pierde fundamentalmente quemándola en los músculos, en la medida que aumenta la concentración de enzimas, también aumenta la capacidad de quemar grasas.

COMO DISEÑAR SU PROPIO PROGRAMA PARA PERDER PESO

Además del ejercicio y la nutrición balanceada, un pequeño ajuste en el consumo calórico es indispensable. La mayoría de las observaciones científicas indican que se requiere un balance calórico negativo para perder peso. Quizás la unica excepción son las personas que ya consumen muy pocas calorías. El análisis de nutrientes a veces indica que personas "fieles" a sus dietas consumen muy pocas calorías. En realidad, estas personas necesitan aumentar el consumo calórico diario y la actividad física para que el metabolismo vuelva a subir a un nivel normal.

Consultando la Figura 6.5 y las Tablas 6.1 y 6.2 se puede calcular el requerimiento calórico diario. Como este es un cálculo aproximado, debido a varios de los factores discutidos en este capítulo, ajustes a esta cifra podrían ser necesarios para obtener un numero más preciso. De cualquier modo, los valores estimados sirven de guía para controlar o reducir de peso.

El requerimiento calórico diario, sin incluir el ejercicio, se basa en el patrón de vida diario, el peso corporal, y el género de la persona. Las personas con empleos que requieren gran esfuerzo manual diario requieren más calorías que aquellas que tienen ocupaciones sedentarias (oficinistas por ejemplo). Para encontrar su nivel de actividad, consulte la Tabla 6.1 y localice su índice de actividad. La cifra dada en la Figura 6.1 es por libra de peso corporal, por lo tanto multiplique esta cifra por su peso actual. Por ejemplo, el requerimiento calórico para mantener un peso de 160 libras de un hombre moderadamente activo es de 2,400 calorías (160 lb $\times$ 15 cal/lb) diarias.

El segundo paso consiste en determinar el promedio de calorías gastadas diariamente como resultado del ejercicio. Para obtener esta cifra, calcule el tiempo total en minutos de ejercicio por semana. Por ejemplo, una persona que practica el ciclismo cinco veces a la semana, a una velocidad de 13 millas por hora y con 30 minutos de entrenamiento por sesión, se ejercita por 150 minutos a la semana (5 $\times$ 30). El promedio diario semanal de ejercicio sería de 21 minutos (150 $\div$ 7 días por semana y se redondea esta cifra a la unidad más baja).

Ahora consulte la Tabla 6.2. En ella se encuentran los requerimientos energéticos de diferentes actividades. En el caso del ciclismo, a 13 millas por hora, el requerimiento es de .071 calorías por libra de peso corporal por minuto de actividad (cal/lb/min). Con un peso de 160 libras, esta persona usaría 11.4 calorías cada minuto de entrenamiento (peso corporal $\times$ 0.71 o 160 $\times$ 0.71). En 21 minutos se quemarían unas 240 calorías (21 $\times$ 11.4).

El tercer paso es obtener un estimado total del requerimiento calórico, incluyendo al ejercicio, para

Requerimiento Calórico Diario

A. Peso actual _____

B. Requerimiento calórico por libra de peso (use la Tabla 6.1) _____

C. Típico requerimiento calórico diario sin ejercicio para mantener el peso
(A × B) _____

D. Actividad física deseada (por ejemplo, trote)* _____

E. Numero de sesiones por semana _____

F. Duración (tiempo) del entrenamiento (en minutos) _____

G. Tiempo total de entrenamiento semanal en minutos (E × F) _____

H. Promedio diario de entrenamiento en minutos (G ÷ 7) _____

I. Gasto calórico por libra por minuto (cal/lb/min) de actividad física
(véase la Tabla 6.2) _____

J. Total de calorías gastadas por minuto de ejercicio (A × I) _____

K. Promedio diario de calorías gastadas como resultado del ejercicio (H × J) _____

L. Requerimiento calórico diario con ejercicio para mantener el peso corporal
(C + K) _____

M. Numero de calorías que se deben restar del requerimiento diario
para perder peso** _____

N. Ingesta calórica recomendada para perder peso (L − M) _____

---

*Si se selecciona más de una actividad, se debe calcular el gasto promedio diario de calorías como resultado de cada actividad adicional (pasos de D a K) y sumar esta cifra al renglón L.

**Restele 500 calorías si el requerimiento total diario con ejercicio (L) es menor de 3,000 calorías. Si el total es mayor de 3,000 calorías diarias, se le pueden restar hasta 1,000 calorías.

FIGURA 6.5 ✤ Formato para calcular el requerimiento calórico diario.

TABLA 6.1 ✤ Requerimiento Calórico Promedio por Libra de Peso Corporal

	Calorías por libra	
Indice de Actividad	**Hombres**	**Mujeres**[1]
Sedentario — Actividad física limitada	13.0	12.0
Actividad física moderada	15.0	13.5
Trabajo laborioso — Buen esfuerzo físico	17.0	15.0

[1]Las mujeres embarazadas o lactantes deben añadir tres calorías a estas cifras.

mantener el peso corporal. Para ello, sume el requerimiento típico diario (sin ejercicio) y el promedio calórico quemado con el ejercicio. En nuestro ejemplo, serían 2,640 calorías (2,400 + 240).

Cuando se recomienda un balance calórico negativo para perder peso, esta persona debe ingerir menos de 2,640 calorías por día para lograr su objetivo. Debido a los muchos factores que afectan la perdida de peso, la cifra que acabamos de calcular es un valor aproximado. Más aun, para perder peso, no se puede predecir que se perderá exactamente 1 libra de grasa semanal si se disminuye la ingesta calórica diaria en 500 calorías (500 × 7 = 3,500 o el equivalente de una libra de grasa).

TABLA 6.2 ✤ Gasto Calórico Para Diferentes Actividades Físicas

Actividad*	Cal/lb/min**	Actividad*	Cal/lb/min**	Actividad*	Cal/lb/min**
Ejercicios Aero-belt		Golf	0.030	Bicicleta Estacionaria	
Trote, 6 mph	0.098	Gimnasia		Moderada	0.055
Aeróbicos de banco/8"	0.105	Suave	0.030	Intensiva	0.070
Caminar, 4 mph	0.073	Fuerte	0.056	Entrenamiento	
Aeróbicos		Balón Mano (handball)	0.064	de Fuerza	0.050
Moderado	0.065	Excursionismo	0.040	Natación (estilo libre)	
Alto impacto	0.095	Judo/Karate	0.086	20 yds/min	0.031
De banco	0.070	Ráquetbol	0.065	25 yds/min	0.040
Arco y flecha	0.030	Salto de Cuerda	0.060	45 yds/min	0.057
Bádminton		Remo (intensivo)	0.090	50 yds/min	0.070
Recreativo	0.038	Trote		Tenis de Mesa	
Competitivo	0.065	11.0 min/milla	0.070	(ping-pong)	0.030
Béisbol	0.031	8.5 min/milla	0.090	Tenis	
Baloncesto		7.0 min/milla	0.102	Moderado	0.045
Moderado	0.046	6.0 min/milla	0.114	Intensivo	0.064
Competitivo	0.063	Agua profunda	0.100	Volibol	0.030
Boliche	0.030	Patinaje en hielo		Caminata	
Calistenia	0.033	(moderado)	0.038	4.5 mph	0.045
Ciclismo (plano)		Esquiar		Agua hasta el pecho	0.090
5.5 mph	0.033	Cuesta abajo	0.060	Aeróbicos Acuáticos	
10.0 mph	0.050	Campo traviesa		Moderado	0.050
13.0 mph	0.071	(5 mph)	0.078	Intensivo	0.070
Baile		Fútbol (soccer)	0.059	Lucha olímpica	0.085
Moderado	0.030	Escalinata			
Intensivo	0.055	Moderada	0.070		
		Intensiva	0.090		

*Estas cifras reflejan el tiempo actual de participación en la actividad.

**Calorías gastadas por libra de peso por minuto de actividad.

***Treading water

Adaptado de *Fitness For Life: An Individualized Approach*, por P.E. Allsen, J.M. Harrison, y B. Vance (Debuque, IA: Wm.C. Brown, 1989); *Fitness For College and Life*, por C.A. Bucher y W.E. Prentice (St. Louis: Times Mirror/Mosby College Publishing, 1989); *Physiological Measurements of Metabolic Functions in Man*, por C.F. Conzolacio, R.E. Johnson, y L.J. Pecora (New York: McGraw-Hill, 1963); *Physical Fitness: The Pathway to Healthful Living*, por R.V. Hockey (St. Louis: Times Mirror/Mosby College Publishing, 1989); y otras investigaciones realizadas en Boise State University por W.W.K. Hoeger y asociados, 1986-1993.

La cifra de requerimiento calórico diario es primordialmente una guía general. Ajustes periódicos a esta cifra son necesarios por diferencias individuales y cambios en este requerimiento en la medida que se pierde peso y se modifican los hábitos de actividad física.

El grado de reducción calórica diaria para perder peso depende del típico requerimiento diario. Recuerde que no se debe reducir la ingesta calórica diaria a menos de 1,200 calorías para las mujeres y 1,500 para los hombres.

Como regla general, si el típico requerimiento diario es de menos de 3,000 calorías, no se debe reducir la ingesta por más de 500 calorías diarias. Si típicamente se ingieren más de 3,000 calorías, se puede restringir el consumo hasta en 1,000 calorías diarias. La distribución alimenticia siempre debe ser de un 60% de carbohidratos (casi todos complejos), menos del 30% en grasa, y como un 12% en proteína.

El horario de las comidas también puede afectar su peso. Un estudio conducido el Centro de Investigaciones Aeróbicas en Dallas, Texas, encontró que se reduce más efectivamente de peso si la mayoría de los alimentos son consumidos antes de la 1:00 de la tarde. Este centro recomienda que cuando se esta tratando de perder peso, un mínimo de 25% de las calorías se deben ingerir para el desayuno, 50% durante el almuerzo, y 25% o menos para la cena.

Otros expertos afirman que si la mayoría de las calorías se consumen en una sola comida, a manera de precaución, el cuerpo baja el ritmo metabólico para conservar energía y almacenar grasa. También, si se consume la mayoría de los alimentos en una sola comida, la persona pasa hambre el resto del día y se le hace más difícil permanecer en dieta.

ESTRATEGIAS PARA LOGRAR UN CONTROL PERMANENTE DEL PESO CORPORAL

Alcanzar y mantener el peso corporal recomendado no es una tarea imposible, pero si requiere determinación y resolución. Para lograr controlar el peso a lo largo de la vida es necesario modificar ciertos patrones de conducta. Cambiar hábitos viejos y desarrollar nuevos requiere tiempo. Las siguientes estrategias han sido usadas efectivamente para cambiar hábitos negativos en patrones de vida que le permitirán controlar el peso corporal. No es necesario adoptar todas las estrategias, pero si aquellas que le sirvan de mayor beneficio.

1. *Tome una decisión ferviente de controlar el peso.* El primer ingrediente para cambiar una conducta es la decisión sincera de cambiar. Las razones que le incitan a cambiar deben ser más fuertes que las que le invitan a continuar con un dado patrón de conducta. Se debe reconocer la existencia del problema y decidir con fervor que se va a cambiar. Cuando se adopta un sincero compromiso, se empieza con una mejor oportunidad de triunfo.

2. *Planifique metas reales.* La mayoría de la gente quiere rebajar muy rápidamente, pero no toman en consideración que aumentaron de peso a lo largo de muchos años. Un buen programa de reducción y mantenimiento de peso sólo se logra estableciendo conductas saludables de alimentación y ejercicio, las cuales pueden tomar tiempo en desarrollarse.

Cuando se traza una meta real a largo plazo, se deben planificar también objetivos a corto plazo. La meta a largo plazo podría ser rebajar a un 20% la grasa corporal. El objetivo a corto plazo podría ser rebajar el porcentaje de grasa en 1% cada mes. Este tipo de objetivo permite evaluar con regularidad el progreso, ayuda a mantener la motivación, y renueva el cometido por obtener la meta de largo plazo.

3. *Incorpore el ejercicio físico al programa.* Escogiendo actividades, sitios, horas, equipos, y personas agradables, nos ayuda a continuar con el entrenamiento. Los principios para desarrollar un programa completo de ejercicios se dan con detalle en el Capítulo 3.

4. *Desarrolle hábitos alimenticios saludables.* Planifique hacer tres comidas al día de acuerdo con los requisitos alimenticios del cuerpo. También aprenda a diferenciar entre el hambre y el apetito. El hambre es la necesidad física de comer. El apetito es el simple deseo de comer, muchas veces provocado por estrés, hábitos, aburrimiento, depresión, disponibilidad de alimentos, o simplemente por pensar en los alimentos mismos. Se debe comer solo cuando se sienta hambre. Si se aprende a mantener un horario fijo de comidas, es más fácil controlar el hambre.

5. *No asocie la comida con conductas.* Muchas personas comen durante actividades rutinarias. Por ejemplo, la gente come cuando cocina, ve televisión, lee libros, habla por teléfono, o conversa con el vecino. La mayoría de los alimentos ingeridos durante esta ocasiones son comida sin valor nutritivo o altos en azúcar y grasa.

6. *Manténgase ocupado.* La gente tiende a comer más cuando esta aburrida y no tiene nada que hacer. El interés por comer se pierde cuando la mente y el cuerpo se ocupan con actividades que no tienen nada que ver con comida. Caminar, trabajar en el jardín, participar en deportes, cocer, o visitar parques, museos, y librerías son algunas opciones.

7. *Planifique las comidas.* Compre sus alimentos prudentemente. Hablando de compras, hágalas con el estómago lleno. Un comprador hambriento tiende a comprar chucherías impulsivamente — y luego se las come en camino a casa. La lista de compras debe incluir pan y cereales integrales, frutas y vegetales, leche y productos lácteos descremados, carnes sin grasa, pescado, y pollo.

8. *Cocine prudentemente.*

   ✤ Use menos grasa y productos refinados en la preparación de las comidas.

   ✤ Quítele toda la grasa a las carnes y el pellejo al pollo antes de cocinar.

   ✤ Quítele la grasa a las salsas y sopas, preferiblemente mientras estén frías.

   ✤ Hornee, ase, o hierva los alimentos en vez de freírlos.

   ✤ Use muy poca mantequilla, crema, mayonesa, y salsas de ensaladas.

   ✤ Evite usar aceite de coco, aceite de palma, y crema de coco.

   ✤ Prepare alimentos altos en fibra.

   ✤ Añádale panes y cereales integrales, vegetales y legumbres a casi todas las comidas.

   ✤ Use frutas como postre.

   ✤ Evite refrescos de soda y jugos de frutas azucarados o con colorante.

   ✤ Reduzca el consumo de azúcares, jarabes, azúcar de malta, dextrosas, y fructosas.

   ✤ Tome agua en abundancia — por lo menos seis vasos al día.

9. *No se sirva más comida de la que debe comer.* Mida sus porciones y no coloque las vajillas con los alimentos en la mesa. Así se come menos ya que se hace más difícil repetir porciones y el apetito disminuye porque no se ven los alimentos sobre la mesa. Nunca obligue a comer a una persona cuando ya está satisfecha (incluso los niños cuando ya han ingerido su ración nutritiva).

10. *Coma lentamente y en la mesa solamente.* Comer es uno de los placeres de la vida y se debe tomar tiempo para disfrutar las comidas. Comer a la carrera no permite darle tiempo al cuerpo de registrar las calorías y los nutrientes ingeridos. Esto causa que la persona coma más de lo debido antes de que el cuerpo emita la señal de satisfacción. Si se acostumbra también a sentarse siempre a comer en la mesa, la gente no tiende a comer bocadillos entre comidas por flojera de tener que poner la mesa y sentarse a comer. Cuando se termine de comer, levántese y guarde los alimentos para evitar la tentación de seguir tomando bocadillos.

11. *Evite "comilonas" sociales.* Las reuniones sociales debilitan su fuerza de voluntad y le tientan a comer de más. Prepárese para ellas con anticipación y planifique su "comportamiento alimenticio" para dicha reunión. No permita que le presionen a comer o tomar y no invente excusas para justificar rachas alimenticias. Escoja alimentos bajos en calorías y distráigase bailando y conversando.

12. *No "acabe completamente" con la comida en la nevera o con el jarrón de las galletas.* Si presiente que le va a dar una racha alimenticia, párese de inmediato, piense en lo que esta sucediendo, y controle sus acciones. Cierto control ambiental también le puede ayudar. No compre alimentos altos en calorías, azucares, y grasa. Si ya los tiene en casa, guárdelos en sitios difíciles de alcanzar o de ver. Si no se alcanzan o se ven, la tentación es menor. Guardando tales alimentos en el garaje o en el sótano a veces es más que suficiente para evitarlos. A la gente no le gusta tomar el tiempo o hacer el esfuerzo por irlos a buscar. De ninguna manera se deben eliminar completamente los bocadillos favoritos, pero como

todo las cosas en la vida, se deben usar con moderación.

13. *Use técnicas para controlar el estrés.* Muchas personas toman bocadillos y comen demasiado cuando están estrésadas. Comer en exceso no es un remedio contra el estrés. Al contrario, solo contribuye a agravar la situación cuando existe sobrepeso.

14. *Observe su progreso y galardone sus logros.* La perdida de grasa y el aumento del peso magro de por si son una gratificación grande. Igualmente, la evaluación de cambios en composición corporal refuerzan nuevos hábitos de conducta. Poder entrenar sin interrupción por 15, 20, 30, 60 minutos, nadar cierta distancia, o correr una milla — merecen reconocimiento. El logro de metas debe recompensarse, no con comidas, pero con cosas como ropa nueva, una raqueta de tenis, una bicicleta, unos zapatos, o cualquier otra cosa especial que de otra manera no se hubiese adquirido.

15. *Sea positivo en todo momento.* Pensamientos negativos de cuan difícil es cambiar viejos hábitos es contraproducente. Es preferible pensar en los beneficios que se van a obtener: verse, sentirse, y funcionar mejor, o disfrutar de mejor salud y calidad de vida. Para ayudarle, evite ambientes y personas adversas que no le apoyen en el logro de sus metas.

EN RESUMEN

No existe manera rápida y sencilla de perder el exceso de grasa corporal y luego mantenerla perpetuamente. El control de peso se logra por intermedio de un programa permanente de ejercicio físico y selección adecuada de alimentos. Cuando se busca perder peso (grasa), se necesita disminuir levemente el consumo calórico e implementar estrategias para modificar hábitos nocivos de nutrición.

Durante el proceso de modificación de la conducta es inevitable que de vez en cuando se repitan algunos hábitos nocivos. Todos cometemos errores y ello no significa que somos un fracaso. Los que fracasan son aquellos que se dan por vencidos y no usan sus experiencias para desarrollar destrezas que les permitan evitar tropiezos en el futuro. "Querer es poder," y "los que perseveran triunfan."

REFERENCIAS

1. R. J. Shepard, *Alive Man: The Physiology of Physical Activity* (Springfield, IL: Charles C Thomas, 1975), pp. 484–488

2. D. Remington, A. G. Fisher, and E. A. Parent, *How to Lower Your Fat Thermostat* (Provo, UT: Vitality House International, 1983).

3. R. L. Leibel, M. Rosenbaum, and J. Hirsh, "Changes in Energy Expenditure Resulting from Altered Body Weight," *New England Journal of Medicine*, 332(1995), 621–628.

4. J. H. Wilmore. "Exercise, Obesity, and Weight Control," *Physical Activity and Fitness Research Digest.* (Washington DC: President's Council on Physical Fitness & Sports, 1994).

5. K. N. Pavlou, S. Krey, and W. P. Steffe, "Exercise as an Adjunct to Weight Loss and Maintenance in Moderately Obese Subjects," *American Journal of Clinical Nutrition,* 49 (1989), 1115–1123.

6. W. L. Wescott. "You Can Sell Exercise for Weight Loss." *Fitness Management,* 7:12 (1991), 33–34.

7. W. W. Campbell, M. C. Crim, V. R. Young, and W. J. Evans, "Increased Energy Requirements and Changes in Body Composition with Resistance Training in Older Adults," *American Journal of Clinical Nutrition,* 60 (1994), 167–175.

Conceptos Para un Patrón de Vida Más Saludable

CAPITULO 7

CONCEPTOS CLAVES

Acido desoxiribo-
 nucléico (ADN)

Altruismo

Angiogénesis

Aterosclerosis

Benigno

Cáncer

Cáncer no-
 melanoma de la
 piel

Carcinoma en situ

Colesterol

Colesterol-HDL

Colesterol-LDL

Diabetes mellitus

ECG de esfuerzo

Edad cronológica

Edad funcional

Electrocardiograma
 (ECG o EKG)

Enfermedad
 coronaria

Enfermedades
 cardiovasculares

Enfermedades
 crónicas
 obstructivas del
 pulmón (COPD)

Enfermedades de
 transmisión sexual
 (ETS)

Espiritualidad

Estrés

Factores de riesgo

Hipertensión

Lípidos sanguíneos

Lipoproteína de muy
 baja densidad
 (VLDL)

Maligno

Mecanismo de
 pelear o correr

Metástasis

Presión arterial

Relajamiento
 muscular
 progresivo

Síndrome de
 inmunodeficiencia
 adquirida (SIDA)

Técnicas de
 respiración

Triglicéridos

Vegetales crucíferos

Virus de
 inmunodeficiencia
 humana (VIH)

OBJETIVOS

❖ Reconocer la importancia del patrón de vida saludable.

❖ Estudiar los principales factores de riesgo de la enfermedad coronaria.

❖ Familiarizarse con las guías preventivas contra el cáncer.

❖ Aprender a controlar el estrés.

❖ Reconocer la relación entre la espiritualidad y el bienestar general.

❖ Estudiar los efectos dañinos producidos por el abuso de las drogas y la practica de sexo irresponsable.

*A*unque la gente en los Estados Unidos esta plenamente convencida de lo beneficios obtenidos por la practica de ejercicios físicos y patrones de vida saludables, la gran mayoría de ellos no cosechan estos beneficios porque simplemente no saben como implementar un buen programa de aptitud física y bienestar general conducente a una mejor calidad de vida. Es más, los patrones actuales de vida de muchos Americanos son tan nocivos, que ellos representan una seria amenaza a la salud y son conducentes al desarrollo de enfermedades y la muerte prematura. Mejorar la calidad de vida y posiblemente la longevidad es una decisión individual. Una combinación de programas de aptitud física con patrones saludables de conducta nos abre el camino a una mejor salud, calidad de vida, y bienestar general.

Como ya se definió en el Capítulo 1, el bienestar general es el esfuerzo constante y deliberado por mantener la salud y lograr alcanzar el nivel más elevado del potencial físico, intelectual, emocional, social y espiritual. El bienestar general incorpora patrones de vida tales como una buena aptitud física, buena nutrición, control del estrés, prevención de enfermedades, apoyo social y auto-estima, espiritualidad, control de las drogas, seguridad personal, y educación para la salud (véase la Figura 7.1).

La diferencia entre la aptitud física y el bienestar general se ilustra mejor con un ejemplo practico. Una persona que corre 3 millas diarias, levanta pesas regularmente, hace ejercicios de flexibilidad, y controla su peso; fácilmente puede estar en la categoría de alto rendimiento físico para cada uno de estos componentes. No obstante, si esta misma persona padece de hipertensión arterial, fuma, sufre demasiado estrés, toma en exceso, y consume demasiadas grasas; estará desarrollando

varios factores de riesgo para enfermedades y a lo mejor ni sabe que lo esta haciendo. Los factores de riesgo *son características que predisponen a una persona a contraer ciertas enfermedades debido a la herencia genética y los patrones de vida*. A los factores de riesgo se les define como patrones de conducta y componentes genéticos que incrementan el peligro de contraer enfermedades.

En consecuencia, el mayor desafío que actualmente tenemos es el de aprender a controlar nuestros hábitos de salud implementando patrones saludables de conducta. Para ayudarle a determinar los efectos de sus patrones actuales de conducta sobre la salud, el "National Health Information Clearing House" diseñó un simple cuestionario para auto-evaluar sus patrones. Este cuestionario se ha incluido en el Apéndice F. Aun más, algunos investigadores han identificado 10 sencillos hábitos de salud que le pueden ayudar a aumentar la calidad y longevidad de la vida:

1. Participé en un programa de actividad física de por vida.
2. No fume cigarrillos.
3. Coma una dieta balanceada.
4. Mantenga un peso recomendado.
5. Duerma de 7 a 8 a ocho horas por noche.
6. Reduzca el nivel de estrés.
7. Tome moderadamente, o mejor aun, no tome bebidas alcohólicas.
8. Busque amistades y relaciones saludables.
9. Manténgase informado sobre la contaminación ambiental y evite riesgos ambientales.
10. Adopte medidas de seguridad personal.

PRINCIPALES PROBLEMAS DE SALUD EN LOS ESTADOS UNIDOS

El 66% de todas las muertes que ocurren anualmente en los Estados Unidos son causadas por las enfermedades cardiovasculares y el cáncer.[1] Cerca de un 80% de estas muertes se podrían prevenir con patrones saludables de vida. La tercera y cuarta causas de muerte son ocupadas por las enfermedades crónicas obstructivas del pulmón y los accidentes. Estas también se pueden prevenir,

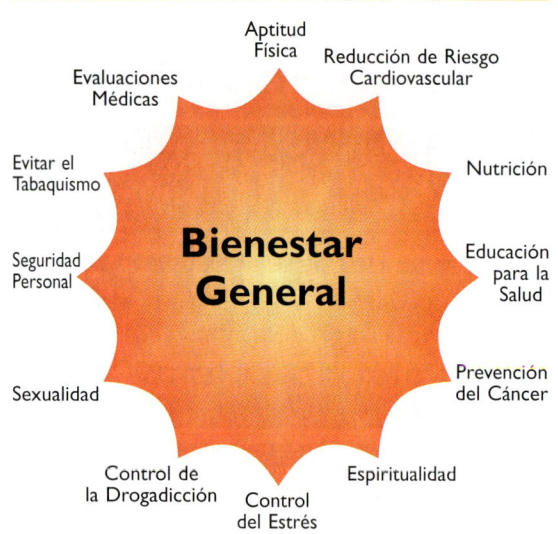

FIGURA 7.1 ❖ Componentes del bienestar general.

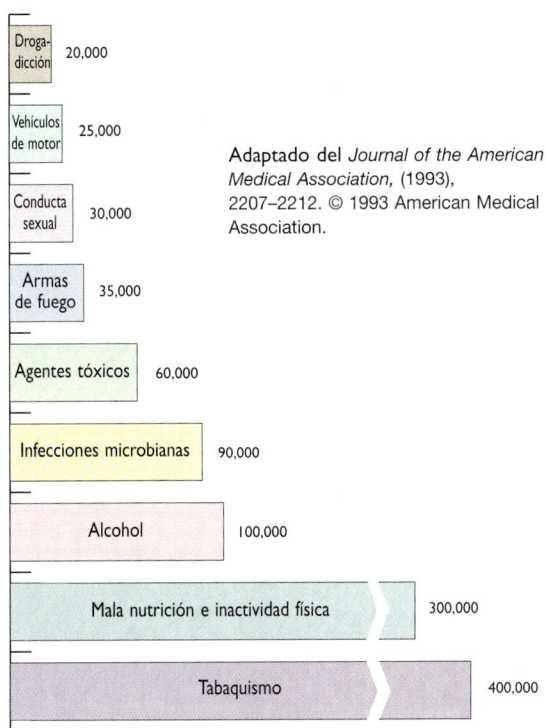

Adaptado del *Journal of the American Medical Association,* (1993), 2207–2212. © 1993 American Medical Association.

FIGURA 7.2 ❖ Factores causantes de muertes en los Estados Unidos.

fundamentalmente evitando el uso del tabaco u otras drogas, abrochándose el cinturón de seguridad, y usando siempre el sentido común.

Al estudiar los factores causantes de muertes en los Estados Unidos (véase la Figura 7.2), 9 de los 10 factores se relacionan con los hábitos de vida y la falta de sentido común.[2] Las "tres más grandes" — el tabaquismo, la mala nutrición e inactividad física, y el abuso del alcohol — son responsables por más de 800,000 muertes anuales.

LAS ENFERMEDADES CARDIOVASCULARES

Las enfermedades degenerativas más predominantes en los Estados Unidos son las enfermedades cardiovasculares, o *aquellas que afectan al corazón y al sistema circulatorio.* Uno de cada seis hombres y una de cada ocho mujeres mayores de 45 años han sido victimas de un ataque cardíaco o un derrame cere-

bral.[3] En base a las estadísticas del año 1992, un 42% del total de muertes en los Estados Unidos fueron causadas por enfermedades del corazón y los vasos sanguíneos.[4] Entre ellas se encuentran la enfermedad de las arterias coronarias, las enfermedades vasculares periféricas, las enfermedades congénitas del corazón, la fiebre reumática, la aterosclerosis, los derramenes cerebrales, la alta presión arterial, y las fallas cardíacas congénitas. En la Tabla 7.1 se presenta la incidencia y el numero de muertes anuales causadas por las enfermedades cardiovasculares más resaltantes.

De acuerdo a la Asociación Americana del Corazón, el costo de las enfermedades cardiovasculares sobrepasó los 135 billones de dólares en 1994. Más de millón y medio de personas sufren ataques cardíacos cada año y un medio millón de ellas mueren a consecuencia de los mismos. En más o menos la mitad de los casos, el primer síntoma de la enfermedad coronaria es el mismo ataque cardíaco.

A pesar de que las enfermedades cardiovasculares siguen siendo el problema principal de salud de los Estado Unidos, la incidencia ha decaído en un 36% en las últimas dos decadas (véase la Figura 7.3). Este descenso se le atribuye fundamentalmente a programas educativos en contra de estas enfermedades. Un mayor numero de personas está consciente de los factores de riesgo y por ello están cambiando patrones de conducta para disminuir el riesgo cardiovascular.

TABLA 7.1 ❖ Incidencia y Muertes Anuales por Enfermedades Cardiovasculares en los Estados Unidos, Año 1992

	Prevalencia	Muertes
Enfermedades cardiovasculares mas importantes*	58,920,000	925,079
Enfermedades coronaria	11,200,000**	
Ataques cardíacos	1,500,000	480,170
Derramenes cerebrales	3,080,000	143,640
Hipertensión	50,000,000	35,830
Fiebre Reumática del Corazón	1,350,000	5,960

*Incluye personas con una o más formas de enfermedades cardiovasculares.

**Número de muertes incluidas bajo las estadísticas de ataques cardíacos.

Fuente Informativa: American Heart Association, *Heart and Stroke Facts: 1995* (Statistical Supplement) (Dallas: AHA, 1994).

El corazón y las arterias coronarias se ilustran en la Figura 7.4. La enfermedad de las arterias coronarias es el problema cardiovascular más común en los Estados Unidos. El ataque cardíaco, la angina pectoral, y la muerte repentina forman parte de esta enfermedad. Durante el desarrollo de la enfermedad, *las arterias (coronarias) que suplen al corazón con oxígeno y nutrientes gradualmente disminuyen en diámetro por la acumulación de grasas* como el colesterol y los triglicéridos. La obstrucción de las arterias disminuye el flujo sanguíneo al músculo cardíaco, lo cual puede causar un ataque al corazón. La enfermedad de las coronarias constituye la principal causa de muertes en el país, representando una tercera parte de todas las causas de muertes y más de la mitad de las muertes cardiovasculares.

Los principales factores de riesgo de la enfermedad coronaria son:

❖ La inactividad física.
❖ Un nivel bajo de colesterol-HDL.
❖ Un nivel elevado de colesterol-LDL.
❖ El cigarrillo.
❖ La alta presión arterial.
❖ Un electrocardiograma (ECG) anormal.
❖ La predisposición personal y familiar a enfermedades cardiovasculares.
❖ La diabetes.
❖ Un nivel excesivo de grasa corporal.

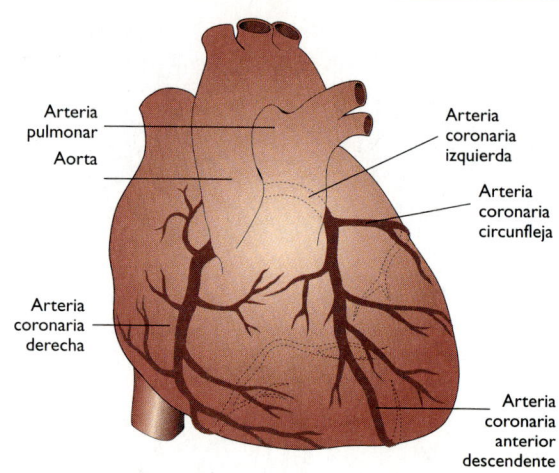

FIGURA 7.4 ❖ El corazón y sus vasos sanguíneos.

❖ Un nivel elevado de triglicéridos.
❖ La tensión y el estrés.
❖ La edad.
❖ El género (masculino/femenino).

Es importante reconocer que con excepción de la edad, el genero, la predisposición familiar, y ciertas anomalías electrocardiograficas, todos los otros factores se pueden prevenir y revertir. La persona puede ejercer control sobre ellos mediante sus patrones de conducta. Se ha establecido que un 90% de la enfermedad de las coronarias puede evitarse practicando patrones saludables de conducta.[5] Para ayudarle a implementar un programa de reducción de riesgo de por vida, los factores descritos a continuación deben ser considerados.

Inactividad Física

La participación regular en actividades aeróbicas parece ser el patrón de vida más fundamental que se pueda adoptar para reducir el riesgo de enfermedades cardiovasculares. En nuestras sociedades "mecanizadas" de hoy en día no podemos darnos el lujo de no hacer ejercicio. Los datos científicos sobre los beneficios del ejercicio aeróbico en contra de las enfermedades cardiovasculares son tan impresionantes que sus resultados no se pueden pasar por alto. Las directrices para implementar

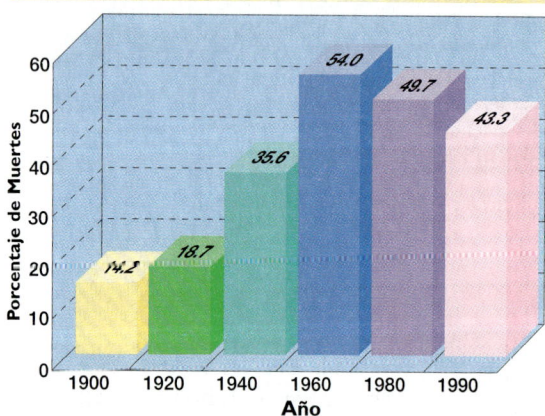

FIGURA 7.3 ❖ Incidencia de enfermedades cardiovasculares en los Estados Unidos. Años selectos entre 1900 y 1990.

un programa de ejercicio aeróbico se encuentran en el Capitulo 3. Estas pautas son idóneas para desarrollar la aptitud cardiorespiratoria, mejorar la salud, y agregarle años a la vida. Aun el ejercicio aeróbico moderado puede reducir considerablemente el riesgo cardiovascular. La Figura 7.5 refleja los resultados de trabajos realizados en el Centro de Investigaciones Aeróbicas en Dallas, Texas que demostraron una incidencia mucho mayor de muertes cardiovasculares en personas fuera de condición cardiorespiratoria (grupo 1 en la Figura 7.5) en comparación con las que poseían un nivel moderado de aptitud cardiorespiratoria (grupos 2 y 3).[6]

Una programa regular de ejercicios aeróbicos ayuda a controlar la mayoría de los principales factores de riesgo cardiovascular. El ejercicio aeróbico ayuda a:

— aumentar la resistencia cardiorespiratoria.

— disminuir y controlar la presión arterial.

— reducir la grasa corporal.

— reducir los lípidos sanguíneos (colesterol y triglicéridos)

— aumentar el colesterol-HDL (véase la información más adelante en este capítulo).

— controlar o disminuir el riesgo de contraer la diabetes.

— aumentar y mantener el buen funcionamiento cardíaco e incluso mejorar ciertas aberraciones del electrocardiograma.

— motivar a la persona a dejar de fumar.

— controlar la tensión y el estrés.

— contrarrestar el historial cardiovascular clínico (personal y familiar).

La importancia de la inactividad física como factor de riesgo cobró gran valor en 1992 cuando la Asociación Americana del Corazón añadió a la inactividad física como uno de los cuatro factores más importantes de riesgo cardiovascular. Los otros tres son el hábito del cigarrillo, un mal perfil de colesterol, y la alta presión arterial.

Alta Presión Arterial

La presión arterial es *la fuerza que ejerce la sangre contra las paredes arteriales*. La presión debe ser evaluada con regularidad, sin importar si se sufre o no de hipertensión. Esta se mide en mililitros de mercurio (mm Hg) y se lee en dos cifras. La cifra más elevada corresponde a la *presión sistólica* o la presión durante la fase de contracción cardíaca. El valor menor representa la *presión diastólica* o la fase de relajamiento cardíaco, cuando no hay emisión sanguínea.

La presión arterial idónea es aproximadamente 120/80 o más baja. La Asociación Americana del Corazón considera *toda presión arterial sobre 140/90* como hipertensión. Un programa rutinario de ejercicios aeróbicos, el control de peso, una dieta baja en sal y grasas, no fumar, y el manejo efectivo del estrés se usan para controlar la presión sanguínea. Si es requerido, se usan medicamentos para disminuir la presión elevada.

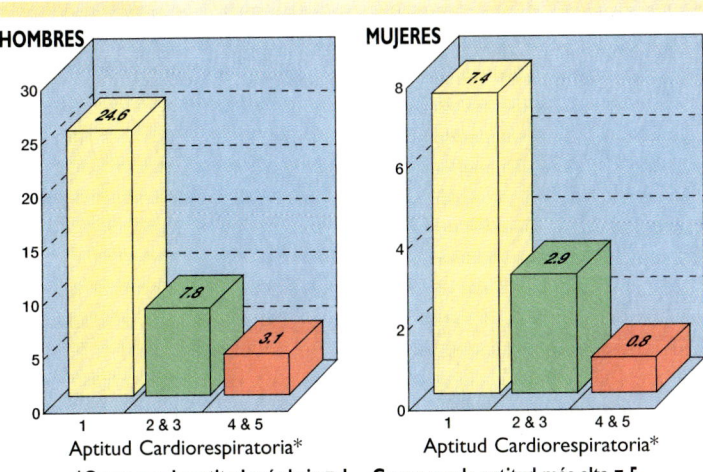

*Grupo con la aptitud más baja = 1   Grupo con la aptitud más alta = 5

Nota: Indice de mortalidad ajustado en base a la edad y con un seguimiento de 10,000 años-hombres, (1978-1985).

Adaptado de "Physical Fitness and All-Cause Mortality: A Prospective Study of Healthy Man and Woman" by S. N. Blair, H. W. Kohl, III, R. S. Paffenbarger, Jr., D. B. Clark, D. H. Cooper, and L. W. Gibbons, *Journal of the American Medical Association*, 262 (1985), 2395–2401.

FIGURA 7.5 ❖ Relación entre el nivel de aptitud cardiorespiratoria y el índice de mortalidad cardiovascular.

Composición Corporal

Como se discutió en el Capítulo 2, la composición corporal es la relación existente entre el peso magro y el peso de grasa. Si el porcentaje de grasa es muy alto, la persona se considera obesa. Desde hace tiempo se ha considerado a la obesidad como un factor de riesgo coronario. El mantenimiento del peso corporal (porcentaje de grasa) recomendado es esencial en todo programa de reducción de riesgo cardiovascular. Las directrices para el control de peso corporal se encuentran en el Capítulo 6.

Lipidos Sanguineos

Los lípidos sanguíneos son *substancias solubles en grasa* y este término se usa primordialmente en referencia al colesterol y los triglicéridos. Debido a su incapacidad de flotar en el medio acuoso sanguíneo, las grasas son empacadas y transportadas por complejas moléculas denominadas lipoproteínas.

Para quien nunca hayan tenido un examen lípido sanguíneo, este es altamente recomendado. El examen incluye el colesterol total, el colesterol de lipoproteínas de alta densidad (colesterol-HDL), el colesterol de lipoproteínas de baja densidad (colesterol-LDL), y los triglicéridos. Una considerable elevación de lípidos sanguíneos claramente contribuye a enfermedades del corazón y los vasos sanguíneos.

Se estima que el factor de más peso en el desarrollo de la enfermedad coronaria es el mal perfil de lípidos sanguíneos, causante de casi la mitad de todos los casos observados. La recomendación del Programa Nacional de Educación del Colesterol (NCEP) es de mantener el nivel de colesterol total por debajo de 200 mg/dl (véase la Tabla 7.2). Niveles entre 200 y 239 mg/dl son algo elevados. Un nivel de 240 mg/dl o más alto se considera de gran riesgo cardiovascular. Aproximadamente el 52% o 94.6 millones de adultos en los Estados Unidos tienen un nivel de colesterol total mayor a 199 mg/dl y el 20% tienen valores mayores a 239 mg/dl.[7]

Muchos profesionales de la medicina preventiva recomiendan un nivel de colesterol total entre 160 y 180 mg/dl. En los niños esta cifra debe mantenerse por debajo de 170 mg/dl. En el Estudio del Corazón de Framingham, un proyecto longitudinal en la comunidad de Framingham, Massachusetts, el cual lleva más de 40 años de iniciado, ni un sólo

TABLA 7.2 ❖ Indice de los Lípidos Sanguíneos

Colesterol Total	≤ 200 mg/dl	Deseable
	201–239 mg/dl	Riesgo moderado
	≥ 240 mg/dl	Alto riesgo
Colesterol LDL	≤ 130 mg/dl	Deseable
	131–159 mg/dl	Riesgo moderado
	≥ 160 mg/dl	Alto riesgo
Colesterol HDL	≥ 45 mg/dl	Deseable
	36–44 mg/dl	Riesgo moderado
	≤ 35 mg/dl	Alto riesgo
Triglicéridos	≤ 125 mg/dl	Deseable
	126–499 mg/dl	Riesgo moderado
	≥ 500 mg/dl	Alto riesgo

Fuente informativa: National Cholesterol Education Program

individuo con un nivel de colesterol total por debajo de 151 mg/dl ha sufrido de un ataque cardíaco.[8]

De aun mayor importancia es la forma como se transporta el colesterol en la sangre. El colesterol, *una substancia cerosa que se encuentra solamente en grasas animales y aceites*, es transportado fundamentalmente por lipoproteínas de alta y baja densidad. Las lipoproteínas de alta intensidad (HDL) *atraen al colesterol, el cual es llevado al hígado para ser metabolizado y eliminado del cuerpo*. Las HDL desempeñan la función de una "aspiradora," removiendo el colesterol libre del cuerpo, evitando así la aterosclerosis o *formación de la placa ateromatosa en las arterias*. El colesterol-LDL, por el contrario, *tiende a dejar libre al colesterol, permitiéndole así penetrar las paredes arteriales y acelerar el proceso ateromatoso*. Las directrices del NCEP establecen que el nivel idóneo de colesterol-LDL debe conservarse por debajo de 130 mg/dl, entre 130 y 159 mg/dl es algo alto, y un nivel de 160 mg/dl o mayor es de alto riesgo cardiovascular.

Mientras mayor el nivel de colesterol-HDL, mejor para la salud. Al colesterol-HDL se le denota como el "buen colesterol" porque este ofrece protección contra enfermedades del corazón. Las evidencias científicas sugieren que un nivel bajo de HDL podría ser el factor más indicativo de predisposición a la enfermedad coronaria, más aun que el nivel total. Una abundancia de estudios han mostrado que un nivel bajo de colesterol-HDL presenta la relación más clara con la enfermedad coronaria a todos los niveles de colesterol total, inclusive cuando se encuentra por debajo de 200 mg/dl. El nivel recomendado de colesterol-HDL para disminuir el riesgo de enfermedad es de 45 mg/dl o mayor. Un nivel por debajo de 35 mg/dl es visto como un factor positivo o de alto riesgo para esta enfermedad. Un nivel de HDL por encima de los 65 mg/dl es categorizado como un factor de riesgo negativo o uno que disminuye el riesgo coronario.

Si se logra aumentar el colesterol-HDL, se mejora el perfil de colesterol y se disminuye el riesgo de enfermedad. El ejercicio aeróbico rutinario (con una intensidad mayor a 6 METs), la pérdida de exceso de peso, y dejar de fumar, ayudan a incrementar los niveles de colesterol-HDL. El consumo de suficiente beta-caroteno, substituyendo grasas saturadas con grasas monoinsaturadas (sin que se pasen del 30% del consumo calórico total) y la terapia médica, también pueden ayudar a aumentar el colesterol-HDL.

Si el nivel de colesterol-LDL es mayor al ideal, se puede disminuir perdiendo grasa corporal, con medicamentos, y con cambios de dieta. Una dieta alta en fibras y baja en grasas, grasas saturadas, y colesterol se recomienda para reducir los niveles de colesterol-LDL. El NCEP recomienda que se sustituyan las grasas saturadas con grasas monoinsaturadas (como los aceites de oliva, canola, maní, y semillas de sesamo), porque estas disminuyen el colesterol-LDL, pero no afectan el colesterol-HDL.

Muchos expertos opinan que para realmente reducir los niveles de colesterol-LDL, el consumo de grasa debe reducirse considerablemente más allá de la recomendación actual de un 30% del total calórico diario. Igualmente, el consumo de grasas saturadas debe estar muy por debajo del 10% del consumo calórico total diario recomendado para personas "saludables." El consumo diario de colesterol en sí debe mantenerse bien por debajo de 300 mg por día.

Las grasas saturadas se encuentran fundamentalmente en carnes y productos lácteos y casi nunca en alimentos de origen vegetal. Las carnes de ave y el pescado contienen menos grasa saturada que la carne de res. Por ello se pueden ingerir en moderación (de 3 a 6 onzas por día). Grasas insaturadas son fundamentalmente de origen vegetal y no pueden ser transformadas a colesterol.

El efecto antioxidante de las vitaminas C y E y el beta-caroteno también pueden reducir el riesgo coronario.[9] Información reciente sugiere que un simple radical libre inestable (un compuesto de oxígeno producido durante el metabolismo regular) puede dañar las moléculas LDL. La vitamina C parece inactivar los radicales libres y la vitamina E protege la oxidación de las LDL. El beta-caroteno no sólo absorbe los radicales libres, pero también parece aumentar los niveles de HDL.

Las observaciones clínicas han demostrado que es muy difícil reducir el colesterol sanguíneo total con una dieta de 30% de calorías en grasa. Más aun, la aterosclerosis en las arterias coronarias continúa en los pacientes que consumen esta cantidad de grasa. No obstante, las buenas noticias provienen de un estudio publicado en el año 1991 en los *Archives of Internal Medicine*.[10] En el reportan que en tan sólo tres semanas, tanto los hombres como las mujeres en el estudio lograron reducir el colesterol en un promedio de 23% con una dieta de menos de 10% de grasa combinada con un programa regular aeróbico (más que nada caminatas). Durante el estudio, el consumo alimenticio de colesterol se limito a no más de 25 mg por día. Los autores del estudio concluyeron que el porcentaje exacto de consumo de grasas (10% o 15%) no se conoce (también varia entre personas), pero que un 30% del total calórico en grasas es definitivamente demasiado alto cuando se esta tratando de reducir el colesterol.

Una ingesta de 10% de calorías en grasa permite solamente un mínimo consumo de grasas. Algunos profesionales en el campo de la salud han indicado que es muy difícil mantener indefinidamente una dieta de este tipo. No obstante, las personas con colesterol elevado, no tienen que mantener esta dieta (10% de grasas) indefinidamente. Ellos pueden adoptar la recomendación del 10% mientras están buscando reducir el colesterol sanguíneo. Una vez alcanzada su meta, una dieta de un 30% de calorías en grasa, "podría" ser adecuada para mantener los niveles de colesterol recomendados (los datos estadísticos en 1991 indicaron que el consumo promedio diario de grasas en los Estados Unidos esta en el orden de un 37% del total calórico; véase la Figura 5.2 en el Capítulo 5).

Una desventaja de dietas muy bajas en grasa (menos del 25%) es de que también tienden a reducir el colesterol-HDL y a aumentar los triglicéridos. Si el nivel del colesterol-HDL ya es bajo, se debe agregar a la dieta grasas monoinsaturadas, como por ejemplo el aceite de oliva y las nueces. Le sugerimos consultar un texto especializado para obtener más información sobre alimentos ricos en grasas monoinsaturadas.

Las siguientes directrices dietéticas se recomiendan para reducir los niveles de colesterol-LDL:

1. Consuma menos de tres huevos por semana.
2. Consuma carnes rojas (3 onzas por ración) no más de tres veces por semana, evitando las viseras como el hígado y los riñones.
3. No consuma alimentos preparados comercialmente.
4. Tome leche descremada (preferiblemente use 1% o menos en grasa) y productos lácteos bajos en grasa.
5. No use aceite de coco, aceite de palma, o mantequilla de coco.
6. Coma pescado en vez de carnes rojas.
7. Prepare los alimentos al horno, asados, en agua, o al vapor, en lugar de freírlos.
8. Refrigere las carnes cocidas antes de usarlas en otros platos para quitarle la mayor cantidad de grasa posible.
9. Evite salsas o aderezos ricos en grasas, mantequilla, crema, o queso.
10. Mantenga un peso corporal recomendado.

Los triglicéridos, también conocidos como ácidos grasos libres, en combinación con el colesterol aceleran el proceso de la formación de la placa ateromatosa. *Los triglicéridos son transportados en la corriente sanguínea* por las lipoproteínas de muy baja densidad (VLDL) y los quilomicrones. Los triglicéridos se encuentran en la piel de aves, los embutidos, y los mariscos de concha dura; pero fundamentalmente son sintetizados (fabricados) en el hígado a partir de azúcares, almidones, y alcohol. El consumo elevado de alcohol y azúcares (incluyendo la miel) aumenta considerablemente el nivel de triglicéridos. Para reducir los triglicéridos, se reduce consumo de los alimentos mencionados, se pierde exceso de peso, y se participa en ejercicios aeróbicos. El nivel normal de triglicéridos debe estar por debajo de 250 mg/dl (véase la Tabla 7.2).

Diabetes

La diabetes mellitus es una *condición en la cual la glucosa sanguínea no puede entrar a la célula debido a que el páncreas deja de producir insulina o no produce suficiente para suplir la necesidad corporal.* La incidencia de enfermedades y mortalidad cardiovascular es bastante alta en pacientes diabéticos. Las personas con niveles cronicamente elevados de glucosa sanguínea también presentan problemas con el metabolismo de las grasas. Esto les hace más susceptibles a la aterosclerosis, incrementa el riesgo coronario y de otros problemas de salud como la perdida de la visión y el daño renal.

Aunque la diabetes puede tener influencia genética, la diabetes adulta (Tipo II) esta relaciona con el sobreconsumo alimenticio, la obesidad, y la falta de actividad física. Aproximadamente el 70% de los diabéticos de Tipo II padecen de sobrepeso, o en alguna ocasión han sido obesos. En la mayoría de los casos, la enfermedad puede corregirse a través de una dieta específica, una reducción de peso, y un programa regular de ejercicios aeróbicos. Una dieta alta en fibras solubles en agua (encontradas en frutas, vegetales, avena, y frijoles) es valiosa en el tratamiento de la diabetes. Se prescribe un sencillo programa aeróbico (caminatas, ciclismo, o natación de cuatro a cinco veces por semana) porque este aumenta la sensibilidad del cuerpo a la insulina. Las personas con niveles elevados de glucosa deben consular con el médico para buscar la mejor forma de tratamiento.

Electrocardiograma Anormal

El electrocardiograma (ECG o EKG) *provee un registro de los impulsos eléctricos que estimulan la contracción cardíaca.* Los ECGs se pueden tomar en reposo, durante el ejercicio, y durante la recuperación del ejercicio. A un ECG durante el ejercicio también se le llama ECG de esfuerzo o *prueba de tolerancia al ejercicio máximo.* En forma similar a una prueba de alta velocidad para un carro, el ECG de esfuerzo revela la tolerancia del corazón al ejercicio de alta intensidad. En base a los resultados, el ECG se diagnostica como normal, equívoco, o anormal.

El ECG de esfuerzo se usa rutinariamente para diagnosticar la enfermedad coronaria. También se administra para determinar la aptitud cardiorespiratoria, evaluar personas para programas preventivos y de rehabilitación cardíaca, evaluar la presión arterial durante el ejercicio, y establecer la verdadera frecuencia cardíaca máxima o funcional para la prescripción del ejercicio cardiorespiratorio.

No todo adulto que desea iniciar o continuar un programa de ejercicios necesita un ECG de esfuerzo. Las siguientes directrices se pueden usar para determinar a quienes y cuando se debe administrar esta prueba:

1. Hombres mayores de 40 años y mujeres mayores de 50 años.
2. Un nivel de colesterol total de más de 200 mg/dl o un nivel de colesterol-HDL menor a 35 mg/dl.
3. Pacientes hipertensos y diabéticos.
4. Fumadores de cigarrillos.
5. Personas con historial familiar de enfermedad coronaria, síncope, o muerte repentina anterior a la edad de 60 años.
6. Personas con un ECG anormal de reposo.
7. Toda persona con síntomas de malestar de pecho, anomalías rítmicas del corazón, síncope, o incompetencia cronotropica (una frecuencia cardíaca que aumenta muy despacio durante el ejercicio y nunca alcanza el nivel máximo).

Cigarrillo

Más de 47 millones de adultos y 3½ millones de adolescentes fuman en los Estados Unidos. El habito del cigarrillo es la causa evitable más grande de enfermedades y muertes prematuras en este país. Si se consideran todas las muertes relacionadas al tabaquismo, este es responsable por más de 400,000 muertes innecesarias cada año. El cigarrillo ha sido vinculado a las enfermedades cardiovasculares, el cáncer, la bronquitis, la enfisema, y úlceras pépticas.

Del total de muertes anuales por el tabaquismo, unas 53,000 son en no-fumadores expuestos diariamente al humo del cigarrillo (humo de segunda mano o tabaquismo pasivo). La incidencia de problemas cardíacos graves y fatales aumenta considerablemente en la gente expuesta al tabaquismo pasivo. Unas 37,000 muertes cardíacas al año se deben al humo de segunda mano. Debido a la pequeña adaptación a los efectos tóxicos en el fumador, los efectos adversos del cigarrillo por el tabaquismo pasivo son peores en el no-fumador. Al tabaquismo pasivo se le considera coma la tercera causa más grande de muertes evitables en los Estados Unidos.[11] El tabaquismo pasivo es un factor de riesgo muy significativo tanto en niños como adultos.

En relación a la enfermedad coronaria, el habito del cigarrillo no tan sólo acelera la formación de la placa ateromatosa, sino también tríplica el riesgo de muerte repentina después de un ataque al corazón. El cigarrillo aumenta la frecuencia cardíaca y la presión arterial. También irrita al corazón, predisponiendolo a las arritmias cardíacas (ritmos irregulares). ¡En lo que se refiere al esfuerzo adicional para el corazón, dejar de fumar una cajetilla de cigarrillos al día equivale a perder entre 50 y 75 libras de grasa corporal! Otro efecto nocivo, es la disminución del colesterol-HDL, el colesterol "bueno" que ayuda a regular los lípidos sanguíneos.

Fumar pipa y tabacos (puros) o masticar tabaco (chimó) también incrementa el riesgo cardiovascular. Aun si no se inhala el humo, muchas sustancias nocivas terminan en la sangre ya que se absorben a través de las membranas de la boca. Las personas que usan el tabaco en estas formas incrementan considerablemente el riesgo de cáncer oral.

El cigarrillo, un mal perfil del colesterol, una baja aptitud física, y la hipertensión, son los cuatro factores de riesgo primordiales conducentes a la enfermedad coronaria. El riesgo de sufrir enfermedades cardiovasculares y el cáncer comienzan a disminuir en el mismo momento que se deja de fumar. Respectivamente, 10 y 15 años después de dejar de fumar, el riesgo es igual al de una persona que nunca halla fumado en su vida.

Dejar de fumar no es una tarea fácil. Las encuestas indican que 9 de cada 10 fumadores desean dejar de fumar. Anualmente, solamente el 20% de los que intentan dejar de fumar por primera vez logran hacerlo. La adicción a la nicotina y al humo del cigarrillo hacen que sea muy difícil dejar de fumar. El fumador sufre síntomas de desprendimiento físico y psicológico cuando deja de fumar. Aun sí dejar de fumar es sumamente difícil, no es de ninguna manera una "misión imposible."

El factor más importante para dejar el habito, es el sincero deseo y la determinación de querer hacerlo. Más del 95% de los que han podido dejar de fumar, lo han logrado por si solos; bien sea repentinamente o usando programas de ayuda propia distribuidos por organizaciones como la Sociedad Americana del Cáncer, la Asociación Americana del Corazón, o la Asociación Americana del Pulmón. Solamente el 3% de los ex-fumadores lo han hecho con ayuda profesional. En la Figura 7.6 se presenta un plan detallado para dejar de fumar en seis pasos.

Tension y Estres

La tensión y el estrés forman parte normal de la vida moderna. Todos tenemos que cumplir con metas, plazos, obligaciones, y responsabilidades. Casi todas las cosas en la vida, bien sean positivas o negativas, pueden causar estrés. El factor causante del estrés no es el que crea problemas para la salud, sino la forma como la persona responde a esta situación es la que crea los problemas. Al estrés se le define como *la respuesta no-especifica del cuerpo a cualquier tipo de demanda que se le imponga.*

La respuesta del organismo al estrés ha sido la misma desde que el ser humano apareció sobre la faz de la tierra. El estrés prepara al cuerpo a reaccionar contra el agente causante del estrés. Los agentes causantes del estrés pueden ser de índole biológica (enfermedades), psicológicas (depresión, confianza), sociológicas (éxito, fracaso, aceptación social) y filosóficas (valores espirituales). Los problemas son causados por la forma en que reaccionamos a las situaciones de estrés. Muchas personas prosperan en situaciones de estrés, mientras otras, en circunstancias similares, no pueden funcionar. La reacción personal al factor causante del estrés determina si el estrés es positivo o negativo.

El estrés se clasifica en eustrés (estrés positivo) y destrés (estrés negativo). En el caso del eustrés, la salud y capacidad de trabajo continúan mejorando aun en la medida que incrementa el estrés. El destrés, por otra parte, implica angustia o estrés negativo bajo el cual la salud la y capacidad de trabajo se deterioran.

Toda persona posee un nivel óptimo de estrés que es conducente a la buena salud y capacidad de trabajo. Sin embargo, cuando el nivel de estrés llega al limite mental, emocional, y fisiológico, el eustrés se convierte en destrés y la persona ya no funciona efectivamente.

Los individuos que confrontan demasiado estrés y no pueden calmarse sobrecargan constantemente al sistema cardiovascular. Eventualmente esta contínua sobrecarga puede resultar en enfermedades cardíacas. Más aun, el destrés crónico aumenta el riesgo de otras enfermedades como la hipertensión, los desordenes alimenticios, las úlceras, la diabetes, el asma, la depresión, las jaquecas, el insomnio, la fatiga crónica, y hasta ciertos tipos de canceres. Reconocer cuando el eustrés se transforma de destrés, y actuar eficazmente en contra de el, es vital para mantener la estabilidad emocional y fisiológica.

Sobrevivir hoy en día es prácticamente imposible sin practicar técnicas de manejo del estrés. Quizás los tres métodos más efectivos en el manejo del estrés son el ejercicio físico, el relajamiento muscular progresivo, y las técnicas de respiración.

Ejercicio Físico

El ejercicio físico es una de los instrumentos más efectivos en el manejo del estrés. El ejercicio y la buena aptitud física se piensa reducen la intensidad de la respuesta al estrés y el tiempo de restablecimiento después de un episodio de estrés. Aunque el valor del ejercicio en la reducción del estrés esta relacionado a varios factores, fundamentalmente se debe a la reducción de la tensión muscular.

Por ejemplo: una persona que se siente angustiada porque ha tenido un día pésimo en la oficina. Ocho horas de trabajo en una oficina llena de humo de cigarrillo y con un jefe totalmente intolerable. Para agravar la situación, ya se ha hecho tarde y en el camino a casa el vehículo de adelante anda muy por debajo del limite de la velocidad. El mecanismo de "pelear o correr" se activa. *La frecuencia cardíaca y la presión arterial suben a las nubes, la respiración se hace más constante y profunda, los músculos se ponen tensos, y todo sistema corporal da "la voz de partida."* Sin embargo, la persona tiene "las manos atadas." No puede disipar el estrés porque simplemente no puede pegarle al jefe o al carro que va adelante. En tales casos, la forma más sencilla de disipar el estrés es "pegándole" a una pelota de tenis, "dándole" a las pesas, nadando, o trotando por un

Los siguientes seis pasos han sido desarrollados como una guía para ayudarle a dejar de fumar. El programa debe realizarse en cuatro semanas o menos. Los pasos del 1 al 4 deben cumplirse en no más de dos semanas. Un máximo de dos semanas adicionales se permiten para el resto del programa.

1 Resuelva de una vez por todas que va a dejar de fumar. Prepare una lista de las razones por las cuales fuma y por las cuales quiere dejar de fumar.

2 Inicie un programa de ejercicio y control de peso. El ejercicio y la perdida de peso le harán sentir mejor y más saludable, motivándole aun más a abandonar el cigarrillo.

3 Decida que método usará para dejar de fumar. Puede dejar de fumar de un sólo golpe (corte frío) o progresivamente disminuyendo el numero de cigarrillos fumados cada día. Mucha gente ha encontrado que abandonar el habito de un sólo golpe es más fácil. Tal vez no tenga exito la primera vez, pero después de varios intentos, de pronto se le hará muy fácil. La disminución progresiva se puede hacer en varias formas: (a) eliminando los cigarrillos que realmente no le son necesarios durante el día, (b) cambiando a marcas más bajas en nicotina y brea cada dos días, (c) fumando menor parte de cada cigarrillo, o (d) permitiéndose sólo cierto numero diario de cigarrillos.

4 Fije el día en que dejará de fumar. Para motivarle aun más, elija un día especial como el día de cumpleaño, aniversario de boda, fecha de grado, unas vacaciones, una reunión familiar — todas estos días son buenas fechas para librarse del habito de fumar.

5 Almacene alimentos de bajo contenido calórico: zanahorias, brócoli, coliflor, apio España, celery, palomitas de maíz (sin sal y mantequilla), frutas, semillas de girasol (con concha), goma de mascar (sin azúcar), y abundante agua. Mantenga estos alimentos a la mano el día en que va a dejar de fumar y por unos cuantos días después. Sustituya los cigarrillos por alimentos cuando sienta deseos de fumar.

6 Este es el día en el que finalmente dejará de fumar. En este día y por los próximos días, no deje cajetillas de cigarrillos a la mano. Aléjese de amistades que fuman y sitios que le incentivan a fumar. Tome bastante agua, jugos de fruta, y coma alimentos bajos en calorías. Sustituya el habito viejo (fumar) con hábitos nuevos. Llene el tiempo que se la pasaba fumando con actividades saludables que le dificulten o imposibilíten fumar. Cuando quiera un cigarrillo, respire profundamente y ocupese con otras actividades como conversar con un amigo, lavarse las manos, cepillarse los dientes, consumir un bocadillo nutritivo, mascar un pitillo, lavar los trastos (losa), participar en deportes, caminar, nadar, o pasear en bicicleta.

Si ha logrado dejar de fumar, hay muchas actividades que aun le harán desear un cigarrillo. En estas situaciones muchas personas piensan, "un cigarrillo no me hará daño." ¡Olvídese, si le hará daño!. Antes de que pueda parpadear se habrá convertido nuevamente en fumador crónico. En vez, prepárese de antemano para responder adecuadamente en tales situaciones. Busque sustitutos adecuados para el cigarrillo. Piense cuan difícil ha sido y cuanto tiempo le tomó poder dejar de fumar. Con el tiempo se le hará más fácil, y no más difícil, mantenerse alejado del cigarrillo.

FIGURA 7.6 ❖ Guía para dejar de fumar.

La actividad física es un método muy eficaz para combatir el estrés.

precioso sendero. A través del ejercicio, es posible reducir las tensiones musculares y eliminar los cambios fisiológicos que desataron el mecanismo de "pelear o correr."

El ejercicio ha beneficiado la salud y calidad de vida de millones de personas. Sin embargo, para un pequeño grupo de personas el ejercicio puede convertirse en una conducta obsesionante, adictiva, y conducente al sobrentrenamiento. Los que se ejercitan compulsivamente, frecuentemente expresan sentimientos de culpabilidad y angustia cuando pierden un día de entrenamiento. Estas personas continúan entrenando aun cuando están lesionadas y enfermas, en vez de permitirle al cuerpo reposar para el restablecimiento de la salud. Bajo estas circunstancias, el ejercicio se convierte en un agente biológico causante de estrés, contribuyendo al deterioro de la salud y la capacidad de trabajo.

Como factor causante de estrés biológico, el ejercicio compulsivo o sobrentrenamiento produce síntomas fisiológicos y psicológicos. Casi cualquier tipo de actividad física (trote, baloncesto, aeróbicos) ejecutados a niveles de muy alta intensidad o por demasiado tiempo (sobrentrenamiento) puede perjudicar el bienestar físico y emocional de la persona.

Los síntomas psicológicos del sobrentrenamiento incluyen poca motivación, depresión, insomnio, mayor irritabilidad, y falta de confianza en si mismo. Los síntomas fisiológicos incluyen las lesiones oseo/musculares, disminución de la capacidad de trabajo, recuperación lenta del

entrenamiento, fatiga crónica, pérdida del apetito, perdida de peso y tejido magro, aumento de grasa corporal, aumento de tensiones musculares, aumento de la frecuencia cardíaca y presión arterial en reposo, y hasta aberraciones en el ECG. Si se siente cualquiera de estos síntomas, se debe evaluar el programa de entrenamiento y hacer los ajustes necesarios. Las personas que exceden las directrices para el desarrollo y mantenimiento de la aptitud física (véanse los Capítulos 3 y 4), entrenan por razones otras a la salud . . . y en algunos casos, sólo están contribuyendo al deterioro de una situación ya de por más, muy angustiosa.

Relajamiento Muscular Progresivo

Una de las formas más populares para combatir el estrés es la técnica del relajamiento muscular progresivo. Esta técnica le enseña al individuo a sentir la sensación del relajamiento profundo. La técnica *requiere la contracción y relajamiento de los grupos musculares de todo el cuerpo.* Debido a que el estrés produce alta tensión muscular, conociendo la sensación producida por la contracción y el relajamiento progresivo de los músculos ayuda a eliminar la tensión muscular y a la vez le enseña al cuerpo a relajar cuando así se requiere hacerlo. Conociendo la tensión que se siente durante los ejercicios de relajamiento prepara a la persona a confrontar el estrés, puesto que tensiones similares se sienten durante situaciones de estrés. En la vida cotidiana, tales sensaciones indican que es tiempo de realizar los ejercicios de relajamiento.

Los ejercicios de relajamiento deben realizarse en un lugar quieto, agradable, y bien ventilado. El recomendado numero de ejercicios y la duración de cada sesión de relajamiento varía entre los expertos. De mucha importancia es prestar atención a las sensaciones producidas cada vez que se contraen y se relajan los músculos. Preferiblemente, cada sesión debe incluir todos los grupos musculares. Un ejemplo de una secuencia de estos ejercicios se provee en la Figura 7.7. Las instrucciones se pueden leer (a la persona), memorizar, o grabar en una cinta. Un mínimo de 20 minutos deben apartarse para realizar la secuencia completa. Si los ejercicios se hacen con demasiada rapidez, no se deriva beneficio de ellos. Idealmente se debe repetir la secuencia dos veces al día.

Acuéstese cómodamente en el suelo con la cara hacia arriba y una almohada debajo de las rodillas. Permita que su cuerpo se relaje completamente. Realice las contracciones en la secuencia dada, pero sin esforzarse al máximo. Cada contracción debe limitarse a un 70% de la capacidad máxima para prevenir calambres o lesiones musculares. Durante la sesión, concentrese en la sensación producida por la contracción y el relajamiento muscular. Esto es esencial para que el cuerpo aprenda a relajar. Las contracciones se deben mantener por 5 segundos y luego se relaja completamente el (los) músculo(s). Asegúrese de tomar suficiente tiempo para cada ciclo de contracción y relajamiento, antes de iniciar la siguiente instrucción verbal.

1. Estire completamente la punta de los pies hacia adelante, doblando los dedos hacia abajo. Examine la tensión en los arcos del pie. Aguante la posición y continué estudiando la tensión, luego relaje y repítalo una vez más.

2. Flexione el pie (tobillo) hacia arriba y sienta la sensación en los pies y la pantorrilla. Aguante la posición, relaje, y repita la acción una segunda vez.

3. Empuje los talones hacia el piso como si estuviese enterrándolos en la arena. Aguante la posición y sienta la tensión en la parte posterior del muslo. Relaje y repita el ejercicio.

4. Contraiga el muslo derecho, estirando y despegando levemente la pierna del piso. Mantenga la posición y estudie la tensión. Relaje y repita la acción con la pierna izquierda y luego una segunda vez con cada pierna.

5. Contraiga los gluteos (asentaderas) y levante muy levemente las caderas. Mantenga la tensión, relaje, y repita el movimiento.

6. Contraiga los músculos abdominales. Sosténgalos con firmeza y sienta la tensión. Relaje y repítalo una vez más.

7. Apreté el estómago — trate de pegar el abdomen a la columna vertebral y pegue la espalda al piso. Aguante la posición, estudie la tensión en el abdomen y la parte baja de la espalda. Relaje y repita la acción una segunda vez.

8. Respire profundamente, aguante la respiración, y exhale. Repita esta acción. Observe como la respiración se hace más lenta y cómoda.

9. Coloque las manos a los lados del cuerpo y apreté los puños. Aguante la posición, relaje, y repita la acción otra vez.

10. Flexione los codos, llevando ambas manos hacia los hombros. Mantenga la posición y sienta la contracción en los bíceps. Relaje y repita el ejercicio.

11. Coloque las manos con las palmas hacia arriba y empuje los antebrazos contra el piso. Note la tensión en el tríceps. Aguante la posición, relaje, y repita el movimiento.

12. Mueva los hombros hacia adelante tanto como le sea posible. Mantenga la posición, relaje, y repita la acción una segunda vez.

13. Suavemente empuje la cabeza hacia el piso, estudie la tensión en la parte posterior del cuello. Aguante la posición, relaje, y repita esta acción.

14. Lleve suavemente la cabeza hacia el pecho, empújela hacia adelante, mantenga la posición y sienta la tensión en la espalda. Relaje y repítalo por segunda vez.

15. Empuje la lengua contra el paladar. Aguante la posición, relaje, y repitase por segunda vez.

16. Apreté la boca con los dientes, aguante la posición, relaje, y repita una vez más.

17. Cierre los ojos fuertemente, aguantelos cerrados, y estudie la tensión. Relaje y repita la acción.

18. Arrugue la frente, sienta la tensión, aguante, relaje, y repita la acción.

FIGURA 7.7 ♣ Secuencia del relajamiento muscular progresivo.

Si el tiempo no se lo permite y no puede hacer la secuencia entera, puede hacer solamente los ejercicios para las partes en donde se siente la tensión. Realizar los ejercicios específicos para estas partes del cuerpo siempre es mejor que no hacer nada al respecto. Desde luego, realizar la secuencia completa da mejores resultados.

Ejercicios de Respiración

Las técnicas de respiración también se pueden usar como un antídoto contra el estrés. Estos ejercicios han sido practicados por siglos en el Oriente y la India con el propósito de fomentar la fortaleza mental, física, y espiritual. El objetivo de estos ejercicios es *inhalar aire para "botar las tensiones" y suplir a todo el cuerpo con aire fresco.* Los procedimientos de respiración se pueden aprender en unos cuantos minutos y requieren de menor tiempo que las otras técnicas de manejo del estrés. Un ejemplo de estas técnicas se presenta en la Figura 7.8.

Predisposición Personal y Familiar

Las personas que poseen un historial clínico familiar o que ya han padecido de enfermedades cardiovasculares tienen mayor riesgo que aquellas que no tienen este historial clínico. Si bien la mayoría de los factores de riesgo son reversibles, las personas con historial clínico deben tratar de mantener todos los factores lo más bajo posible. De esta manera reducirán considerablemente futuros problemas cardiovasculares.

Edad y Genero del Individuo

La edad es un factor de riesgo por el incremento en la incidencia de enfermedades cardiovasculares en personas de mayor edad. El riesgo aumenta en hombres después de los 45 años y en mujeres sobre los 55. Esta tendencia se induce parcialmente por cambios en patrones de conducta en la medida que avanzamos en edad (menos actividad física, peor

---

Para realizar estos ejercicios se necesita una habitación tranquila, cómoda, y bien ventilada. Cualquiera de los tres ejercicios indicados a continuación se puede realizar cuando se sienta estrés.

Respiratión Profunda: Acuéstese con la espalda plana sobre el piso, coloque una almohada debajo de las rodillas, mantenga los pies ligeramente separados, y las puntas de los pies hacia afuera (este ejercicio también se puede realizar sentado o parado). Coloque una mano en el abdomen y la otra sobre el pecho. Respire lentamente de tal manera que pueda ver subir la mano sobre el abdomen con la inhalación y bajar con la expiración. La mano sobre el pecho no debe moverse casi nada. Repita el ejercicio unas 10 veces. Luego examine (sienta) su cuerpo y trate de localizar cualquier área de tensión. Compare la tensión actual con la que sintió antes de empezar el ejercicio. Repita todo el proceso una o dos veces más.

Suspiros: Usando la técnica de respiración abdominal, inhale por la nariz en la medida que cuenta hasta cierto numero (...4, 5, 6). Ahora bote el aire con los labios fruncidos y cuente al doble de la inhalación (...10, 11, 12). Repita el ejercicio de 8 a 10 veces cada vez que se sienta tenso.

Respiración Completamente Natural: Siéntese o párese en posición vertical. Respire por la nariz y progresiva-- mente llene los pulmones del fondo hacia arriba. Aguante la respiración por varios segundos. Ahora exhale lentamente, permitiendo un completo relajamiento del pecho y el abdomen. Repita el ejercicio de 8 a 10 veces.

FIGURA 7.8 ❖ Ejercicios de respiración para el control de estrés.

nutrición, y obesidad para mencionar algunos). El hombre sufre mayor riesgo a edad más temprana que la mujer. No obstante, el riesgo aumenta en la mujer después de la menopausia. De acuerdo a las estadísticas finales de mortalidad del año 1991, un mayor numero de mujeres (479,359) que hombres (446,702) murieron a causa de enfermedades cardiovasculares.[12]

Las generaciones jóvenes no deben asumir que las enfermedades del corazón no les afectarán a ellos. El curso de la enfermedad tiene sus inicios en la juventud. Autopsias de soldados de 22 años (y menos) fallecidos en los conflictos de Corea y Vietnam revelaron que aproximadamente el 70% de ellos presentaban fases iniciales de placas ateromatosas. Otros estudios han encontraron niveles elevados de colesterol en niños de 10 años de edad.

Si bien el proceso de envejecimiento es inevitable, este se puede retardar. El concepto de edad cronológica (número de años) contra edad funcional (capacidad fisiológica) es importante en la prevención de enfermedades. Algunas personas de 60 años o mayores poseen el organismo de jóvenes de 20 años. Igualmente, jóvenes de 20 años a veces están tan fuera de condición física que en realidad poseen la capacidad funcional de una persona de 60 años. El efectivo control de los factores de riesgo y los patrones de conducta son las mejores armas para retardar la vejes.

CANCER

El crecimiento celular es controlado por los ácidos desoxiribonucléico (ADN) y ribonucléico (ARN) que constituyen el material genético en el núcleo célular. Cuando el núcleo de la célula pierde la capacidad de regular y controlar el crecimiento celular, la división celular se desorganiza y pueden desarrollarse células mutantes. Es posible que algunas de estas células crezcan anormalmente y fuera de control formando una masa de tejido o tumor que podría ser benigno o maligno. Un tumor benigno no invade otros tejidos y por lo tanto *no es canceroso*. Estos tumores pueden interferir con funciones normales del cuerpo, pero por lo general no causan la muerte. Un tumor maligno es *canceroso*.

Al cáncer se le define como un *grupo de enfermedades caracterizadas por el crecimiento y proliferación incontrolable de células anormales hasta dar formación a tumores malignos*. Más de 100 formas de cáncer pueden desarrollarse en cualquier tejido u órgano del cuerpo humano. Más del 23% de las muertes anuales en los Estados Unidos son causadas por el cáncer. Actualmente se reportan 1.2 millones de casos nuevos y más de medio millón de personas mueren por esta enfermedad cada año.

Las células cancerosas crecen y se multiplican sin razón y en el proceso destruyen tejidos normales. Si la proliferación de células no es controlada, la muerte es eminente. Normalmente una célula puede dividirse hasta 100 veces y la molécula ADN se replican exactamente durante la división celular. En algunos casos esta molécula no se replica como es debido, pero ella es reparada rápidamente por enzimas especializadas en el núcleo celular. Ocasionalmente, las células con ADN defectuosos continúan dividiéndose hasta formar un pequeño tumor. En la medida que aumentan las mutaciones, las células defectuosas continúan dividiéndose y pueden llegar a formar un tumor maligno. Diez años o más pueden pasar desde el tiempo en que la persona fue expuesta al agente carcinogénico o el desarrollo inicial de mutaciones y la aparición del cáncer.

Un punto crítico en la formación del cáncer es cuando el tumor alcanza aproximadamente un millón de células. Durante esta fase se le denomina Carcinoma en Situ o *un tumor maligno encapsulado que ha sido hallado lo suficientemente temprano de forma que no ha podido invadir otros tejidos*. Si no es localizado, meses y años pueden pasar antes de que el tumor empiece a crecer.

Mientras el tumor se encuentre encapsulado, no representa gran peligro para la salud de la persona. Para crecer, el tumor requiere mayor cantidad de oxígeno y nutrientes. Con el tiempo, algunas células cancerosas producen sustancias que promueven la angiogénesis o *la formación de vasos sanguíneos para alimentar al tumor*. La angiogénesis es el precursor de la metástasis. La Metástasis es el *movimiento de bacteria o células de una parte del cuerpo a otra*. A través de los nuevos vasos sanguíneos algunas células se desprenden del tumor maligno y emigran a otras partes del cuerpo en donde pueden formar otras masas cancerosas.

A pesar de que el sistema inmunológico y la turbulencia sanguínea destruyen la mayoría de las células cancerosas, solamente se requiere una célula maligna que se aloje en otra parte del cuerpo para dar inicio a un nuevo cáncer. Estas células también crecerán y se reproducirán incontrolablemente, destruyendo los tejidos sanos.

Una vez que las células cancerosas inician el proceso de la metástasis, el tratamiento se hace más difícil. La terapia puede destruir la mayoría de las células, pero algunas de ellas desarrollan resistencia a la terapia y pueden formar tumores que no responden a dicha terapia.

Similar a las enfermedades cardiovasculares, el cáncer es fundamentalmente evitable. Hasta un 80% de los canceres están relacionados a patrones de comportamiento y factores ambientales (incluyendo la nutrición, el tabaquismo, el abuso del alcohol, el historial clínico sexual y reproductivo, y la exposición a productos tóxicos en el ambiente).

De igual importancia, en el año 1995 habían más de 8 millones de Americanos que habían sobrevivido el cáncer. Cerca de 5 millones de ellos se consideran curados. Para la mayoría de los pacientes, "curado" representa 5 años libres de síntomas de cáncer después de terminada la terapia médica. La expectativa de vida para estos individuos (curados) es igual a la de personas que nunca han sufrido de cáncer.[13]

La mejor manera de prevenir el cáncer es a través del cambio de hábitos nocivos cultivados a lo largo de muchos años. A continuación se presentan recomendaciones generales que han sido emitidas para la prevención del cáncer (véase también la Figura 7.9).

Cambios Nutritivos

La dieta debe ser baja en grasa, alta en fibra, y debe contener vitaminas A y C de fuentes naturales. El consumo de proteínas debe mantenerse dentro de las directrices de las RDA. Los vegetales crucíferos, *plantas que producen hojas en forma de cruz*, son altamente recomendados. El uso de bebidas alcohólicas debe ser moderado y la obesidad se debe evitar.

El consumo excesivo de grasas ha sido asociado con los canceres del seno, el colon, y la próstata. El consumo bajo de fibras parece incrementar el riesgo del cáncer de colon. Alimentos altos en vitaminas A y C disminuyen el riesgo de canceres

de la laringe, el esófago, y el pulmón. Alimentos ahumados o tratados con sal o nitritos aumentan el riesgo de canceres del esófago y el estómago. La vitamina C resiste la formación de nitrosaminas (sustancias cancerosas que se forman con el consumo de embutidos).

Las zanahorias, las calabazas (squash), la batata dulce, y los vegetales crucíferos (coliflor, brócoli, repollo, repollitos de Bruselas) tienden a proteger contra el cáncer. Estos vegetales contienen bastante beta-caroteno y vitamina C. Los investigadores opinan que el efecto antioxidante de estas vitaminas protege al cuerpo contra los radicales libres del oxígeno.

Como se indicó en el Capítulo 5, durante el metabolismo normal la mayor parte del oxígeno es convertido en moléculas estables de dióxido de carbono y agua. Sin embargo, una pequeña parte termina formando moléculas inestables de radicales libres que atacan y dañan la membrana celular y el ADN, dando así inicio al proceso carcinogénico. Los antioxidantes absorben los radicales libres antes de que causen daño y también pueden interrumpir la secuencia de reacciones una vez que el daño ha comenzado.[14]

Un horizonte lleno de esperanza en la prevención del cáncer es el reciente descubrimiento de los fitoquímicos (véase el Capítulo 5). Estos compuestos se encuentran en abundancia en frutas y vegetales. Los fitoquímicos parecen tener gran influencia en la prevención del cáncer, obstaculizando la formación de tumores cancerosos e interrumpiendo el proceso a cada fase de su formación.[15]

Los fitoquímicos se encuentran en abundancia en las frutas y los vegetales y parecen ejercer un gran efecto en la disminución del riesgo de contraer cáncer.

¿ESTA USTED EJERCIENDO CONTROL?

Muchos científicos indican que la mayoría de los canceres están relacionan a los patrones de vida y al medio ambiente que nos rodea — lo que se come, lo que se toma, en donde se trabaja, en donde se juega. Las buenas noticias son de que usted puede reducir su propio riesgo de contraer cáncer ejerciendo control sobre las conductas diarias.

10 Pasos Para Lograr Una Vida más Saludable y Reducir el Riesgo de Contraer Cáncer

		Sí	No
1.	**¿Esta comiendo usted más vegetales de la familia de los coles o repollos?** Ellos incluyen el brócoli, coliflor, repollitos de Bruselas, todos los repollos, y los bretones (kale).	☐	☐
2.	**¿Está incluyendo más alimentos de alto contenido en fibras?** La fibra se encuentra en los granos integrales y las frutas y vegetales incluyendo duraznos, fresas, papas, espinaca, tomates, trigo, cereales de trigo y afrecho, arroz, palomitas de maíz, y pan de trigo integral.	☐	☐
3.	**¿Escoge usted alimentos ricos en vitamina A?** Frutas y vegetales frescos con beta-caroteno como la zanahoria, duraznos, calabaza (squash), y brócoli son las mejores fuentes y no las pastillas vitamínicas.	☐	☐
4.	**¿Incluye usted la vitamina C en su dieta?** La vitamina C se encuentra naturalmente en muchas frutas y vegetales como toronjas, melones, naranjas (chinas), fresas, pimentones verdes y rojos, brócoli, y tomates.	☐	☐
5.	**¿Hace usted ejercicio y controla su ingesta calórica para evitar subir de peso?** Las caminatas son un ejercicio ideal para muchas personas.	☐	☐
6.	**¿Está reduciendo el consumo general de grasas?** Esto se puede hacer comiendo carnes magras (sin grasa), pescado, aves sin pellejo, y productos lácteos de poca grasa.	☐	☐
7.	**¿Limita usted el consumo de alimentos preservados con sal o nitritos, o ahumados?** Si le encantan, seleccione solamente de vez en cuando alimentos como la tocineta, el jamón, los perros calientes, o el pescado preservado con sal.	☐	☐
8.	**¿Si fuma, ha intentado dejar de fumar?**	☐	☐
9.	**¿Si ingiere bebidas alcohólicas, lo hace con moderación?**	☐	☐
10.	**¿Respeta usted los rayos solares?** Protéjase con loción bloqueadora — por lo menos con un SPF 15 — use mangas largas y sombrero, especialmente al mediodía entre las 11:00 a.m. y las 3:00 p.m.	☐	☐

Si ha contestado usted sí a la mayoría de estas preguntas, felicitaciones. Esta ejerciendo buen control sobre sencillas conductas de vida que le ayudaran a sentirse mejor y a reducir el riesgo de contraer cáncer.

Fuente informativa: Sociedad Americana del Cáncer, Seccional de Texas.

FIGURA 7.9 ❖ Cuestionario para la prevención del cáncer.

Como ejemplos de los fitoquímicos tenemos:

- ❧ El sulfarófano (en el brócoli) remueve sustancias carcinogénicas de las células.

- ❧ El PEITC (brócoli) y la capsaicina (en los chiles picantes) obstaculizan la unión de sustancias carcinogénicas al ADN.

- ❧ La genisteina (granos de soya) no permite que los tumores tengan acceso a vasos sanguíneos para obtener oxígeno y nutrientes.

- ❧ Los flavenoides (en muchas frutas y vegetales) no permiten que hormonas carcinogénicas se afierren a las células.

- ❧ Los acidos P-Coumárico y clorogénico (fresas, pimentones verdes, tomates, y piñas) obstaculizan las reacciones químicas de moléculas celulares que pueden producir sustancias carcinogénicas.

Las directrices nutritivas también recomiendan reducir el consumo excesivo de proteínas. El consumo proteico de algunos personas es casi el doble del requerimiento diario. Un alto consumo de proteínas animales parece disminuir las enzimas sanguíneas que evitan que células precancerosas se conviertan en tumores.

Otras investigaciones sugieren que asar carnes (tanto grasosas como magras) por mucho tiempo a altas temperaturas promueve la formación de sustancias carcinogénicas en la pellejo o la superficie de las carnes. El riesgo se puede disminuir cocinando las carnes en un microondas por unos dos minutos antes de asarlas. El liquido emitido por las carnes debe desecharse antes de asarlas. La mayor parte de los agentes carcinogénicos se concentran en este liquido. Quitándole el pellejo a las carnes antes de servirlas o asandolas a menor temperatura y sólo a medio coser también disminuye el riesgo.

El alcohol debe consumirse moderadamente. El exceso alcohólico aumenta el riesgo de ciertos canceres, especialmente cuando se combina con el cigarrillo o el tabaco masticable. La combinación del alcohol y el tabaco aumentan considerablemente el peligro de formar canceres en la boca, la laringe, la garganta, el esófago, y el hígado. Unas 17,000 muertes de cáncer anuales son atribuidas al uso excesivo del alcohol, muchas de ellas por combinación con el tabaquismo. La acción combinada de exceso alcohólico y el tabaco pueden aumentar hasta 15 veces el riesgo de cáncer bucal.

El mantenimiento del peso corporal recomendado es necesario. La obesidad ha sido asociada con canceres del colon, recto, seno, próstata, vesícula biliar, ovarios, y útero.

Evite el Cigarrillo

El carcinógeno de mayor impacto en el ambiente del trabajo es el humo del cigarrillo. La Sociedad Americana del Cáncer reporta que el 83% del cáncer del pulmón y el 33% de todos los otros casos de cáncer están vinculados al cigarrillo. El uso del tabaco de mascar también aumenta el riesgo de los canceres de la boca, laringe, garganta, y esófago. Cerca de 138,600 personas mueren anualmente por el tabaquismo. El promedio de vida del fumador es hasta 18 años menor al del no-fumador.

Excesiva Exposición Solar

La exposición solar es un factor primordial en el desarrollo del cáncer de la piel. Casi el 90% de los 700,000 casos anuales de cáncer no-melanoma de la piel en los Estados Unidos esta relacionado a la exposición solar. Estos son *canceres que no promueven la metástasis*. Siempre se debe aplicar loción protectora contra los rayos solares cuando la piel va a estar expuesta al sol por mucho tiempo. El bronceado de la piel es la reacción natural del cuerpo al daño celular producido por la excesiva exposición solar. Por su efecto acumulativo, aun cortos períodos de exposición solar incrementan el riesgo de cáncer de la piel y el envejecimiento prematuro de la misma.

Si se va a permaner en el sol por mucho tiempo, la loción protectora debe aplicarse unos 30 minutos antes de salir al sol. La piel requiere de este tiempo para absorber los ingredientes protectores. Se recomienda usar lociones con un factor de protección solar (SPF) de por lo menos 15. Un SPF 15 significa que el tiempo que la piel tarda en quemarse será 15 veces mayor al tiempo normal sin loción protectora. Si normalmente usted sufre una pequeña quemadura solar en 20 minutos de exposición solar durante las horas del mediodía, con una loción SPF 15 podría permanecer en el sol por 300 minutos antes de quemarse.

Estrogeno, Radiación, y Peligros Ocupacionales

La terapia con estrogeno (hormona) ha sido vinculado al cáncer endometrial. Esta terapia sin embargo puede ser administrada con mínimo riesgo bajo cuidadoso control médico. La radiación también aumenta el riesgo de cáncer. No obstante, los beneficios obtenidos por una placa de rayos "X" que es necesaria son mayores al riesgo producido por la radiación. En la mayoría de las instalaciones médicas se usa la menor dosis posible para disminuir el riesgo. La exposición a productos o sustancias nocivas en el ambiente de trabajo como los asbestos, polvos de níquel y uranio, el cromo, el vinil de cloruro, y el éter diclorometilo, aumentan el riesgo de contraer cáncer. El uso del cigarrillo magnifica aun más los efectos carcinogénicos de estos productos.

Señales de Peligro del Cáncer

A través de exámenes periódicos, el cáncer se puede detectar, controlar, y curar. El problema principal es la metástasis de células cancerosas. Una vez que esto sucede, es más difícil eliminar el cáncer. Un buen programa de prevención para evitar o detectar el cáncer mientras la posibilidad de su erradicación es alta, es sumamente vital. En ello radica la importancia de incluir exámenes regulares para prevenir y detectar el cáncer en sus fases iniciales.

Toda persona debe familiarizarse con las siete señales de aviso del cáncer y comunicarle inmediatamente al médico si una de ellas aparece. Estas señales son:

1. Cambios en el funcionamiento habitual de los intestinos o la vejiga.
2. Una llaga que no cicatriza.
3. Perdida anormal de sangre o flujo.
4. Un endurecimiento o abultamiento en el seno u otro parte del cuerpo.
5. Indigestión o dificultad al tragar.
6. Cambios obvios en una verruga o lunar.
7. Tos o ronquera constante.

Los datos científicos y las técnicas de prevención y detección del cáncer siguen evolucionando. Los estudios científicos continúan aportando información sobre su prevención y detección. La meta de programas de prevención del cáncer es de educar y ayudar a la gente a adoptar patrones de conducta que le permitan reducir el riesgo de contraer cáncer o detectarlo en fases iniciales. El tratamiento del cáncer siempre debe dejarse en manos de médicos y clínicas especializadas.

ENFERMEDADES CRONICAS OBSTRUCTIVAS DEL PULMON

Las enfermedades crónicas obstructivas del pulmón (COPD) incluye *aquellas enfermedades que limitan el flujo del aire* como por ejemplo la bronquitis crónica, la enfisema, y un componente respiratorio reactivo similar al asma. La incidencia de estas enfermedades aumenta proporcionalmente con el habito del cigarrillo (u otras formas de tabaquismo) y con la exposición a ciertos tipos de contaminación industrial. En el caso de la enfisema, factores genéticos también contribuyen a su desarrollo.

ACCIDENTES

La mayoría de la gente no considera los accidentes como un problema de salud. Lamentablemente los accidentes ocupan el cuarto lugar entre las causas de mayor muertes en los Estados Unidos, afectando el bienestar de millones de personas cada año. La prevención de los accidentes y la seguridad personal son parte de un buen programa de mejoramiento de la salud con la meta de mejorar la calidad de vida. Una dieta equilibrada, el ejercicio, la abstención del cigarrillo, y el control del estrés son de poco valor si la persona sufre un accidente grave o fatal causado por un descuido, una decisión irracional, o por conducir sin usar el cinturón restrictivo.

Los accidentes no son cosas del destino. Nosotros causamos accidentes y a la vez somos víctimas de accidentes. A pesar de que algunos factores en la vida — terremotos, tornados, y caídas de aviones, por ejemplo — se encuentran fuera de nuestro control, la seguridad personal y la prevención de accidentes se basa en el sentido común. La mayoría de los accidentes son causados por malas decisiones y estados de confusión mental por el uso de alcohol y drogas.

El alcohol es la razón fundamental de todos los accidentes. La embriaguez es el factor primordial causante de accidentes automobilisticos fatales. Otras drogas comúnmente abusadas en nuestra sociedad alteran los sentidos y las percepciones, causan confusión mental, y afectan la coordinación y la forma de razonar, aumentando considerablemente el peligro de terminar herido o muerto.

BIENESTAR ESPIRITUAL

La "National Interfaith Coalition on Aging" ha definido la espiritualidad como *la afirmación del hombre en su relación con un ser supremo, consigo mismo, con la comunidad, y con el medio ambiente que nutre y solemniza la realización completa del individuo* (véase la Figura 7.10). Debido a que esta definición incluye tanto a Cristianos como a no-Cristianos, se asume que todas las personas son de naturaleza espiritual. La salud espiritual parece proveer el poder necesario para unificar las otras dimensiones del bienestar general. Las características básicas de una persona espiritual incluyen un sentido de dirección en la vida, una relación con un ser superior, libertad,

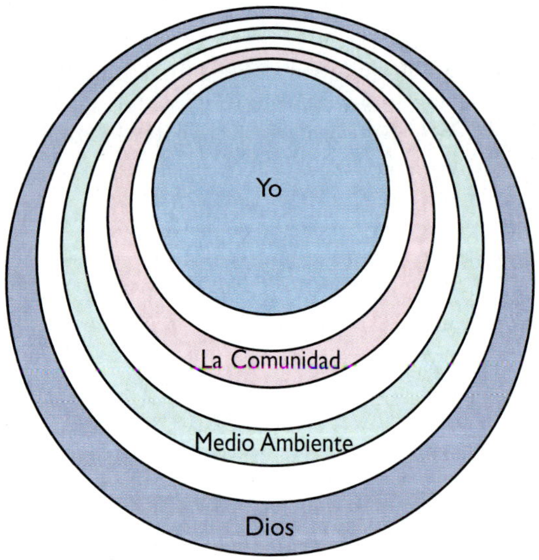

FIGURA 7.10 ❖ Dimensiones del bienestar general.

oración, fe, amor, unidad con otros, paz, gozo, realización, y altruismo (realizar obras de servicio para el prójimo).

La religión ha estado vinculada a pueblos y culturas desde el principio de la civilización. Si bien no toda la población en los Estados Unidos clama afiliación con una religión o denominación, las encuestas indican que más del 90% de la población cree en Dios o en un ser universal que desempeña las funciones de Dios.

La gente acepta en diferentes grados que: (a) una relación con un ser supremo es importante; (b) Dios puede ayudar, guiar, y asistir en la vida diaria; y (c) la vida mortal tiene un propósito. Si aceptamos una o más de estas afirmaciones, el logro de la espiritualidad definitivamente favorecerá nuestra felicidad y bienestar general.

Es difícil establecer las razones por las cuales la afiliación religiosa eleva el bienestar general. Estas razones podrían estar relacionadas con el fomento de patrones saludables de conducta, al apoyo social, la asistencia recibida en tiempos de crisis, y a sugerencias que se reciben para ayudarle a uno a sobrellevar debilidades personales.

El altruismo, una característica de toda persona espiritual, parece contribuir al desarrollo de la salud y la longevidad. El altruismo se puede definir como *el deseo sincero de ayudar y realizar obras de servicio para el prójimo por encima de los interese propios* (lo contrario del egoísmo). El altruismo ha sido objeto de varias investigaciones científicas en los últimos años. Los investigadores manifiestan que realizar obras de servicio para otros beneficia al mismo individuo, de manera especial al sistema inmunológico.

En un estudio con más de 2,700 personas en Michigan,[16] los investigadores encontraron que las personas que rutinariamente realizan obras voluntarias viven más que el resto de la población. Durante el transcurso del estudio, aquellos que no realizaron servicios voluntarios por lo menos una vez a la semana tuvieron un riesgo de mortalidad hasta 250% mayor a los que realizaron obras. En este mismo estudio los autores indicaron que los beneficios en pro de la salud por el altruismo son tan impactantes, que aun con nada más ver películas de obras altruisticas se incrementa la formación de una sustancia inmunologica que contrarresta las enfermedades.

El bienestar general requiere un equilibrio entre las dimensiones física, mental, espiritual, emocional, y social. Por ello, la asociación entre la espiritualidad y el bienestar general es indispensable en nuestra búsqueda por una mejor calidad de vida. Al igual que con las otras dimensiones del bienestar general, buena espiritualidad requiere el desarrollo espiritual al máximo del potencial individual.

DROGADICCION

La dependencia química o adicción a drogas representa una de las conductas más destructivas en nuestra sociedad. Entre las sustancias que producen dependencia química se encuentran el alcohol, las drogas de calle, y el cigarrillo (ya discutido en este capítulo). Típicos problemas asociados con la adicción incluyen la conducción dificultosa de vehículos o su conducción en estado de embriaguez, el riesgo de combinar drogas de diferentes tipos, dificultades familiares, y los efectos nocivos de drogas usadas para mejorar la actuación deportiva (esteroides anabólicos).

En virtud que todo tipo de drogadicción es nocivo, la siguiente sección presenta tres de las formas más dañinas de drogadicción en nuestra sociedad: el alcohol, la mariguana, y la cocaína.

Alcohol

Por los efectos destructivos que ejerce sobre la salud, el alcoholismo es uno de los problemas de drogadicción más graves en los Estados Unidos. Se estima que 7 de cada 10 adultos, o más de 100 millones de Americanos mayores de 18 años, toman habitualmente. Aproximadamente 10 millones de ellos tendrán problemas serios con la bebida durante el transcurso de la vida, incluyendo el alcoholismo. Se piensa que otros 3 millones de adolescentes ya tienen problemas con la bebida.

El consumo del alcohol disminuye la capacidad de ver (incluyendo la visión periférica) y oír, reaccionar, concentrarse, y la ejecución de habilidades motoras (causando oscilación del vehículo en trafico y mala percepción de distancia y velocidad de objetos en movimiento); también disminuye el temor, incentiva la acción de conductas peligrosas, incrementa la frecuencia urinatoria, y produce sueño. Una sola dosis elevada de alcohol puede disminuir la función sexual. Uno de los peligros más desagradables y peligrosos, y a veces fatal, es la acción sinergística del alcohol combinado con otras drogas o medicamentos, especialmente con aquellas drogas que suprimen al sistema nervioso central.

Los efectos a largo plazo producidos por el abuso del alcohol pueden ser graves y fatales. Entre ellos tenemos la cirrosis hepática (cicatrización del hígado, usualmente fatal); mayor riesgo de canceres de la boca, el esófago, y el hígado; cardiomiopatía (una enfermedad del músculo cardíaco); presión arterial elevada; mayor riesgo de derrames cerebrales; inflamación del esófago, estómago, intestino delgado, y el páncreas; úlceras estomacales; impotencia sexual; malnutrición; daño de células cerebrales; pérdida de la memoria; psicosis; depresión; y alucinaciones.

Drogas de Calle

Aproximadamente el 60% de la producción mundial de drogas ilegales son consumidas en los Estados Unidos. En este país, cada año se gastan más de 100 billones de dólares en drogas ilegales, lo cual excede la suma de la producción agrícola total del país. De acuerdo al Departamento de Educación, las drogas modernas son más poderosas y adictivas, produciendo mayor daño que las drogas de antaño. Las drogas producen dependencia físicas y psicológica. Si son usadas regularmente, las drogas se integran químicamente al organismo, aumentado la tolerancia a la droga y obligando al individuo a incrementar constantemente la dosis para obtener resultados similares. Igualmente, más de la mitad de los suicidios en adolescentes están vinculados al uso de las drogas.

La Mariguana

La mariguana (maceta o pasto) es la droga ilegal de mayor uso en los Estados Unidos. Aproximadamente 20 millones de personas usan la mariguana regularmente. Los estudios iniciales realizados en la década del 60 indicaron que los efectos de la mariguana habían sido exagerados y que la droga realmente no era dañina. La mariguana como se usa hoy en día es 10 veces más potente en comparación al tiempo en que se realizaron los primeros estudios. Los efectos dañinos a largo plazo por su uso incluyen una atrofia cerebral que causa daños irreparables al cerebro, una disminución en las defensas para enfermedades, la bronquitis crónica, el cáncer pulmonar, y posiblemente la esterilidad e impotencia.

Cocaína

Al igual que la mariguana, por muchos años se pensaba que la cocaína no era una droga peligrosa. Esta forma de pensar cambio rápidamente en 1986 cuando dos deportistas muy bien conocidos, Len Bias (baloncesto) y Don Rogers (futbolista) murieron repentinamente por una sobredosis de cocaína. Se estima que de 4 a 8 millones de Americanos usan cocaína, el 96% de los cuales habían usado anteriormente la mariguana.

La cocaína inhalada regularmente produce moquera constante, congestión e inflamación nasal, y perforación del tabique nasal. Las consecuencias a largo plazo incluyen pérdida del apetito, desórdenes digestivos, pérdida de peso, malnutrición, insomnio, confusión, ansiedad, psicosis cocaínica (caracterizada por alucinaciones y paranoia). La sobredosis excesiva de cocaína provoca la muerte repentina causada por parálisis respiratoria, arritmias cardíacas, y fuertes convulsiones. Se ha establecido que algunos individuos no poseen una enzima usada en el metabolismo de la cocaína; para ellos, tan sólo dos o tres líneas de cocaína pueden causarle la muerte.

Conociendo los peligros de la drogadicción; la familia, los equipos deportivos, y la comunidad deben unirse para ayudarse el uno al otro, prevenir la drogadicción, y asistir a quienes ya sufren de ella. El tratamiento de la drogadicción (incluyendo al alcohol) casi nunca tiene exito sin ayuda y apoyo profesional. Para garantizar la mejor asistencia posible, las personas que sufren de la drogadicción deben buscar ayuda con un médico o obtener una referencia en la clínica de salud mental de la localidad (búsquese en las páginas amarillas de la guía telefónica).

ENFERMEDADES DE TRANSMISION SEXUAL

Como su nombre indica, las enfermedades de transmisión sexual (ETS) o enfermedades venéreas son *enfermedades diseminadas por el contacto sexual*. Estas enfermedades han alcanzado proporciones epidémicas en los Estados Unidos. Se han identificado más de 25 ETS y algunas son incurables. La Asociación Americana para la Salud Social ha indicado que un 25% de todos los Americanos serán infectados con ETS por lo menos una vez en su vida. Cada año más de 12 millones de personas son infectadas con ETS, incluyendo 4.6 millones de casos de clamidia, 1.8 millones con gonorrea, 1 millón con verrugas genitales, medio millón con herpes, y 100,000 casos de sífilis. La que atrae la mayor atención por su carácter fatal, el SIDA, produjo 80,691 nuevos casos en los Estados Unidos en el año 1994.

El SIDA es la más aterrorizante de las ETS ya que no tiene cura y no se prevé ninguna en el futuro próximo. El SIDA o Síndrome de Inmunodeficiencia Adquirida, es *la etapa final de la infección causada por el virus de inmunodeficiencia humana.*

El virus de inmunodeficiencia humana (VIH) *es una enfermedad crónica infecciosa que se transmite en personas que adoptan conductas peligrosas como el sexo sin protección (sin condón) o compartir agujas hipodérmicas.* Cuando una persona se infecta con el VIH, el virus se multiplica, ataca, y destruye los glóbulos blancos. Estas células forman parte del sistema inmunológico y su función es la de combatir infecciones y enfermedades en el cuerpo.

En la medida que el número de glóbulos blancos destruidos aumenta, el sistema inmunológico gradualmente se deteriora o es destruido totalmente. Sin el sistema inmunológico, la persona es presa fácil de infecciones oportunistas o canceres no usuales en personas normales.

La enfermedad del VIH es progresiva. Al principio, la persona que ha sido infectada con el VIH a lo mejor ni sabe que ha sido infectada. Un período de incubación de semanas, meses, o años puede pasar antes de la aparición de síntoma alguno. El virus puede vivir en el cuerpo humano por más de 10 años antes de que aparezcan síntomas. Para el año 1994, casi el 44% de las personas infectadas con el VIH en los Estados Unidos no sabían que estaban infectados hasta que empezaron a aparecer los síntomas del SIDA.[17]

No es sino hasta que la infección progresa y se desarrollan ciertas enfermedades, que se puede decir que la persona tiene el SIDA. El VIH por si sólo no mata, ni la gente se muere por el SIDA. El SIDA es el termino usado para definir la etapa final de la infección por el VIH. La muerte es ocasionada por un sistema inmunológico debilitado que no puede combatir estas enfermedades oportunistas.

Como promedio, transcurren de 7 a 8 años desde el momento de la infección hasta que el individuo desarrolla los síntomas que establece la definición del SIDA. A partir de ese momento la persona puede vivir 2 o 3 años más. En resumen, desde el momento de la infección la persona padece de una enfermedad crónica de 8 a 10 años.

Nadie debería ser infectado por el VIH. Una vez infectado, la persona más nunca se vuelve a desinfectar. Con el VIH no existe una segunda oportunidad. Todos debemos protegernos contra esta enfermedad. ¡Nadie puede ser tan insensato como para pensar que nunca le podrá pasar a el o ella!

El VIH se transmite por el intercambio de los fluidos corporales tales como la sangre, el semen, las secreciones vaginales, y la leche materna. Estos fluidos pueden ser intercambiados durante el acto sexual, por el uso de agujas hipodérmicas previamente usadas por individuos infectados, entre una madre infectada y el feto en desarrollo, entre la madre y el bebe durante el parto, y rara vez durante transmisiones de sangre o trasplantes de órganos.

El SIDA es "una epidemia de igual oportunidad." La gente no contrae el VIH por lo que son, sino por lo que hacen. El VIH y el SIDA son una amenaza para todos: hombres, mujeres, niños, adolescentes, jóvenes, ancianos, blancos, negros, Hispanos, Asiáticos, homosexuales, heterosexuales, bisexuales, drogadictos, Americanos, Africanos, Europeos. Nadie goza de inmunidad contra el VIH.

No es posible saber con simplemente preguntar o mirar si una persona esta infectada con VIH o si tiene el SIDA. Ni usted, ni la enfermera, ni el médico pueden determinarlo, a menos que se realice una prueba de laboratorio de anticuerpos del VIH. Por eso, cada vez que se practican conductas arriesgadas, se expone a la transmisión del VIH. Las dos conductas más arriesgadas son: (a) el sexo vaginal, anal, o oral sin protección con una persona infectada con el VIH, y (b) compartir con personas infectadas agujas hipodérmicas u otros implementos usados en la administración de drogas.

Los Centros para el Control y Prevención de Enfermedades en Atlanta estiman que un millón de Americanos están infectados con el VIH. Debido al largo proceso de incubación (7 a 8 años hasta que aparezcan los síntomas del SIDA), se sospecha que el 20% de los pacientes actuales con SIDA fueron infectados en su adolescencia. Al final del año 1993, un total de 357,916 casos del SIDA habían sido diagnosticados en los Estados Unidos y un total de 171,980 personas habían muerto por las enfermedades causadas por el VIH. Se piensa que el número de muertes se duplicará en 3 años. La mayoría de los que mueren, se encuentran entre los 20 y 45 años de edad. Para el año 2,000, la infección del VIH se convertirá en la tercera causa más grande de mortalidad en los Estados Unidos, detrás de las enfermedades cardiovasculares y el cáncer.

Un 66% de los casos del SIDA en los Estados Unidos se han encontrado en hombres homosexuales y bisexuales. El SIDA, sin embargo, esta aumentando y se esta transmitiendo ahora con mayor rapidez en personas heterosexuales. Muchos heterosexuales practican el sexo sin protección porque no creen que es posible infectarse en su segmento de la población. ¡El VIH es una epidemia que no discrimina entre personas por orientación sexual! A nivel mundial, aproximadamente el 75% de los casos del SIDA han sido reportados en personas heterosexuales.

Como con cualquier otra enfermedad grave, los pacientes con el SIDA merecen respeto, entendimiento, y apoyo. El rechazo y la discriminación son

Una relación sexual monógama remueve casi todas las posibilidades de infección con el VIH y el peligro de contraer otras enfermedades venéreas.

características exhibidas por personas inmaduras, llenas de odio, e ignorantes. La educación, los conocimientos, y conductas responsables son la mejor forma de eliminar el temor y la discriminación.

La mejor manera de prevenir las ETS es a través de una relación sexual mutuamente monógama, es decir, el sexo siempre con la misma persona, y la cual, a la vez sólo practica el sexo con usted. A continuación se presenta una lista de conductas peligrosas que incrementan considerablemente el riesgo de contraer enfermedades de transmisión sexual, incluyendo la infección del VIH:

1. Múltiples o anónimas parejas sexuales como prostitutas(os) o una persona recién conocida.

2. Sexo anal con o sin un condón.

3. Sexo vaginal u oral con alguien que se injecta drogas o practica el sexo anal.

4. Sexo con alguien que tiene relaciones sexuales con varias personas.

5. Sexo sin protección (sin condón) con una persona infectada.

6. Contacto sexual de cualquier tipo con alguien que padece síntomas del SIDA o frecuenta grupos de personas con alto riesgo para el SIDA.

7. Compartir cepillos dentales, afeitadoras, u otros implementos que pudieran contaminarse con sangre de alguien que está o pudiese estar infectado con VIH.

La eliminación de conductas arriesgadas que pueden destruir la calidad de vida y la vida misma es un componente critico en el patrón de vida saludable. La educación y los conocimientos son de gran importancia para tomar decisiones responsables que le protejan a usted y a las personas que le rodean de enfermedades alarmantes e inesperadas. El consumo moderado de bebidas alcohólicas (o mejor aún, evitese su consumo), decirle no a las drogas, y la prevención de enfermedades de transmisión sexual, son factores claves para prevenir permanentes daños físicos y psicológicos.

REFERENCIAS

1. U. S. Department of Health and Human Services, National Center for Health Statistics, *Monthly Vital Statistics Report: Advance Report of Final Mortality Statistics*, 43:6, Supplement (1992), March 22, 1995.

2. J. M. McGinnis and W. H. Foege, "Actual Causes of Death in the United States." *Journal of the American Medical Association* 270 (1993), 2207–2212.

3. American Heart Association, *Heart and Stroke Facts: 1995* (Statistical Supplement) (Dallas: AHA, 1994).

4. U. S. Department of Health and Human Services.

5. P. N. Hopkins and R. R. Williams, "Identification and Relative Weight of Cardiovascular Risk Factors," *Cardiology Clinics,* 4 (1986), 3–32.

6. S. N. Blair, H. W. Kohl III, R. S. Paffenbarger, Jr., D. G. Clark, K. H. Cooper, and L. W. Gibbons, "Physical Fitness and All-Cause Mortality: A Prospective Study of Healthy Men and Women," *Journal of the American Medical Association,* 262 (1989), 2395–2401.

7. American Heart Association, *Fact Sheet on Heart Attack, Stroke and Risk Factors* (Dallas: AHA, 1994).

8. W. P. Castelli and K. Anderson, "A Population at Risk. Prevalence of High Cholesterol Levels in Hypertensive Patients in the Framingham Study," *American Journal of Medicine* 80, Supplement 2A (1986), 23-32.

9. J. M. Gaziano and C. H. Hennekens, "A New Look at What Can Unclog Your Arteries," *Executive Health Report,* 27:8 (1991), 16.

10. R. J. Barnard, "Effects of Lifestyle Modification on Serum Lipids," *Archives of Internal Medicine,* 151 (1991), 1389–1394.

11. S. A. Glantz and W. W. Parmley. "Passive Smoking and Heart Disease," *Journal of the American Medical Association,* 273 (1995), 1047–1053.

12. American Heart Association.

13. American Cancer Society. *1995 Cancer Facts and Figures* (New York: ACS, 1995).

14. Gaziano and Hennekens.

15. S. Begley. "Beyond Vitamins." *Newsweek,* April 25, 1994, pp. 45–49.

16. E. R. Growald and A. Lusks, "Beyond Self." *American Health,* March 1988, pp. 51-53.

17. E. Pennisi, "AIDS Becomes More of an Equal Opportunity Epidemic," *American Society for Microbiology News* 61:5 (1995), 236-240.

CAPITULO 8

Aptitud Física y Bienestar General: Preguntas y Respuestas

CONCEPTOS CLAVES

Agotamiento por calor

Amenorrea

Calambres por el calor

Caloría

Contracción concéntrica

Contracción ecéntrica

Dolor de costado

Dolor de espinilla

Esteroides Anabolicos

Golpe de calor

Hipertrofia muscular

Intolerancia el ejercicio

Kilocaloría

Oligomenorrea

Osteoporosis

OBJETIVOS

❖ Aclarar mitos relacionados con la aptitud física y el bienestar general.

❖ Proveer consejos prácticos para incrementar la seguridad personal.

❖ Estudiar conceptos de importancia para la mujer.

❖ Aclarar conceptos relacionados con la nutrición y el control de peso.

❖ Proveer pautas para el consumidor en referencia a programas de aptitud física y bienestar general.

En este capítulo proveemos respuestas a preguntas frecuentemente realizadas en torno a la aptitud física y el bienestar general. Las respuestas a estas preguntas ayudaran a aclarar aun más los conceptos presentados en el libro. También se aclaran en definitiva mitos relacionados con la actividad física y el bienestar general.

SEGURIDAD DEL EJERCICIO Y PREVENCION DE LESIONES DEPORTIVAS

P *¿Es posible obtener inmunidad contra las enfermedades cardiovasvulares a través del ejercicio aeróbico?*

R La evidencias científicas indican con claridad que la incidencia de enfermedades cardiovasculares es mucho menor en personas con buena aptitud aeróbica. No obstante, la participación rutinaria en el ejercicio aeróbico no ofrece una garantía absoluta contra las enfermedades cardiovasculares ya que existen varios factores que incrementan el riesgo cardiovascular.

Si bien la inactividad física es uno de los factores de riesgo de mayor peso, las investigaciones han determinado que existes relaciones múltiples entre los factores de riesgo. La inactividad física, por ejemplo, contribuye a aumentar (a) la grasa corporal, (b) el colesterol-LDL, (c) los triglicéridos, (d) la tensión y el estrés, (e) la presión sanguínea, y (f) el riesgo de desarrollar la diabetes (vease la Figura 8.1).

Como se discutió en el Capítulo 7, la mayoría de los factores de riesgo se pueden evitar y revertir. El completo control de estos factores es la mejor estrategia para disminuir el riesgo cardiovascular.

Igualmente, la oportunidad de sobrevivir un ataque cardíaco es mucho mayor en las personas que participan regularmente en ejercicios aeróbicos.

P ¿Cuál es la cantidad óptima de ejercicio aeróbico para reducir el riesgo de enfermedades cardiovasculares?

R La cantidad de ejercicio requerida para mantener la aptitud cardiorespiratoria es una sesión de entrenamiento de 20 a 30 minutos cada 48 horas en la zona recomendada. Aunque el ejercicio reduce en definitiva el riesgo cardiovascular, la cantidad exacta para disminuir el riesgo es difícil de establecer debido a diferencias genéticas y los patrones de conducta entre las personas. De acuerdo a los resultados de un estudio,[1] se deben usar unas 300 calorías diarias a través del ejercicio aeróbico para obtener cierto grado de protección. El estudio

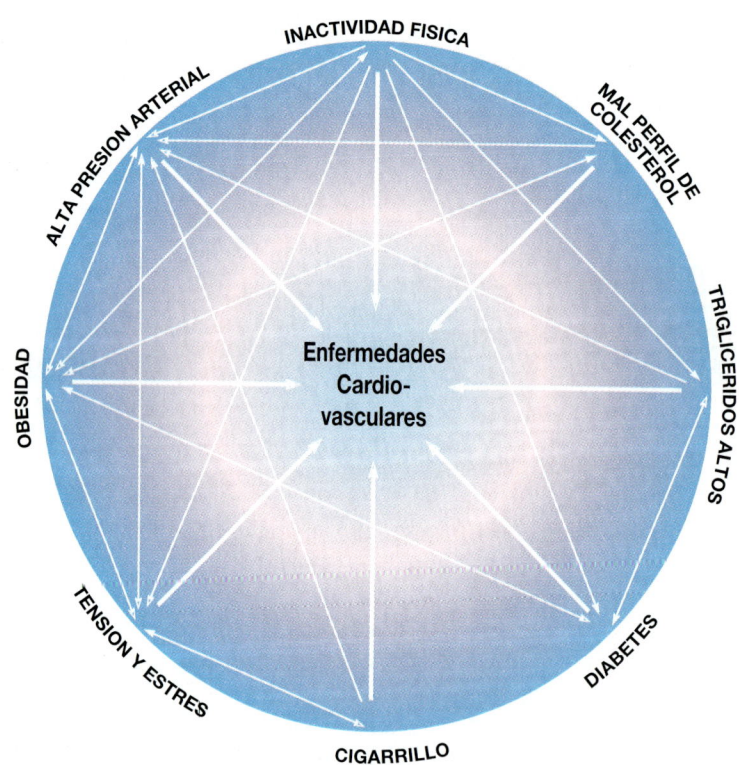

FIGURA 8.1 ❖ Relaciones existentes entre los primordiales factores de riesgo cardiovascular.

del Dr. Ralph Paffenbarger y sus colegas realizado con 17,000 ex-alumnos de la Universidad de Harvard (vease la Figura 1.5 en el Capítulo 1) indicó que el riesgo más bajo de enfermedades cardiovasculares se encontro en el grupo que gasto unas 2,000 calorías por semana a través de actividades físicas (2,000 calorías a la semana representan unas 300 calorías por sesión de entrenamiento diario).

Otro trabajo ya mencionado en el Capítulo 7 (vease la Figura 7.6), realizado en el Centro de Investigaciones Aeróbicas en Dallas, indicó que aun con una aptitud cardiorespiratoria moderada se disminuye considerablemente el riesgo cardiovascular. La mínima cantidad de ejercicio para obtener una aptitud moderada en este estudio fue de unas 200 calorías de cinco a siete veces por semana. Solamente un pequeño aumento de protección se obtuvo a mayores niveles de aptitud cardiorespiratoria. Recuerde, el ejercicio por sí sólo no ofrece una garantía absoluta contra las enfermedades cardiovasculares.

P *¿A qué edad debo comenzar a preocuparme por las enfermedades cardiovasculares?*

R El mecanismo patologico tanto para las enfermedades cardiovasculares como para el cáncer empieza a temprana edad por influencia de malos patrones de salud. Algunos estudios han demostrado inicios de la aterosclerosis y niveles elevados de colesterol en niños de apenas 10 años de edad.

La participación regular en actividades físicas durante la juventud aumenta las posibilidades de que la persona se mantenga físicamente activa por toda la vida.

Muchos hábitos positivos de salud se establecen a temprana edad *dentro* de las paredes del mismo hogar. Si a temprana edad se le enseña a la juventud a evitar el exceso calórico, los dulces, la sal, el alcohol, a no usar tabaco, y a participar en actividades físicas, sus posibilidades de disfrutar una vida más sana serán mucho mejor a las de la generación actual. Uno de los mejores consejos dado a la humanidad en referencia a la enseñanza ha sido la recomendacion de: "Venid y seguidme". Si nosotros cultivamos hábitos positivos en nuestras propias vidas, lo más posible es de que nuestros hijos sigan el ejemplo.

P *¿Puedo hacer ejercicio después de donar sangre?*

R El promedio tomado durante una donación de sangre es de unos 500 ml (medio litro) de un total corporal de 5 litros. Este volumen de sangre es restituido inmediatamente por las reservas de componentes sanguíneos en el cuerpo. A menos que reciba instrucciones al contrario, no hay razón por la cual no pueda continuar normalmente con su programa de entrenamiento.

P *¿Es posible contrarrestar los efectos nocivos del cigarrillo a través del ejercicio físico?*

R La participación en actividades físicas frecuentemente motiva a dejar de fumar pero no remedia los estragos causados por el cigarrillo. Cuando se fuma, se reduce considerablemente la capacidad de transporte del oxígeno en la sangre, el cual es vital para los músculos en trabajo. El *oxígeno es transportado por* la hemoglobina, el pigmento de hierro en los glóbulos rojos. El monóxido de carbono, uno de los productos de desecho encontrado en el humo del cigarrillo, tiene una afinidad por la hemoglobina de 210 a 250 veces mayor a la del oxígeno. Por ello el monóxido de carbono se combina más rápidamente con la hemoglobina, disminuyendo así la capacidad de transporte del oxígeno.

El cigarrillo también aumenta la resistencia al flujo ventilatorio, incrementando el trabajo y el consumo de oxígeno de los músculos respiratorios. Si se deja de fumar, el ejercicio ayuda a incrementar la capacidad funcional del sistema pulmonar.

P *¿Es cierto que el ejercicio me hará sentir mejor?*

R Muchos estudios indican que el ejercicio ayuda a la persona a sentirse mejor, mejora la autoestima, mejora la confianza en si mismo, y reduce el estrés y la depresión. Al igual que los beneficios fisiológicos, los beneficios psicológicos sólo se logran a través de una participación constante. Por ello, la actividad física rutinaria de por vida también es importante para el bienestar mental.

P *¿Cómo puedo saber si me estoy excediendo de los limites de seguridad durante el ejercicio?*

R La mejor manera de saber si se esta entrenando con demasiada intensidad es por intermedio del pulso y asegurándose de no exceder los limites de la zona de entrenamiento. El trabajo por encima de estos limites puede ser peligroso para personas en mala condición física o con riesgos cardiovasculares. Para obtener los beneficios cardiorespiratorios no se necesita entrenar por encima de la zona prescrita.

Tambien existen varias señales físicas que le pueden indicar cuando se excede la capacidad funcional: una frecuencia cardíaca rápida o irregular, dificultades con la respiración, nausea, vómito, mareos, dolor de cabeza, desvanecimientos, palidez, rubosidad, debilidad excesiva, falta de energía, titiriteo (temblor muscular), dolores musculares, espasmos, y presión en el pecho. Todos ellos son síntomas de intolerancia al ejercicio o *la aversión física a una intensidad de entrenamiento por encima de la capacidad funcional del individuo*. Todos debemos aprender a "escuchar a nuestros cuerpos." Si se observa cualquiera de estos síntomas, se debe consultar con el médico antes de continuar con el programa de entrenamientos.

P *¿Con que rapidez debe disminuir la frecuencia cardíaca después del ejercicio aeróbico?*

R Hasta cierto punto, la velocidad con que disminuye la frecuencia cardíaca depende del nivel de aptitud física. Mientras mayor la capacidad cardiorespiratoria, más rápida la disminución de la frecuencia cardíaca. Como regla general, la frecuencia cardíaca debe estar por debajo de 120 pulsaciones por minuto 5 minutos después de parar el ejercicio. Si la frecuencia cardíaca permanece por encima de 120, probablemente se han excedido los limites del entrenamiento o se podría tener una anomalía cardíaca. Si usted disminuye la intensidad o la duración del ejercicio (o ambos) y la frecuencia cardíaca aun permanece por encima de 120 después de 5 minutos, debe consultar con su médico.

P *¿Que tan rápido se pierden los beneficios obtenidos por la actividad física una vez que se deje de entrenar?*

R La rapidez con que se pierden los beneficios varía entre los diferentes componentes de la aptitud física y también depende del nivel alcanzado antes de abandonar el ejercicio. En referencia a la aptitud cardiorespiratoria, se estima que cuatro semanas de entrenamiento aeróbico se pierden completamente en solo dos semanas de inactividad. Por otro lado, si usted a entrenado regularmente por meses o años, dos semanas de inactividad no le perjudicarán tanto como a alguien que sólo se ha entrenado por algunas semanas. En términos generales, el sistema cardiorespiratorio comienza a perder aptitud después de 48 a 72 horas de inactividad física. La flexibilidad se mantiene con dos o tres sesiones de estiramiento semanal y la fuerza se conserva con tan sólo una sesión de entrenamiento de fuerza máxima por semana. Si por alguna razón tiene que interrumpir el programa de entrenamiento, no trate de resumir su actividad al mismo nivel en donde la abandonó, sino reconstrúyela gradualmente.

Los programas de aptitud física deben mantenerse inclusive durante viajes o períodos vacacionales. Cuando vaya a viajar, planifique con anticipación y evalúe las opciones antes de salir de casa. Muchos hoteles cuentan con instalaciones para el ejercicio. Aunque a veces los equipo son limitados, generalmente son suficientes para realizar entrenamientos adecuados de fuerza y de ejercicios aeróbicos. Los viajeros frecuentes deben contemplar unirse a centros de salud con franquiseas nacionales u otros centros como la YMCA o la YWCA. De esta manera pueden continuar sus entrenamientos mientras visitan otra ciudad.

Actividades que sólo requieren un mínimo de equipo como el trote y el salto de cuerda son excelentes alternativas para el viajero. Si se visita una ciudad por primera vez, por razones de seguridad personal, siempre averigüe en donde se puede trotar sin peligro alguno. Los parques y las escuelas secundarias son generalmente sitios seguros y le permiten el entrenamiento lejos del tráfico y las luces de cruce. Los ejercicios de fuerza (sin equipo) y flexibilidad encontrados en los Apéndices B y C de este libro se pueden usar para mantener fuerza y flexibilidad durante los viajes. Si se visitan áreas turísticas, es posible alquilar equipos como bicicletas o patines en-línea.

Para prevenir lesiones de las piernas se recomienda usar zapatos fabricados especialmente para la actividad seleccionada.

P *¿Qué clase de ropa se debe usar para el ejercicio?*

R El tipo de ropa es muy importante. En general, la ropa debe ser cómoda y debe permitir el libre movimiento de las articulaciones. Seleccione la ropa en base a la temperatura, humedad, e intensidad del ejercicio. Evite usar ropas de fibras de nilón, plásticas, o muy apretadas, ya que interfieren con el mecanismo de liberación del calor del cuerpo o pueden obstruir el flujo sanguíneo. Las ropas a base de polipropileno, Capileno, Termax, y sintéticas son mejores. Estos materiales alejan la humedad de la piel, ayudando con la evaporación del sudor y el mantenimiento de la temperatura corporal. La intensidad del ejercicio también es importante, ya que mientras más intenso el esfuerzo, mayor la producción de calor.

En climas cálidos se debe evitar entrenar durante las horas más calientes del día, entre las 11:00 a.m. y las 5:00 p.m. Es preferible no entrenar en superficies de asfalto, concreto, y artificiales, ya que ellas absorben e irradian el calor al cuerpo (véase también la discusión sobre el entrenamiento en condiciones de calor y humedad en este mismo capítulo).

Para permitir el máximo de evaporación, sólo un mínimo de ropa es necesario para entrenar en días calientes. La ropa debe ser ligera, suelta, porosa, absorbente, y de colores claros. Como ejemplos de prendas comerciales que se pueden usar en el calor estan el Asci's Perma Plus, el Coolmax, y el Dri-F.I.T. de Nike. Las medias deportivas de doble tejido acrílico son más absorbentes que las de algodón y ayudan a prevenir ampollas y la resequedad de la piel en los pies. Una gorra de mimbre (paja) se puede usar para proteger los ojos y la cabeza del sol. La ropa para entrenamientos en el frío se discute más adelante en este capítulo.

Un buen par de zapatos es vital para prevenir lesiones en las piernas. Los zapatos deben ser fabricados especificamente para el tipo de actividad física seleccionado. La estructura física de la persona, la tendencia a la pronación o supinación, y la superficie en la cual se va a entrenar deben considerarse cuando se selecciona el calzado deportivo. El zapato debe ser cómodo, debe ofrecer buena estabilidad, y debe permitir control de movimiento. Es mejor comprar zapatos al mediodía cuando los pies se han expandido aproximadamente media pulgada. Para mejor ventilación, seleccione zapatos fabricados con materiales de malla o nilón. Generalmente un vendedor en una buena tienda de zapatos deportivos puede ayudarle a conseguir el zapato más apropiado para usted. Examine los zapatos después de 500 millas o a los seis meses de uso y cámbialos si están muy gastados. Zapatos viejos frecuentemente causan lesiones en las extremidades inferiores.

P *¿Cual es la mejor hora del día para entrenar?*

R Una persona puede entrenar a cualquier hora del día a excepcion de las dos horas después de una comida o al mediodía y en la tarde en días calurosos y húmedos. Muchas personas prefieren entrenar temprano por las mañanas, ya que les da un empujón para comenzar el día. Por razones de control de peso, algunas personas prefieren ejercitarse a la hora del almuerzo. Si entrenan al mediodía, no almuerzan tanto y con ello controlan la ingesta calórica. Las personas que sufren demasiado estrés prefieren las horas de la tarde para disipar las tensiones acumuladas durante el día.

P *¿Qué tiempo se debe esperar después de una comida antes de empezar a entrenar?*

R Esto depende de la cantidad que se come. Si ha sido una comida "normal," se deben esperar unas dos horas antes de comenzar un entrenamiento intensivo. Actividades ligeras como una caminata se pueden realizar de una vez. Es más, las caminatas ayudan a quemar calorías y pueden mejorar la eficiencia del metabolismo de grasas.

P *¿Cómo se deben tratar nuevas lesiones (agudas) deportivas?*

R El mejor tratamiento es la prevención. Si una actividad le causa incomodidad o molestias frecuentes, baje la intensidad, cambie de actividad, o use mejores equipos como un buen par de zapatos.

En caso de una nueva lesión, el método regular de tratamiento consiste de: (a) aplicación de frío, (b) compresión o inmovilización, o ambos, y (c) elevación de la parte lesionada. El frío se aplica de 15 a 20 minutos, de tres a cinco veces por día durante las primeras 24 a 36 horas. El frió se aplica sumergiendo la parte lesionada en agua fría a la cual se le agrega hielo poco a poco. También se puede usar una bolsa de hielo, o en su defecto, se aplica masaje con hielo en la parte lesionada. La compresión se realiza con una banda elástica (no muy apretada). La elevación del área afectada, cuando así sea posible, disminuye la circulación a dicha área. El objetivo de estas tres modalidades de tratamiento es evitar la inflamación y con ello reducir el período de recuperamiento.

Después de las primeras 36 o 48 horas se puede usar calor, siempre y cuando la inflamación haya cedido. Si tiene dudas sobre la naturaleza o severidad de la lesión, tal como una posible fractura, debe solicitar una evaluación médica.

En caso de deformaciones (como con fracturas o dislocaciones) aparentes, se debe inmovilizar la lesión con un entablillado y aplicarsele una bolsa de hielo hasta que se obtenga ayuda médica. Nunca se debe tratar de acomodar (poner en su lugar) estas lesiones, ya que se puede producir mayores daños a los músculos, los ligamentos, y los nervios. En la Tabla 8.1 se presenta una guía que incluye las señas o síntomas y el tratamiento recomendado para diferentes lesiones deportivas.

P *¿Que causa las molestias y la rigidez muscular?*

R Las molestias y rigidez muscular son comunes en personas que: (a) inician un programa de ejercicios o regresan después de una ausencia prolongada, (b) se ejercitan por encima de su intensidad y tiempo acostumbrado, y (c) realizan entrenamientos ecéntricos. El dolor agudo que se siente en las primeras horas después del ejercicio se piensa es debido a la falta de flujo sanguíneo (oxígeno) y la fatiga causada en el músculo. Las molestias que aparecen varias horas después del ejercicio (unas 12 horas o más) y perduran de 2 a 4 días, se deben a rupturas microscópicas en el tejido muscular, a espasmos musculares (que aumentan la retención de fluidos y estimulan los terminales nerviosos que registran dolor), y al sobrestiramiento o ruptura del tejido conjuntivo dentro y fuera de los músculos y las articulaciones.

Durante la actividad muscular con movimiento (contracción isotónica, véase el Capítulo 3) se observan dos tipos de contraccion: concéntrica y ecéntrica. Durante la contracción concéntrica *el músculo se acorta en la medida que se contrae.* Durante la contracción ecéntrica *las fibras musculares se alargan durante la contracción muscular.*

Por ejemplo, cuando se flexiona al codo con una resistencia en la mano, los músculos flexores del codo (bíceps, braquioradial, y braquial) se acortan en la medida que la resistencia es llevada hacia el hombro (contracción concéntrica). Cuando el movimiento se desplaza hacia abajo, los músculos se contraen ecéntricamente, alargándose en lo que la mano retorna la resistencia a su posición inicial. Similarmente, el trote cuesta abajo requiere contracciones ecéntricas y el trote en

TABLA 8.1 ❖ Tabla de Referencia para Lesiones Deportivas

Lesión	Señas/Síntomas	Tratamiento*
Contusión	Dolor, inflamación, descoloración	Aplicación de frío, compresión, reposo
Dislocaciones/ Fracturas	Dolor, inflamación, deformidad	Inmovilización, aplicación de frío, solicite ayuda médica
Calambres por el calor	Calambres, espasmos, contracciones nerviosas musculares en las piernas, brazos y abdomen	Pare la actividad, salgase del calor, estire los musculos, masajeé el área, tome líquidos en abundancia
Agotamiento de calor	Desvanecimiento, abundante sudor, piel fría y húmeda, pulso rápido y débil, agotamiento, y dolor de cabeza	Pare la actividad, repose en un lugar fresco, aflojese la ropa, frote la piel con una toalla fría y mojada, tome muchos líquidos y permanezca fuera del sol por 2–3 días
Golpe de calor	Piel caliente y seca, ausencia de sudor, grave desorientación mental, pulso rápido y fuerte, vomito, diarrea, desmayos, alta temperatura corporal	Busque atención médica inmediata, solicite ayuda y aléjese del sol, bañese en agua fría/rociese con agua fría/frote el cuerpo con toallas frías, tome líquidos en abundancia
Lujaciones musculares	Dolor, sensibilidad, inflamación, perdida de movimiento, y descoloración	Aplicación de frío, compresión, elevación, reposo y calor después de 36-48 horas si cede la inflamación
Calambres	Dolor, espasmos	Estire los músculos, ejecutese leves ejercicios con los musculos afectados
Dolores y molestias musculares	Sensibilidad, dolor	Estiramientos suaves, ejercicios de baja intensidad, baños tibios
Distensiones musculares	Dolor, sensibilidad, inflamación, y perdida funcional	Aplicación de frío, compresión, elevación, reposo y calor después de 36 a 48 horas si cede la inflamación
Dolor de espinilla	Dolor, sensibilidad	Aplicación de frío antes y después del ejercicio, descanso, calor si no se hace ejercicio
Dolor de costado o bazo	Puntada en el costado debajo de las costillas	Disminuir la intensidad del ejercicio, pararse completamente, mejorar gradualmente la condición física
Tendonitis	Dolor, sensibilidad, perdida funcional	Descanso, aplicación de frío y calor después de 36 horas

*Aplíquese el frío de 3 a 4 veces por día por 15 minutos.
El calor se aplica por 15 a 20 minutos 3 veces por día.

plano requiere contracciones concéntricas. Se ha demostrado que las contracciones ecéntricas causan más dolores musculares que las concéntricas.

Las molestias y la rigidez muscular se pueden reducir calentando gradualmente antes de la actividad central y estirando los músculos adecuadamente después de ella. Las molestias también se presentan cuando se sobreentrena. Si sufre de molestias y rigidez, un estiramiento moderado, el ejercicio aeróbico de baja intensidad (para estimular el flujo sanguíneo), y baños calientes ayudan a aliviar el dolor.

El estiramiento muscular es de mayor importancia después del ejercicio. Un músculo fatigado tiende a contraerse más de lo normal y los productos metabolicos de desecho pueden causar espasmos musculares. Por ello el estiramiento después del ejercicio ayuda a restaurar la longitud normal del músculo.

P *¿Cómo se trata el dolor de espinilla?*

R Uno de las lesiones más comunes en las piernas es el dolor en la espinilla. Esta condición *se caracteriza por dolor y molestias en las espinillas de las piernas* y generalmente es causado por uno o más de los siguientes factores: (a) falta de acondicionamiento progresivo, (b) entrenamientos en superficies duras (pisos de madera, pistas duras, cemento, o asfalto), (c) pies planos, (d) sobrentrenamiento, (e) fatiga muscular, (f) mala postura, (g) calzado inadecuado, y (h) el sobrepeso cuando se realizan actividades que requieren el soporte del propio peso cororal.

Para tratar el dolor de espinilla se recomienda:

— eliminar o reducir el factor que causa la lesión (entrenar en superficies más suaves, usar mejor calzado o plantillas para los pies, o abandonar la modalidad de ejercicio hasta que la condición mejore).

— estirar suavemente los músculos antes y después del entrenamiento.

— aplicar masaje con hielo por unos 10 a 20 minutos antes y después de la actividad.

— aplicar calor activo (Jacuzzi o baños calientes) por 15 minutos de dos a tres veces al día.

P *¿Que causa el dolor de costado (dolor de bazo)?*

R El dolor de costado ocurre primordialmente a principios de un programa de entrenamiento. La causa de este *fuerte dolor en la parte lateral del abdomen que ocurre a veces durante el ejercicio aeróbico* se desconoce. Algunos expertos opinan que se debe a la falta de circulación a los músculos respiratorios durante el esfuerzo intensivo. El dolor de costado se presenta fundamentalmente en principiantes y en personas entrenadas cuando realizan una sesión de entrenamiento de mayor intensidad a la acostumbrada. En lo que mejora la aptitud física, el dolor desaparece a menos que se incremente de nuevo la intensidad del trabajo. Otras personas sufren dolor de bazo cuando corren cuesta abajo. Si usted sufre de este dolor, baje el ritmo de carrera; y si aun persiste, párese completamente. A veces también ayuda si uno se acuesta de espalda y suavemente dobla ambas rodillas y las lleva al pecho, sosteniendo la posición final de 30 a 60 segundos.

Algunas personas sufren de dolor de costado si comen o toman jugo poco antes del entrenamiento. Para ellos es preferible tomar solamente agua, una a dos horas antes del ejercicio. Otros individuos sufren del dolor durante ejercicio intensivo si toman bebidas atleticas con carbohidratos. A menos que el reemplazo de carbohidratos sea vital para terminar la competencia (maratones, triatlones), es preferible tomar agua fría para reemplazar el liquido perdido. También se pueden probar diferentes bebidas de carbohidratos para ver si una de ellas no causa esta molestia. El reemplazo de líquidos y carbohidratos para el ejercicio prolongado y el ejercicio en el calor se discute más adelante en este capítulo.

P *¿Que causa los espasmos musculares y cómo deben tratarse?*

R Los espasmos musculares son causados por el agotamiento de electrólitos o por una falta de coordinación entre grupos musculares opuestos. Si se sufre un espasmo, trate primero de estirar el músculo en dirección contraria al espasmo. En el caso de la pantorrilla, por ejemplo, hale los dedos del pie hacia la rodilla. Después de estirar los músculos, frotelos suavemente y finalmente ejecute ejercicios suaves con los músculos afectados.

En mujeres embarazadas o lactantes, los calambres son frecuentemente causados por la falta de calcio. Si es asi, suplementando la dieta con calcio elimina el problema. A veces los espasmos también son causados por ropa demasiado apretada, la cual restringe el flujo sanguíneo.

P ¿Porque es peligroso entrenar en condiciones de calor y elavada humedad?

R Cuando una persona entrena, sólo del 30% al 40% de la energía producida por el cuerpo es utiliza para realizar la actividad, el resto (60% a 70%) se disipa en calor. Cuando el clima es muy caliente y húmedo, el cuerpo no puede disipar el calor, y con ello, aumenta la temperatura corporal. En casos extremos, este aumento de temperatura puede producir la muerte.

El calor específico del tejido corporal (el calor requerido para aumentar en 1°C la temperatura corporal) equivale a .38 calorías por libra de peso corporal por grado centigrado (.38 cal/lb/°C). Esto significa que si no se puede disipar ningún calor, una persona de 150 libras sólo tendría que usar 57 calorías ($150 \times .38$) para aumentar la temperatura corporal en 1°C. Si esta misma persona realiza una sesión de entrenamiento que requiere un gasto energetico de 300 calorías (unas 3 millas de trote) sin disipar calor alguno, la temperatura corporal subiría en 5.3°C o el equivalente de subir de 98.6 a 108.1°F.

El ejemplo anterior explica claramente la razón por la cual se requiere precaución cuando se entrena en el calor y la humedad. Si la humedad es demasiada alta, el calor corporal no se puede disipar debido a que la atmósfera esta saturada con vapor de agua. En una ocasión, un jugador de fútbol americano falleció entrenando a una temperatura de tan sólo 64°F pero con una humedad relativa del 100%. Como regla general, se deben tomar precauciones cuando la temperatura ambiental pasa los 90° y la humedad relativa se encuentra por encima del 60% de saturación.

El Colegio Americano de Medicina Deportiva ha recomendado que no se participe en actividades físicas intensivas cuando la temperatura en un termómetro de bulbo húmedo excede 82.4°F. Con este tipo de termómetro el bulbo es enfriado por la evaporación, y en días sin humedad, la temperatura es más baja a la exhibida por el termómetro seco (regular). Debido a la falta de evaporación en días húmedos, el efecto de enfriamiento es menor y por ello la diferencia entre los dos termómetros no es tan grande.

La Asociación Americana de Corredores y Aptitud Física ofrece las siguientes instrucciones de primeros auxilios para las tres condiciones de peligro cuando se entrena en el calor:

1. **Calambres por el calor.** Entre *los síntomas de esta condición se incluyen calambres, espasmos, y contracciones nerviosas musculares en las piernas, brazos, y abdomen.* Para atender los calambres, pare el ejercicio, refugiese en un lugar fresco, masajeé y estire suavemente la parte adolorida, y tome bastante agua fría.

2. **Agotamiento por calor.** Entre *los síntomas se incluyen desmayos, mareos, abundante sudor, piel fría/húmeda/pálida, agotamiento, dolor de cabeza, y pulso rápido y débil.* Si se percibe cualquiera de estos síntomas, pare el ejercicio, busque un lugar fresco para descansar, y tome líquidos fríos en abundancia. También se debe aflojar o quitarse la ropa y frotar al cuerpo con toallas mojadas en agua fría. Por el resto del día, y tal vez por los próximos dos o tres días, debe permanecerse fuera del calor y reposar en sitios frescos.

3. **Golpe de calor.** *Los síntomas incluyen una grave desorientación mental, piel caliente y seca, ausencia de sudor, pulso rápido y fuerte, vomito, diarrea, desmayos, y elevada temperatura corporal.* En la medida que aumenta la temperatura corporal, la persona comienza a sentir una inexplicable angustia. Cuando la temperatura llega a 104°F-105°F, los síntomas incluyen escalofríos en el tronco, "piel de gallina," náuseas, golpeteo en la cabeza, y adormecimiento en las extremidades. Más allá de esta fase, la mayoria de las personas se tornan incoherentes. Al llegar la temperatura a 105°F-106°F, la persona se desorienta, pierde coordinación motora, y siente debilidad

muscular. Si la temperatura excede los 106°C, graves daños neurológicos o la muerte pueden ocurrir.

El golpe por calor requiere atención médica de emergencia. Busque ayuda inmediata y retírese del sol. Mientras se espera el traslado a la sala de emergencia del hospital, se debe rociar el cuerpo con agua fría y frotar con toallas húmedas. La persona también debe abanicarse con aire fresco y se le debe proveer con líquidos fríos en abundancia.

P *¿Cuáles son las recomendaciones para prevenir la deshidratación durante el trabajo aeróbico prolongado?*

R El objetivo principal de la restitución de líquidos es el de mantener el volumen normal de la sangre de forma que la circulación y el mecanismo del sudor continúen normalmente durante el ejercicio aeróbico prolongado. La restitución de líquidos es el factor más importante en la prevención de problemas asociados con el calor. Para prevenir la deshidratación se recomienda tomar de 6 a 8 onzas de agua fría cada 15 a 20 minutos durante el ejercicio. Las bebidas frías son absorbidas con mayor rapidez por el estómago.

Las preparaciones liquidas comerciales (Exceed, All-Sport, Gatorade) contienen de un 6% a 8% glucosa, lo cual parece ser ideal para la absorción de fluidos y actuación deportiva en la mayoría de los casos. Después de ingerir una bebida, se requieren más o menos unos 30 minutos hasta que la glucosa pueda ser utilizada por los músculos.

El reemplazo de líquidos y carbohidratos son esenciales para el trabajo de larga duración.

Las bebidas altas en fructosa o con concentraciones de glucosa por encima del 8% disminuyen la velocidad de absorción del agua cuando se entrena en el calor. La mayoría de las bebidas gaseosas (con o sin cola) contienen entre 10% y 12% de glucosa. Esta cantidad es demasiada alta para permitir la rehidratación adecuada durante el ejercicio en el calor.

Cuando se va a participar en una actividad intensiva por más de una hora, se recomiendan bebidas deportivas preparadas comercialmente. Para actividades de duración menor a una hora, el agua es suficiente para reemplazar la perdida liquida. La bebida que usted seleccione depende de su gusto personal. Pruebe diferentes marcas de 6% y 8% de glucosa para ver que bebida tolera y le cae mejor.

Durante la participación en eventos de larga duración se recomienda consumir de 50 a 60 gramos de carbohidrato cada hora (200 a 240 calorías). Este objetivo se logra tomando de 6 a 8 onzas de una preparación comercial de carbohidratos (glucosa) cada 15 minutos. El porcentaje de carbohidratos en la bebida se calcula dividiendo la cantidad de carbohidrato, en gramos, por el volumen del líquido en ml, y multiplicando el resultado por 100. Por ejemplo, 18 gramos de carbohidrato en 240 ml (8 onzas) de líquido proveen una bebida al 7.5% ($18 \div 240 \times 100$).

P *¿Qué precauciones deben tomarse cuando se entrena en temperaturas frías?*

R Cuando se entrena en el frío, dos factores deben considerarse: el peligro de que se congelen los tejidos y la hipotermia (una interrupción en la capacidad de generar calor corporal con una caída en la temperatura por debajo de 95°F). En contraste a condiciones calientes y húmedas, el entrenamiento en el frío no ofrece peligro a la salud porque se puede usar ropa térmica y el ejercicio en si produce calor corporal.

La mayoría de las personas realmente se ponen demasiada ropa para los entrenamientos en el frío. Debido a que el ejercicio aumenta la temperatura corporal, un entrenamiento moderado en un día frío le hará sentir de unos 20° a 30° más caliente de lo que realmente es. Un exceso de ropa puede humedecer la ropa por el exceso de sudor. El peligro de la hipotermia aumenta cuando la ropa esta mojada o la persona no esta en movimiento continuo para producir calor corporal. Las primeras señales de aviso de hipotermia incluyen los escalofríos, la perdida de la coordinación, y dificultades al hablar. En lo que continua cayéndose la temperatura corporal, el titiriteo cede, los músculos se debilitan y se endurecen, y el individuo siente algarabía o intoxicación y eventualmente pierde la conciencia. Para prevenir la hipotermia se debe usar el sentido común, vestirse adecuadamente, y averiguar de antemano como están las condiciones ambientales.

La popular creencia de que el ejercicio en el frío (32°F o menos) congela los pulmones es falso, ya que el aire es calentado adecuadamente en las vías respiratorias antes de llegar a los pulmones. El frío no es el peligro real, sino la velocidad del viento es la que afecta el factor de refrigeración.

Por ejemplo, entrenar a una temperatura de 25°F no es muy frío si se usa ropa adecuada; pero si el viento esta soplando a 25 milla por hora, el factor de refrigeración baja la temperatura a unos −5°F. Este factor es aun peor si la ropa de la persona esta mojada y ella esta agotada. Cuando haga viento, ejercítese (trote o maneje la bicicleta) en contra del viento de ida y a favor del viento de regreso.

Si bien los pulmones no corren peligro cuando se entrena en el frío, la cara, la cabeza, las manos, y los pies si deben protegerse, ya que estas partes sí pueden congelarse. Preste atención a las señales de congelación: entumecimiento y decoloración. En temperaturas frías, alrededor del 30% del calor corporal se puéde perder por la cabeza si ella no ésta protegida. Una gorra sintética o de lana, una capucha, o un sombrero ayudan a conservar la temperatura corporal. Lo guantes con sólo el pulgar separado son más efectivos porque mantienen los dedos juntos, de forma que la superficie dérmica por la cual se pierde calor es menor. Forros internos de material sintético son recomendados porque ellos absorben la humedad de la piel.

Ponerse varias capas de ropa liviana es preferible a una sola capa gruesa, ya que el aire caliente queda atrapado entre las capas de ropa y permite así retener mejor la temperatura corporal. Si aumenta la temperatura corporal, se puede ir quitando una capa de ropa en la medida que así se ameríte. Para entrenamientos prolongados o de larga distancia (esquí de campo traviesa o trotes prolongados) se recomienda llevar un pequeño morral para guardar la ropa que se quita durante el entrenamiento. También se puede llevar en él ropa nueva, seca, y caliente en caso de que pare el entrenamiento lejos de casa o un refugio. Si va a permanecer afuera después del entrenamiento, póngase ropa adicional y continué moviendo el cuerpo en todo momento.

La primera capa de ropa debe absorber la humedad de la piel. Se recomienda el polipropileno, Capileno, o Termax. Una segunda capa de lana, dacrón, o lana de poliéster mantienen bien el calor aun estando mojadas. Los pantalones de licra o las sudaderas deportivas ayudan a proteger las piernas. La capa exterior debe proteger contra el agua, resistir el viento, y permitir suficiente ventilación. El material sintético Gortex es recomendado porque permite la evaporación de la humedad. Una máscara para la cara (o de esquiar) ayuda a proteger la cara. En condiciones de frío extremo, cualquiera de las partes expuestas al frío tal como la nariz, las mejillas, o alrededor de los ojos se pueden proteger con vaselina a base de petróleo.

CONSIDERACIONES ESPECIALES PARA LA MUJER

P *¿Que diferencias fisiológicas existen entre el hombre de la mujer en referencia al ejercicio?*

R Existen varias diferencias básicas entre el hombre y la mujer, las cuales afectan su capacidad deportiva. Los hombres son de 3 a 4 pulgadas más altos y pesan de 25 a 30 libras de más. El promedio del porcentaje de grasa en hombres de edad universitaria es de un 12% a un 16%, mientras que en las mujeres universitarias es de un 22% a un 26%.

El consumo máximo de oxígeno (capacidad aeróbica) es de un 15% a 30% mayor en el hombre, fundamentalmente debido a la mayor concentración de hemoglobina y el menor porcentaje de grasa. Esta mayor concentración de hemoglobina incrementa la capacidad de transporte de oxígeno durante el ejercicio, lo cual le provee una ventaja a los hombres durante pruebas aeróbicas.

La calidad del músculo es la misma en los hombres y las mujeres. Los hombres, sin embargo, poseen mayor fuerza porque poseen más masa muscular y mayor capacidad para la hipertrofia muscular o *la capacidad del músculo de incrementar en tamaño*. La mayor capacidad de hipertrofia muscular se debe específicamente a las hormonas masculinas. No obstante, la diferencia en fuerza es mucho menor cuando se toma en cuanta el tamaño y la composición corporal.

El hombre tiene hombros más anchos, extremidades más largas, y un grosor oseo 10% mayor a excepción de las caderas. Aun existiendo estas diferencias, el hombre y la mujer responden de la misma manera al entrenamiento físico.

Al contrario de lo que algunas personas piensan, un alto nivel de fuerza en la mujer no es conducente a un gran desarrollo muscular.

P *¿Si el potencial de hipertrofia muscular no es tan grande en la mujer, porqué hay tantas mujeres físicoculturistas que desarrollan una musculatura tan prominente?*

R La idea de que el entrenamiento con pesas le permite a la mujer desarrollar su musculatura a un grado similar al hombre es tan falsa como decir que jugar baloncesto le permite a las mujeres convertirse en gigantes. La masculinidad y la feminidad se establecen por la herencia genética y no por la actividad física. Las variaciones en el grado de masculinidad y feminidad son determinadas por diferencias individuales en secreciones del andrógeno, la testosterona, el estrógeno, y la progesterona. Las mujeres de mayor tamaño muchas veces participan en deportes precisamente porque poseen una superioridad física natural. Por ello, muchas mujeres han asociado la participación deportiva y el entrenamiento de pesas con músculos voluminosos.

En la medida que la presencia femenina en los deportes ha aumentado gradualmente durante los ultimos años, el mito de que el entrenamiento de pesas aumenta el volumen muscular en la mujer ha disminuido. Por ejemplo, por libra de peso corporal, las gimnastas femeninas se consideran entre las atletas más fuertes del mundo. A pesar de que estas jóvenes entrenan fuertemente con pesas, sus

figuras estan entre las más esbeltas y tonificadas de entre todas las deportistas femeninas. Hoy en día, la pauta en vez de la excepción, es de que el entrenamiento con pesas en la mujer mejora notoriamente su apariencia personal. Algunas de las estrellas de cine más atractivas entrenan con pesas para embellecer su imagen personal. En su libro *Entrenamiento de Pesas de por Vida* (Weight Training for Life), el Dr. James Hesson indica que muchas de las participantes en concursos de belleza entrenan con pesas como parte de su preparación para el concurso.[2] Una encuesta realizada en uno de estos concursos a nivel estatal indico que un 86% de las concursantes (38 de 44) se entrenaban con pesas.

Usted también se podrá preguntar ¿Si el entrenamiento de pesas no "masculiniza" a la mujer, porqué tantas mujeres físicoculturistas desarrollan una musculatura tan grande? En el físicoculturismo, los atletas realizan entrenamientos intensivos de dos o más horas de duración con muy breves intervalos de reposo entre series de ejercicios. Muchas veces los entrenamientos requieren que se trabaje el mismo grupo muscular de un ejercicio al próximo. El objetivo de este tipo de entrenamiento es "bombear" un volumen adicional de sangre a los músculos, lo cual los hace lucir mucho más grandes del tamaño que realmente son en condiciones de reposo. En base a la intensidad y la duración de la sesión de entrenamiento, los músculos pueden permanecer "llenos" de sangre y aparentar un tamaño mayor por varias horas después del entrenamiento. En la vida real, estas mujeres no son tan musculares como aparentan serlo cuando están "infladas" para los concursos de fisicoculturismo.

Otro punto controversial en este deporte es el uso de esteroides anabólicos y hormonas de crecimiento tanto por mujeres como hombres. Los esteroides anabólicos son *substancias sintéticas derivadas de la hormona masculina testosterona que promueven el desarrollo y la hipertrofia muscular*. Esta hormonas producen efectos secundarios indeseables y dañinos que algunas participantes aceptan como tolerables (hipertensión, retención de líquido, reducción del busto, voz profunda, y crecimiento de bello facial y corporal). El uso de los esteroides anabólicos en general, a excepción de razones médicas y estrictamente controlado por el médico, pueden provocar graves consecuencias de salud.

El uso de los esteroides anabólicos por las mujeres físicoculturistas es muy común. De acuerdo a varios médicos deportivos, y las mismas participantes de este deporte, un 80% de estas deportistas han usado los anabólicos. Más aun, de acuerdo a varios entrenadores de atletismo femenino, un 95% de las competidoras a nivel mundial han usado los esteroides anabólicos para poder participar exitosamente a nivel internacional.

Sin lugar a duda las mujeres que usen anabólicos desarrollarán gran musculatura, y si las toman por períodos prolongados, también desarrollarán características varoniles. Por lo tanto, la Federación Internacional de Fisicoculturismo ha instituido una prueba obligatoria de control de anabólicos para todas las participantes en el concurso de Miss Olimpia. Cuando no se usan drogas para mejorar la tonalidad muscular, el mejoramiento de la imagen personal es la regla en vez de la excepción para mujeres que participan en el fisicoculturismo y los deportes en general.

P *¿Como afecta la participación deportiva al ciclo menstrual?*

R En algunos casos atletas de alto rendimiento desarrollan amenorrea o *cesación de la menstruación* durante el entrenamiento y las competencias. Esta condición se observa primordialmente en atletas muy delgadas, quienes también participan en deportes que requieren gran esfuerzo físico por etapas prolongadas. Este problema no es de ninguna manera irreversible. Actualmente se desconoce si esta condición es causada por el estrés físico o emocional relacionado con el entrenamiento intensivo, o por un porcentaje muy bajo de grasa, u otros factores.

Si bien la capacidad física disminuye durante la menstruación, algunas mujeres han establecido récords olímpicos y mundiales durante todas las fases del ciclo menstrual. La menstruación no debe obligar a la mujer a no participar en el deporte y no tendrá necesariamente un efecto negativo en la performance atlética.

P *¿Ayuda el ejercicio a calmar los dolores de la dismenorrea?*

R El ejercicio no alivia ni agrava la menstruación dolorosa, pero si se ha demostrado que alivia los calambres menstruales porque incrementa la circulación al útero. En particular, ejercicios de estiramiento para los músculos de la pélvis pueden reducir o prevenir la menstruación dolorosa siempre y cuando esta no es causada por razones patológicas.

P *¿Es peligroso hacer ejercicio durante el embarazo?*

R La mujer no debe dejar de hacer ejercicio durante el embarazo. Más bien deben hacer ejercicios para fortalecer el cuerpo y prepararlo para el parto. El ejercicio moderado durante el embarazo previene el aumento excesivo de peso y acelera la recuperación después del parto. En las tribus indias se puede observar que las mujeres embarazadas continúan con todos sus trabajos forzados hasta el mismo día del parto y algunas horas después de el continúan con sus labores normales. Ciertas deportistas han competido durante las fases iniciales del embarazo. La decisión final sobre el programa de actividad física debe tomarse entre la mujer y su médico personal.

Los ejercicios de estiramiento se deben realizar muy suavemente porque cambios hormonales durante el embarazo aumenta la laxitud muscular y la del tejido conjuntivo. Estos cambios facilitan el parto, pero también incrementan el riesgo de lesiones durante el embarazo. En el año 1994, el Colegio Americano de Obstetras y Ginecólogos emitió una nueva serie de recomendaciones para el ejercicio durante el embarazo.[3] Entre las recomendaciones para mujeres embarazadas sin otros factores de riesgo se encuentran:

1. Continué con un entrenamiento de intensidad suave a moderada durante todo el embarazo, pero disminuya la intensidad en un 25% en comparación a la intensidad anterior al embarazo.

2. Entrene regularmente un mínimo de tres veces a la semana en vez de sólo realizar entrenamientos ocasionales.

3. Préstele atención a señales corporales de molestias o dolores. Deje de entrenar si esta cansada. Nunca entrene hasta agotarse completamente. Pare de entrenar si aparecen síntomas fuera de lo común como dolor de cualquier naturaleza, calambres, náusea, hemorragia, derramamiento de líquido amniótico, desmayos, mareos, palpitaciones, entumecimiento en cualquier parte del cuerpo, o disminución de la actividad fetal.

4. Después del primer trimestre, evite ejercicios que le requieran acostarse de espalda. Esta posición puede bloquear la circulación al útero y al bebé.

5. Realicé actividades que no le requieren soportar el peso corporal como bicicleta, natación, o aeróbicos acuáticos. Estas actividades reducen el riesgo de lesiones y permiten continuar con el ejercicio durante todo el embarazo.

6. Evite actividades que puedan hacerle perder el balance o causar trauma alguno al abdomen.

7. Alimentese bien (el embarazo requiere un consumo adicional de unas 300 calorías por día).

8. Especialmente durante los tres primeros meses, evite entrenar en el calor. Lleve prendas de vestir que permitan buena disipación del calor y tome agua en abundancia.

P ¿Qué es la osteoporosis y cómo puede ser evitada?

R La osteoporosis *se caracteriza por el ablandamiento, deterioro, o pérdida de masa osea (hueso) en todo el cuerpo.* Los hueso se debilitan y se vuelven tan quebradizos que la persona es muy susceptible a fracturas, especialmente de la cadera, la muñeca, y la columna vertebral. La osteoporosis es una enfermedad preventiva. Ella comienza lentamente en la tercera o cuarta década de la vida.

La importancia de niveles normales de estrógeno, consumo adecuado de calcio, y la actividad física no se pueden subestimar en el máximo desarrollo de la estructura osea en la juventud y para disminuir la perdida de hueso más adelante en la vida. Los tres factores son vitales para prevenir la osteoporosis. La ausencia de cualquiera de estos tres factores conduce a la perdida de hueso, sin que los otros dos puedan compensar por completo su falta.

La prevención de la osteoporosis debe iniciarse a temprana edad consumiendo suficiente calcio en la dieta (un RDA de 800 a 1200 mg por día) y participando en programas de actividad física. También podría ser necesario suplementar la vitamina D ya que esta es necesaria para la absorción óptima del calcio. Una lista del contenido nutritivo de calcio en selectos alimentos se presenta en la Tabla 8.2. Actividades que requieran soportar peso como la caminata, el trote, y las pesas, son de especial importancia. No solamente tonifican ellas los músculos, sino también producen huesos más fuertes y de mayor densidad ósea.

Las investigaciones científicas han establecido que el estrógeno es el factor más importante en la prevención de la pérdida del hueso. La densidad osea lumbar en mujeres con ciclos menstruales regulares es mucho mejor a la de aquellas con historial de oligomenorrea, *ciclos irregulares;* y amenorrea, cesación de la menstruación combinada con ciclos regulares. Más aun, la densidad lumbar en estos últimos dos grupos, es mayor que en mujeres que nunca han tenido un ciclo regular.

Las mujeres son especialmente susceptibles a la osteoporosis después de la menopausia debido a que la disminución del estrógeno aumenta la proporción

TABLA 8.2 ❖ Alimentos Altos en Calcio y Bajos en Grasa

Alimento	Cantidad	Calcio (mg)	Calorías	Calorías en grasa
Brócoli, cocido	1 racimo pequeño	123	36	—
Burrito (de frijoles)	1	173	306	28%
Camarones, cocidos	3 oz	99	99	9%
Col, cocido	1/2 taza	103	22	—
Desayuno instantáneo con leche entera	1 taza	301	280	26%
Espinaca, fresca	1 taza	51	14	—
Frijoles rojos, cocidos	1 taza	70	218	4%
Helado de vainilla semi-descremado	1/2 taza	102	100	27%
Hojas de remolacha, cocidas	1/2 taza	72	13	—
Leche descremada	1 taza	296	88	3%
Leche descremada en polvo	1 chrda	52	27	1%
Okra, cocida	1/2 taza	74	23	—
Queso, cottage, 2%	1/2 taza	78	103	18%
Yogur bajo en grasa (natural)	1 taza	271	160	20%
Yogur de fruta	1 taza	345	231	8%

de perdida de masa osea. Después de la menopausia, toda mujer debe discutir con su médico el uso de la terapia de reemplazo hormonal (estrógeno). Las mujeres con este tipo de terapia no pierden densidad osea en la proporción que lo hacen las mujeres sin dicha terapia. Ni el ejercicio ni los suplementos de calcio pueden compensar los efectos dañinos producidos por la falta del estrógeno.

P *¿Es cierto que algunas mujeres necesitan suplementos de hierro?*

R El hierro es parte importante de la hemoglobina en la sangre, la cual transporta al oxígeno de los pulmones a todas las células del cuerpo. La RDA de hierro para la mujer es de 15 mg por día (10 mg para hombres). De acuerdo a una encuesta realizado por el Departamento de Agricultura de los Estados Unidos, las mujeres Americanas entre las ededades de 19 a 50 años solo consumen un 60% de la RDA. Las personas que no consumen suficiente hierro pueden desarrollar anemia, en la cual la concentración de hemoglobina en los glóbulos rojos es menor al volumen normal.

Las mujeres fisicamente activas podrían necesitar una mayor cantidad de hierro. El entrenamiento vigoroso exige una mayor cantidad de hierro porque pequeñas cantidades del mismo se pierden a través del sudor, la orina, y las heces. Tambien se piensa que el trauma menanico causado por el constante golpeteo de los pies contra el pavimento durante trotes de larga distancia contribuye a cierta destrucción de las celulas rojas (las cuales contienen hierro).

En el deporte se ha observado una deficiencia de hiero en un gran numero de mujeres que participan en pruebas de larga distancia. Los niveles de ferritina sanguinea, una prueba para determinar la cantidad de hierro almacenado en el cuerpo, deben ser evaluados periodicamente en las mujeres que entrenan intensivamente.

El índice de absorción y pérdida de hierro varía de persona a persona. En la mayoria de los casos, la persona puede obtener suficiente hiero a través de una dieta rica en hierro como los frijoles,

TABLA 8.3 ❖ Alimentos Ricos en Hierro

Alimento	Cantidad	Hierro (mg)	Calorías	Coles- terol	Calorías en grasa
Brócoli, cocido	½ taza	1.1	36	0	—
Burrito (de frijoles)	1	2.4	307	14	28%
Camarones, cocidos	3 oz	2.7	99	128	9%
Carne, lomo	3 oz	2.5	329	77	74%
Carne molida, magra	3 oz	3.0	186	81	48%
Desayuno instantáneo con leche entera	1 taza	8.0	280	33	26%
Espinaca, fresca	1 taza	1.7	14	0	—
Farina (crema de trigo), cocida	½ taza	6.0	51	0	—
Frijoles rojos, cocidos	1 taza	4.4	218	0	4%
Guisantes, tipo congelado, cocidos	½ taza	1.5	55	0	—
Hígado, res, frito	3 oz	7.5	195	345	42%
Hojas de remolacha, cocidas	½ taza	1.4	13	0	—
Huevo cocido, duro	1	1.0	72	250	63%

guisantes, vegetales de suculentas hojas verdes, granos enriquesidos, yema de huevo, pescado, y carnes magras. Si bien las vísceras como el higado son ricas en hierro, tambien son altas en colesterol. Un listado de alimentos altos en hierro se encuentra en la Tabla 8.3.

PREGUNTAS RELACIONADAS CON LA NUTRICION Y EL CONTROL DE PESO

P *¿Cuál es la diferencia entre una caloría y una kilocaloría (kcal)?*

R La caloría es una *unidad de medida que indica el valor energético de los alimentos y el costo de la actividad física.* La kilocaloría (kcal) o caloría grande *representa el calor necesario para elevar la temperatura de un kilogramo de agua en un 1°C.* Por lo que se les hace más facil, la gente le llama caloria en vez de kilocaloria. Por ejemplo, si el valor calórico de un alimento es de 100 calorías

(kcals), la energía contenida en este alimento podría elevar la temperatura de 100 kilogramos de agua en un grado centígrado.

P *¿Es cierto que el valor calorico de los alimentos varia cuando estos se cocinan?*

R El valor calorico realmente no varia al cocinarse los alimentos. La única excepción es cuando se asa carne (a la parrilla) ya que pierde parte de su contenido grasoso y con ello disminuye el contenido calorico. Por otra parte, al freír los alimentos aumenta el contenido calórico debido a la gran cantidad de calorías aportadas por los aceites.

P *¿Es cierto que las calorias no cuentan cuando la dieta es baja en grasas?*

R Algunas personas que pretenden ser expertos en la nutricion quieren hacerle creer que realmente es asi. Una etiqueta que dice "no contiene grasa" no significa que dicho alimento no contribuira al aumento de peso si este se come en exceso. Las calorias si cuentan. Si bien la mayoria de las dietas bajas en grasa tambien son bajas en

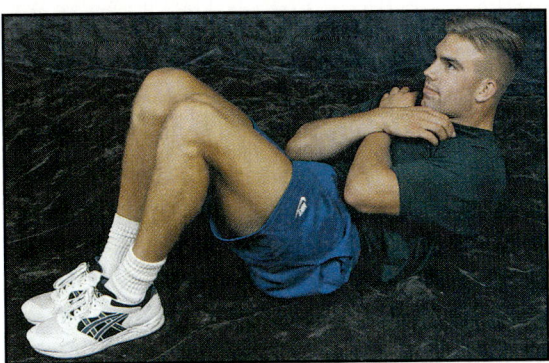

No es posible reducir la grasa en solo ciertos puntos del cuerpo (grasa localizada).

calorias, no se puede presumir que todas son asi. Si se consumen demasiadas calorias, sin importar de que grupo provienen, se aumentará de peso. Más aun, lo que usted come con sus carbohidratos también cuenta. Las ensaladas y los espaguettis son altos en carbohidratos, pero los aderezos generalmente no lo son.

P *¿Es cierto que el sudar copiosamente durante el ejercico ayuda a perder peso?*

R El entrenamiento agotador bajo condiciones de calor causa una perdida grande de agua a través del sudor. El sudor, no obstante, es agua y no grasa. Si no se reemplaza el liquido perdido, dependiendo de la corpulencia física y la temperatura ambiental, se pueden perder de 3 a 8 libras de peso (agua) por hora. Una vez que que se toman fluidos despues del ejercicio, el peso retorna rapidamente. El líquido, sin embargo, debe reemplazarce regularmente durante el ejercicio. Como se indico anteriormente, el reemplazo de liquidos es vital para mantener el balance térmico y para obtener una optima performance deportiva.

P *¿Es cierto que las sudaderas plasticas y la sauna son efectivas para bajar de peso?*

R La respuesta es simplemente ¡*no*! Cuando la persona usa una sudadera plastica o toma un baño de sauna, el peso perdido no es grasa sino una gran cantidad de agua. Claro, se ve muy bien cuando uno se pesa inmediatamnete despues de la actividad o el baño de sauna, pero ello solo

representa una perdida falsa de peso. Tan pronto se tome liquido alguno, se vuelve a subir de peso.

Al usar las sudaderas plásticas no tan sólo se aumenta la proporción de perdida de líquidos corporales — fluidos valiosos para el ejercicio prolongado — sino también se incrementa la temperatura corporal. Esta combinación incrementa el riesgo de la deshidratación, lo cual entorpece la función celular y en algunos casos podría ser fatal.

P *¿Es posible perder peso con vibradores mecanicos?*

R Algunas personas harían cualquier cosa por perder peso siempre y cuando puedan continuar "tragando a millon." Estas personas son engañadas fácilmente y muchas veces buscan la via rapida para tratar de resolver su problema con el peso. Las bandas vibradoras no sirven absolutamente ninguna función en programas de perdida de peso. Las bandas vibradoras y los rodillos rodantes tal vez producen sensaciónes placenteras, pero estos no requieren esfuerzo alguno por parte de la persona que los usa. ¡El individuo tendría que vibrar continuamente por 76 horas para perder la energia equivalente a una libra de grasa! La grasa no puede removerse masajeandola de un lado para otro; el cuerpo la usa como fuente de energia y se pierde con mayor efectividad quemandola en el músculo.

P *¿Que tan dañino es el café para la salud?*

R La cafeína es una droga y por ello puede producir efectos nocivos. La cafeína en cantidades de 200 a 500 mg puede causar una frecuencia cardíaca muy rapida, arritmias cardiacas, alta presión arterial, mayor temperatura corporal, y sobre-secreción de jugos gástricos que conducen a problemas estomacales. Defectos físicos anteriores al nacimiento del bebe tambien han sido documentados. Al igual, puede inducir síntomas de ansiedad, depresión, nerviosismo, y mareos. El contenido de cafeina de los varios tipos de cafe varia de 65 mg en 6 onzas de cafe instantaneo, hasta 180 mg para el cafe colado. Las sodas, fundamentalmente las colas, contienen de 30 a 60 mg por lata de 12 onzas.

P *¿Es cierto que los deportistas o personas que entrenan por muchas horas necesitan una dieta especial?*

R En general, los atletas no requieren dieta o suplementos especiales. Al menos que la alimentación sea deficiente en nutrientes básicos, no existe dieta especial, secreta, o magica que le ayude a la persona ha trabajar mejor o desarrollarse más rapidamente. Siempre y cuando la dieta sea equilibrada, basada en gran variedad de nutrientes de los grupos alimenticios básicos, los deportistas no necesita suplementos. Aun con el entrenamiento de fuerza muscular y el fisicoculturismo, no se necesita una ingesta de proteína por encima del 20% del total calórico diario.

La diferencia principal entre personas inactivas y altamente activas se presenta en el consumo total calórico requerido diariamente y en la ingesta de carbohidratos durante la actividad física prolongada. Con el entrenamiento se necesita mayor numero de calorías por el alto gasto energético producido por la actividad física intensiva.

Una dieta diaria normal debe ser modificada para proveer un 70% de carbohidratos (sobrecarga de carbohidratos) durante días de trabajo aeróbico agotador o cuando el individuo va a participar en eventos de más de 90 minutos de duración (maratones, triatlones, o ciclismo de ruta). Para eventos de menos de 90 minutos de duración, la sobrecarga de carbohidratos no parece ofrecer beneficio alguno al participante.

EJERCICIO DURANTE EL ENVEJECIMIENTO

P *¿Existen programas de entrenamiento físico para personas de edad avanzada?*

R Las personas de edad avanzada constituyen hoy en día el segmento de crecimiento más rápido de la población Americana. En el año 1880 menos del 3% de la población, unas 3 millones de personas, tenían más de 65 años de edad. Para 1980, esta cifra incremento a 25 millones de personas o más del 11.3% de la población. De acuerdo a las estadísticas, las personas de edad avanzada constituirán más del 20% de la población total para el año 2035.

Las personas de edad avanzada han sido prácticamente olvidadas en el desarrollo de programas de actividad física, aun sabiéndose que la actividad física es tan importante para ellos como para los jóvenes. Si bien se necesita mayor cantidad de estudios, algunas investigaciones indican que las personas de edad avanzada con buena aptitud física también disfrutan de mejor salud y calidad de vida.

El objetivo más importante de un programa de ejercicios para la persona de edad avanzada es el de ayudarle a mejorar su salud funcional. Esto implica la capacidad de mantener una vida independiente y prevenir incapacidades físicas. Un comité de la Alianza Americana para la Salud, Educación Física, Recreación y Danza (AAHPERD) define a la aptitud física funcional para adultos de edad avanzada como "la capacidad física del individuo para afrontar las exigencias normales e inesperadas de la vida diaria sin peligro y con eficiencia."[4] Esta definición claramente indica la necesidad de crear programas de aptitud física que correspondan con actividades rutinarias en este segmento de la población. El comité de la AAHPERD promueve la participación en programas de desarrollo de la capacidad cardiorespiratoria, resistencia muscular, flexibilidad muscular, agilidad y balance, y coordinación motora. Una copia de la prueba de la aptitud física para adultos de edad avanzada se puede obtener escribiendo a la AAHPERD en Reston, Virginia.

El ejercicio incrementa la calidad y los años de vida.

P *¿Que relación existe entre el proceso de envejecimiento y la capacidad de trabajo físico?*

R Si bien los estudios han documentado una disminución en la capacidad fisiológica y motora durante el proceso del envejecimiento, no existe solida evidencia científica que compruebe que esta disminución se deba primordialmente al envejecimiento en sí. La inactividad física — un fenomeno que acompaña comúnmente al envejecimiento en nuestra sociedad — podría ser aun más dañina para la capacidad física que los efectos mismos del envejecimiento.

La información científica sobre individuos que han seguido un programa de actividad física durante toda la vida indica que estas personas mantienen una capacidad funcional más alta y no demuestran el deterioro característico observado en las personas inactivas. Desde el punto de vista funcional, el individuo sedentario es en realidad unos 25 años más viejo a lo indicado por su edad cronológica. Una persona de 60 años que se mantiene físicamente activa puede tener una capacidad física similar a la de un persona sedentaria de 35 años de edad.

Desafortunadamente, los hábitos nocivos de salud envejecen prematuramente a la persona. Para una persona sedentaria, la vida productiva termina alrededor de los 60 años. Estas personas ansían vivir hasta los 65 o 70 años y frecuentemente tienen que hacerle frente a un sinnúmero de graves enfermedades. ¡Estas personas "dejan de vivir" a los 60 años, pero prefieren posponer su funeral hasta los 70 (vease la Figura 8.2)!

Los científicos afirman que un patrón de vida saludable le permite al individuo disfrutar de una vida vibrante — una existencia física, mental, emocional, social, y funcionalmente independiente — hasta la edad de los 95 años. Cuando la muerte les sobreviene, usualmente es rápida y no por una enfermedad prolongada (vease la Figura 8.2). Tales son los galardones de un patrón de vida que lleva al bienestar general.

P *¿Cómo responden las personas de edad avanzada al entrenamiento físico?*

R La capacidad de responder al entrenamiento y mejorar la salud tanto en hombres como en mujeres de edad avanzada ha sido plenamente demostrada. Los adultos de avanzada edad que aumentan su nivel de actividad física logran incrementar considerablemente la capacidad cardiorespiratoria, la fuerza, y la flexibilidad muscular. La magnitud de las mejorías depende de la aptitud física inicial y las actividades seleccionadas (caminata, ciclismo, pesas, etc.).

Aunque se tarda más en lograrlo, el aumento en el consumo de oxígeno en las personas de edad avanzada es similar al de las personas jóvenes. Por otra parte, el descenso en la resistencia cardiorespiratoria (consumo máximo de oxígeno) por década de

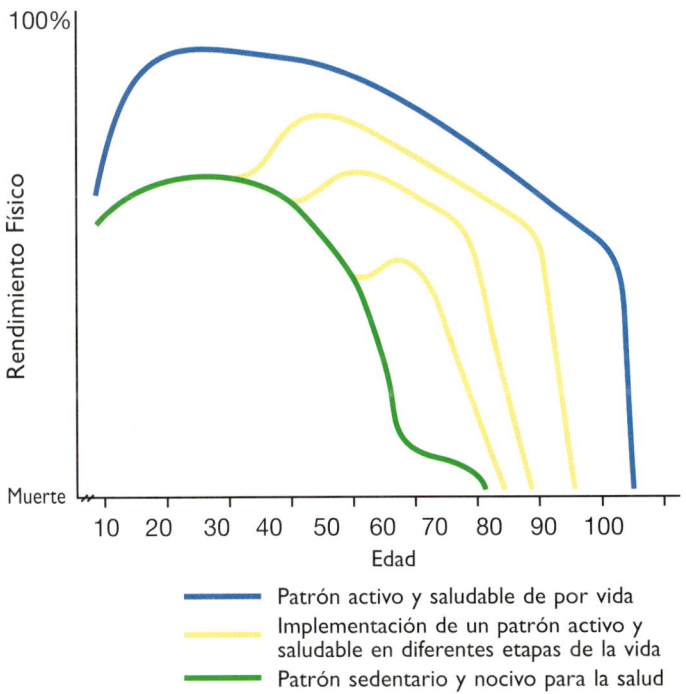

Patrón activo y saludable de por vida

Implementación de un patrón activo y saludable en diferentes etapas de la vida

Patrón sedentario y nocivo para la salud

FIGURA 8.2 ❖ Relación entre el rendimiento físico, la edad, y los patrones de vida.

vida después de los 25 años de edad es de un 9% en personas sedentarias y de un 5% o menos en las que se mantienen activas.

Los resultados de un estudio sobre los efectos del envejecimiento sobre el sistema cardiorespiratorio en hombres activos vs. inactivos demostró que el consumo de oxígeno era casi dos veces mayor en el grupo activo.[5] El mismo estudio reveló un descenso de solamente un 13% en el consumo máximo de oxígeno entre los 50 y 68 años de edad en los hombres activos en comparación con una caída del 41% en los inactivos. Este estudio indica que aproximadamente el 33% del deterioro cardiorespiratorio se debe al envejecimiento y un 67% a la inactividad. La presión arterial, la frecuencia cardíaca, y el peso también fueron muy superiores en el grupo que entrenaba regularmente.

La fuerza muscular también se puede mejorar en edad avanzada, aunque el potencial de hipertrofia muscular disminuye con la edad. Aumentos de fuerza hasta en un 200% se han encontrado en personas previamente inactivas mayores de 90 años. En términos de la composición corporal, las personas inactivas continúan aumentando la grasa corporal después de los 60 años de edad a pesar de notarse una disminución en el peso corporal.

A toda persona de edad avanzada que desea participar o continuar en un programa de ejercicio se le recomendado altamente realizarse un examen médico, incluyendo un ECG de esfuerzo (véase el Capítulo 7). Entre las actividades recomendadas para esta edad se encuentran la calistenia, la caminata, el trote, la natación, el ciclismo, y los aeróbicos acuáticos.

Las personas entradas en edad deben evitar trabajo isométrico y todo tipo de entrenamiento de pesas demasiado intensivo. Las actividades que requieren esfuerzos supremos o requieran mantener la respiración (efecto de valsalva) tienden a reducir el flujo sanguíneo al corazón y causan un gran aumento en la presión arterial y sobrecargan al corazón. Se recomiendan actividades de naturaleza contínua y rítmica (de un 50% a un 70% de la capacidad funcional). Estas actividades no causan gran aumento en la presión arterial ni sobrecargan al corazón.

Como se ilustra en la Figura 8.2, la aptitud física o la capacidad de trabajo físico se puede mejorar a cualquier edad. Sin embargo, los mejores beneficios se obtienen llevando un patrón saludable de vida desde temprana edad.

PAUTAS PARA EL CONSUMIDOR

P *¿Cómo puedo protegerme de pretensiones fraudulentas y la charlatanería en asuntos relacionados con la salud física?*

R La rápida ola de crecimiento de programas de bienestar y salud física en las últimas tres decadas ha provocado el mercadeo fraudulento de productos y técnicas que supuestamente le permiten a la persona mejorar su bienestar general fácil y repentinamente. La charlatanería y el fraude han sido definidos como *la promoción escrupulosa de conceptos sin veracidad científica con fines de lucro.*

El mercado actual esta saturado de alimentos y dietas especiales, suplementos alimenticios, pastillas, curas, equipos, libros, y videos que prometen resultados rápidos y dramáticos. La publicidad de estos productos se basa generalmente en testimonios personales, resultados no comprobados, investigaciones secretas, evidencias a medias, y afirmaciones "milagrosas;" precisamente lo que quiere escuchar el consumidor sin conocimiento alguno sobre estos productos. Mientras tanto, los fabricantes de estos productos se enriquecen abundantemente a cuenta del consumidor; el cual siempre esta dispuesto a pagar un alto precio por soluciones espectaculares a problemas derivados por sus malos hábitos de conducta.

Los comerciales en la televisión, en las revistas y los periódicos, no siempre son confiables. Por ejemplo, un producto que se vendía por la televisión y los periódicos garantizaba "reventar la barriga" con tan sólo 5 minutos de ejercicios que parecían involucrar el grupo muscular abdominal. Este aparato consistía de un resorte metálico sujetado por los pies y las manos. De acuerdo a las compañías distribuidoras, este equipo se estaba vendiendo como "pan caliente" y las casas comerciales casi no podían abastecer la demanda del consumidor.

Para el consumidor educado, este aparato presentaba tres problemas básicos. Primero, la reducción de grasa localizada no existe, por lo tanto las pretensiones no podían ser verídicas. Segundo, 5 minutos de ejercicio diario no queman casi nada de calorías, por ello no es posible reducir de peso. Tercero, los musculos que realmente realizaban el trabajo eran los gluteales y los de la parte baja de lo espalda y no los abdominales. Este producto ahora se encuentra en ventas de garaje por una décima parte del precio original.

Si bien la gente en los Estados Unidos cree en los beneficios de salud que se obtienen por intermedio de la actividad física y hábitos saludables de conducta, la mayoría no disfruta de estos beneficios porque simplemente no sabe como implementar un buen programa de aptitud física y bienestar general que le permita lograr los resultados deseados. Desafortunadamente, debido a la falta de conocimientos en muchos consumidores, estos son presa fácil de compañías con productos fraudulentos.

Aun si estamos rodeados por engaños de toda clase, todos podemos evadir el fraude al consumidor. El primer paso es la educación. Obtenga la mejor información posible sobre el producto. Si no tiene o no puede conseguir las respuestas a sus inquietudes, solicíte las recomendaciones de un profesional reputable. Hable con alguien que entienda el producto pero no tenga ningún interés en el negocio. Por ejemplo, un profesor de educación física o un fisiólogo del ejercicio le pueden ayudar a evaluar equipos de ejercicio; un dietista (nutricionista) certificado puede proveer información sobre nutrición o dietas; un médico puede recomendar modalidades de terapia. Tenga cuidado con aquellos que proclaman ser "expertos." Pregunte por credenciales, títulos, experiencia profesional, certificados, y reputación.

También se puede reconocer el fraude cuando se nota que cierto producto o programa "es demasiado bueno para ser real." La mayoría de las veces es así, ellos realmente no sirven para nada. Productos que ofrecen resultados rápidos, milagrosos, especiales, secretos, o se venden por correo solamente, se ofrece dinero de vuelta si no se esta plenamente satisfecho, o se basan en testimonios, por lo general no son confiables. Si ciertas afirmaciones son hechas, pregunte en donde se han publicado dichas afirmaciones. Los periódicos y las revistas y libros populares no siempre son fuentes confiables. Las revistas científicas son la fuente de información más confiable. En las revistas científicas cuando un investigador envía un estudio para su posible publicación, por lo menos dos científicos calificados y de excelente reputación revisan el articulo sin conocer quien lo envío. Igualmente, la persona que envía el articulo desconoce quienes revisarán su trabajo. La publicación del estudio se basa en la calidad del trabajo y las sugerencias hechas por quienes lo han evaluado.

Si usted tiene preguntas acerca de un producto relacionado con la salud, puede escribir al National Council Against Health Fraud (NCAHF), P.O. Box 1276, Loma Linda, CA 92354. El propósito de esta organización es de controlar las pretensiones comerciales fraudulentas, investigar quejas, y ofrecer educación al público en general.

P *¿Que factores debo considerar para asegurar la selección de un gimnasio o centro de salud de buena reputación?*

R Para participar en un programa de bienestar general muchas personas prefieren unirse a un centro de salud. Si usted ha asimilado los contenidos de este libro y si su actividad física seleccionada es una que puede practicar por si solo (caminar, trotar, ciclismo), tal vez no necesite unirse a un centro de salud. Si no sufre lesiones, usted podría continuar su programa de actividad física fuera de centros de salud por el resto de su vida. Puede también realizar los programas de fuerza y flexibilidad en su propio hogar (véanse los capítulos 3, 4 y los Apéndices B, C, y D).

Para mantenerse al día y obtener nueva información sobre la salud y el bienestar, se recomienda que compre un libro actualizado y de buena reputación en este campo cada 4 o 5 años. También puede suscribirse a revistas informativas acreditadas sobre la salud, la aptitud física, la nutrición, o el bienestar general (vease la Tabla 8.4).

Si usted esta contemplando unirse a un club o centro de salud física, observe las siguientes pautas:

❖ Evalúe todas las alternativas disponibles en su comunidad: clubes de salud, YMCAs, gimnasios, universidades, escuelas, centros comunitarios, centros para personas de edad avanzada, y otros similares.

❖ Fíjese si el ambiente del centro es placentero y confortable para usted. ¿Se sentirá usted cómodo con los instructores y los otros participantes que frecuentan el centro? ¿Siempre mantienen el centro limpio y organizado? Si sus respuestas no son afirmativas, tal vez este no sea el sitio ideal para usted.

❖ Analice el costo en base a las instalaciones, equipos, y programas disponibles. Evalúe su propio presupuesto. ¿Sacará usted provecho de su membresia? ¿Irá usted a entrenar regularmente a este centro? Mucha gente obtiene membresias y permiten que le descuenten las mensualidades directamente de sus cuentas bancarias, más casi nunca frecuentan estos centros de salud.

❖ Averigüe que tipo de instalaciones existen: pista para trotar, canchas de baloncesto/tenis/ráquetbol, sala para los aeróbicos, sala de pesas, piscina, vestidores, baños de sauna, jacuzzis, acceso para personas con impedimentos físicos, etc.

TABLA 8.4 ❖ Fuentes Confiables Para Información Sobre la Salud y el Bienestar		
Revistas	**Numero Aprox. Por Año**	**Costo Anual**
Consumer Reports Health Letter P.O. Box 56356 Boulder, CO 80323–2148	12	$24
Executive Health's Good Health Report P.O. Box 8880 Chapel Hill, NC 27515	12	$34
Tufts University Diet & Nutrition Letter P.O. Box 57857 Boulder, CO 80322–7857	12	$20
University of California Berkeley Wellness Letter P.O. Box 420148 Palm Coast, FL 32142	12	$20

❖ Evalúe los equipos de aeróbismo y fuerza muscular. ¿Existen cintas rodantes, bicicletas ergométricas, escaleras giratorias, simuladores de esquí a campo traviesa, pesas olímpicas, pesas tipo Universal Gym o Nautilus? Debe asegurarse que el lugar sirva sus propósitos.

❖ Considere la localidad. Es importante que el centro le quede cerca. Si le queda muy lejos, se puede desanimar y no asistirá regularmente.

❖ Averigüe si el centro este abierto durante las horas en que usted desea entrenar (temprano por la mañana o de noche).

❖ Entrene en el centro varias veces antes de firmar un contrato. Fíjese si hay que esperar para usar ciertos equipos o si están disponibles durante las horas en que usted desea practicar.

❖ Averigüe si los instructores tienen credenciales. ¿Tienen títulos universitarios o cuentan con certificaciones profesionales de reconocidas instituciones como el Colegio Americano de Medicina Deportiva (ACSM) o la International Dance Exercise Association (IDEA)?. Los requisitos para obtener una certificación con estas asociaciones son muy rigurosos, garantizando así la calidad del instructor.

❖ Evalúe la ideología del centro. Observe si hay programas para desarrollar todos los componentes de la aptitud física. ¿Que tal la disponibilidad de los instructores? ¿Están disponibles o siempre hay que buscarlos para recibir ayuda e instrucción?

❖ Averigüe si se ofrecen otros tipos de servicios y si ellos tienen costos adicionales. Por ejemplo, evaluaciones de la aptitud y la salud física (resistencia cardiorespiratoria, composición corporal, presión arterial, pruebas de colesterol) o seminarios de bienestar general (nutrición, control de peso, manejo del estrés).

P ¿Qué factores debo considerar antes de comprar alguna unidad o equipo para el acondicionamiento físico?

R La primera pregunta que se debe plantear es: ¿Necesito yo realmente este producto? Muchas personas compran impulsivamente motivados por los comerciales de televisión o porque un vendedor los convenció de lo maravilloso que es el implemento y las maravillas que hará por su salud física. Recuerde, si las pretensiones comerciales son demasiado buenas para ser reales, generalmente no vale la pena adquirir dicho producto. Con un poco de creatividad, usando las pautas previstas en los Capitulos 3 y 4, usted puede implementar un buen programa de aptitud física sin necesidad de casi ningún equipo.

Mucha gente compra implementos muy caros, para luego darse de cuenta que realmente no disfrutan de dicha actividad y por lo tanto dejan de usarlo. En la década del 80, las bicicletas (para piernas solamente) y remos estacionarios se encontraban entre los implementos deportivos de mayor popularidad. Hoy en día, casi nadie las usa y se han convertido en "muebles deportivos" en alguna parte del sótano.

Los equipos de acondicionamiento son de valor para personas que prefieren entrenarse en casa, especialmente durante el invierno. Con ellos se puede mantener la motivación y el cumplimiento del programa de actividad física. Otro beneficio de poseer equipos en casa es la flexibilidad del entrenamiento. Se puede entrenar antes o después del trabajo, o durante un programa favorito en la televisión.

Si usted ha decidido comprar algún equipo, se recomienda que lo pruebe varias veces antes de hacer la compra. Hágase varias preguntas: ¿Le agradó el entrenamiento? ¿Que tan cómoda es la unidad? ¿Es usted muy bajo, alto, o pesado para dicha unidad? ¿Es la unidad estable y solida? ¿Es necesario armar la unidad, y si es así, que tan difícil es armarla? ¿De qué calidad es la unidad? Busque referencias — pregunte en clubes o a

La vida de bienestar general

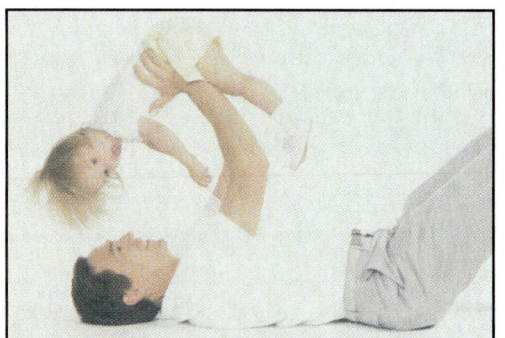

personas que han usado la unidad por mucho tiempo. ¿Están satisfechos? ¿Han disfrutado de la actividad (o equipo)? Hable con maestros o expertos en clínicas deportivas y centros de salud.

También debe evaluar algunas unidades usadas para establecer el deterioro del equipo. La calidad es importante. Las marcas baratas tal vez no duren mucho, malgastando así su inversión.

Por último, tenga cuidado con aditamentos caros. Por ejemplo, los monitores de frecuencia cardíaca, de la carga de trabajo, de calorías, de la velocidad, de la inclinación (de la cinta rodante), y de la distancia recorrida, ayudan con la motivación, pero no aumentan los beneficios físicos del entrenamiento. Considere los costos de mantenimiento y reparación y averigüe si tales se ofrecen en su comunidad.

¿EL DESAFIO PARA EL FUTURO?

El objetivo de este libro es el de proveerle a usted con la información necesaria para que implemente su propio programa de bienestar general. Sus actividades durante las últimas semanas o meses le deben haber ayudado a desarrollar patrones saludables de conducta que debe mantener por el resto de su vida.

Ahora, a punto de culminar este curso, el gran desafío será el de comprometerse a mantener los programas de aptitud física y bienestar general por toda la vida. Comprometerse con un programa es mucho más fácil en un medio estructurado. La aptitud física y el bienestar son un proceso continuo. En la medida que continúe con su programa, recuerde que el mayor de los beneficios es la mejor calidad de vida.

La mayoría de las personas que adoptan una vida de bienestar general podrán notar un cambio en la calidad de vida después de tan solo unas cuantas semanas en el programa. En algunos casos, especialmente en personas que han llevado hábitos nocivos por mucho tiempo, el establecimiento de conductas positivas y los sentimientos de bienestar pueden tomar algunos meses en llegar. Pero al final, toda persona que implementa los conceptos de la aptitud física y el bienestar general ha de cosechar los múltiples beneficios.

Si persevera y ejerce control sobre sus hábitos de salud, usted podrá disfrutar de una vida mejor, más feliz, más saludable, y más productiva. Recuerde de mantener el programa en base a sus propias necesidades y actividades que sean de su agrado. Esto hará que la trayectoria sea mucho más fácil y divertida. Una vez que llegue a la cima, sabrá lo que representa el bienestar general. Pero si nunca llega a ella, jamas sabrá que tan bien se puede realmente llegar a vivir. Lograr mejorar la calidad y la longevidad de la vida esta en sus propias manos. Esto requerirá perseverancia y compromiso, pero *solamente usted puede ejercer control sobre sus hábitos de vida y alcanzar los beneficios del bienestar general.*

REFERENCIAS

1. R. S. Paffenbarger, Jr., R. T. Hyde, A. L. Wing, and C. H. Steinmetz. "A Natural History of Athleticism and Cardiovascular Health." *Journal of the American Medical Association*, 252 (1984), 491-495.

2. J. L. Hesson. *Weight Training for Life* (Englewood, CO: Morton Publishing, 1991).

3. American College of Obstetricians and Gynecologists, *Guidelines for Exercise During Pregnancy*, 1994.

4. W. H. Osness, M. Adrian, B. Clark, W. Hoeger, D. Raab, and R. Wiswell, *Functional Fitness Assessment for Adults Over 60 Years.* (Reston, VA: American Alliance for Health, Physical Education, Recreation, and Dance, 1990).

5. F. W. Kash, J. L. Boyer, S. P. Van Camp, L. S. Verity, and J. P. Wallace. "The Effect of Physical Activity on Aerobic Power in Older Men (A Longitudinal Study)," *The Physician and Sports Medicine*, 18:4 (1990), 73–83.

Perfiles de Aptitud Física: Perfil Preliminar y Perfil Final

Perfil de Aptitud Física: Prueba Preliminar

Fecha: _____ Curso: _____ Sección: _____

Nombre: _____ Edad: _____ Hombre o Mujer: H / M

Peso Corporal: _____ . _____

Componente	Datos	Resultados	Clasificación	Meta
Resistencia Cardiorespiratoria **Trote de 1.5-Millas**	Tiempo _____ : _____	$VO_{2\,max.}$ _____ . _____		$VO_{2\,max.}$ _____ . _____
Caminata de 1.0 Milla	Tiempo _____ : _____			
	Frecuencia Cardíaca _____	$VO_{2\,max.}$ _____ . _____		$VO_{2\,max.}$ _____ . _____
Fuerza/Resistencia Muscular	Repeticiones	Percentil		
Salto de Banco	_____	_____		_____
Dominadas/Lagartijas Modificadas	_____	_____		_____
Abdominal Corto	_____	_____		_____
Promedio Percentil		_____		
Flexibilidad Muscular	Pulgadas	Percentil		
Flexión de Tronco/Cadera	_____	_____		_____
Rotación Corporal (D/I)	_____	_____		_____
Promedio Percentil		_____		
Composición Corporal	mm			
Pecho / Tríceps	_____			
Abdominal / Suprailíaco	_____			
Muslo	_____			
Suma de los pliegues	_____			
Porcentaje de Grasa		_____	_____	_____
Peso Magro (lbs.)		_____		

_____   _____   _____

Firma del estudiante   Firma del maestro   Fecha

FIGURA A.1 ❖ Perfil de aptitud física: prueba preliminar.

Perfil de Aptitud Física: Prueba Final

Fecha: _____ Curso: _____ Sección: _____

Nombre: _____ Edad: _____ Hombre o Mujer: H / M

Peso Corporal: _____ . _____

Componente	Datos	Resultados	Clasificación
Resistencia Cardiorespiratoria **Trote de 1.5-Millas**	Tiempo _____ : _____	$VO_{2\,max.}$ _____ . _____	_____
Caminata de 1.0-Millas	Tiempo _____ : _____		
	Frecuencia Cardíaca _____	$VO_{2\,max.}$ _____ . _____	_____

Fuerza/Resistencia Muscular	Repeticiones	Percentil	
Salto de Banco	_____	_____	_____
Dominadas/Lagartijas Modificadas	_____	_____	_____
Abdominal Corto	_____	_____	_____
Promedio Percentil	_____	_____	_____

Flexibilidad Muscular	Pulgadas	Percentil	
Flexión de Tronco/Cadera	_____	_____	_____
Rotación Corporal (D/I)	_____	_____	_____
Promedio Percentil	_____	_____	_____

Composición Corporal	mm		
Pecho Tríceps	_____		
Abdominal / Suprailíaco	_____		
Musclo	_____		
Suma de los pliegues	_____		
Porcentaje de Grasa	_____	_____	_____
Peso Magro (lbs.)	_____	_____	_____

Firma del estudiante   Firma del maestro   Fecha

FIGURA A.2 ❖ Perfil de aptitud física: prueba final

FITNESS PROFILE

Based on the textbook Fitness and Wellness
by Werner W.K. Hoeger and Sharon A. Hoeger
Morton Publishing Company
Englewood, Colorado

James Doe
Age: 18
Gender: M

Course: PE 114 Fitness Foundations
Section: 01
Instructor: Werner Hoeger

Test Item	Most Recent Test 09-22-1995	Current Test 12-14-1995	Current Fitness Rating	Percent Change
Cardiovascular Endurance (1.5-mile run test)	39.8 ml/kg/min	45.8 ml/kg/min	Good	+15
Muscular Endurance	37 %tile	60 %tile	Average	
Number of bench jumps	48 reps - 30 %tile	56 reps - 60 %tile	Average	+17
Number of chair dips	27 reps - 60 %tile	32 reps - 80 %tile	Good	+19
Number of crunches	24 reps - 20 %tile	27 reps - 40 %tile	Fair	+13
Muscular Flexibility	50 %tile	50 %tile	Average	
Sit and reach	16.5 in - 70 %tile	17.5 in - 70 %tile	Good	+6
Right body rotation	15.5 in - 30 %tile	17.0 in - 30 %tile	Fair	+10
Body Composition				
Percent body fat	23.7 %	21.4 %	Overweight	-10
Recommended percent body fat		20.0 %		
Body weight	175.0 lbs	170.5 lbs		
Recommended body weight		167.5 lbs		

*Programa de computación actualmente solo disponible en Inglés a través de la Morton Publishing Company, Englewood, Colorado.

FIGURA A.3 ❖ Perfil de aptitud física: Prebas preliminar y final.

Ejercicios de Fuerza Muscular

Ejercicios de Fuerza Muscular sin Pesas

EJERCICIO 1 — Escalinata en Banco

Descripción: El ejercicio consiste en subir y bajar un banco de aproximadamente 12 a 15 pulgadas de altura. Realice una serie subiendo con el pie derecho primero y luego repita la serie subiendo primero con el pie izquierdo. También se pueden alternar las piernas en cada ciclo de subida y bajada. Para mayor resistencia, puede tomar a un bebé u otro objeto en los brazos. Para evitar lesiones de la espalda baja, sostenga al bebé u objeto cerca del cuerpo.

Músculos Desarrollados: Gluteales, cuádriceps, gemelos, y soleo.

EJERCICIO 2 — Salto de Altura

Descripción: Inicie el ejercicio con las rodillas flexionadas a un ángulo de más o menos 150°. Luego salte tan alto como le sea posible, lanzando simultáneamente los brazos hacia arriba.

Músculos Desarrollados: Gluteales, cuádriceps, gemelos, y soleo.

Las fotografías de los ejercicios 11, 14, 15, 16, y 17 han sido proveídas por Universal Gym Equipment, Inc., 930 - 27th Avenue, S.W., Cedar Rapids, IA 52406. Las fotografías de los ejercicios 12, y 13 han sido proveídas por la compañía Nautilus, una marca registrada de Nautilus Sports/Medical Industries, Inc., 709 Powerhouse Road, Independence, Virginia 24348-0708.

Lagartijas

Descripción: Desde el apoyo facial y manteniendo el cuerpo completamente recto, flexione los brazos hasta que el cuerpo llegue al piso. Luego extienda los brazos para regresar a la posición inicial. Si su aptitud física no le permite realizar el movimiento como se indica, puede modificar el ejercicio apoyándose con las rodillas en lugar de los pies (véase la ilustración c). También puede usar un plano inclinado y apoyar las manos a mayor altura que los pies (véase la ilustración d). Si desea mayor resistencia, pídale a un compañero(a) que ejerza leve presión sobre sus hombros mientras esté regresando a la posición original.

Músculos Desarrollados: Tríceps, deltoide, pectoral mayor, erector espinal, y abdominales.

a

b

c

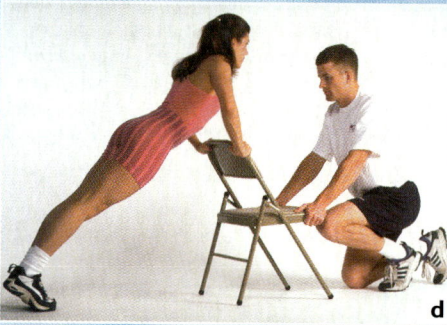

d

e

Abdominal Corto y Abdominal Completo

Descripción: Inicie el ejercicio con los hombros y la cabeza levemente separados del piso, los brazos cruzados sobre el pecho, y las rodillas ligeramente flexionadas (mientras mayor la flexión de las rodillas, más difícil será el ejercicio). Ahora flexione el tronco a un ángulo de 30° (abdominal corto, como se indica en la ilustración b) o súbalo completamente (abdominal completo). Luego regrese a la posición inicial sin permitir que la cabeza o los hombros toquen el piso o que las caderas se despeguen del suelo. Si lo último sucede, ello permite tomar impulso para la próxima repetición, reduciendo así el trabajo abdominal a un mínimo. Si no se puede realizar el abdominal completo con los brazos cruzados sobre el pecho, se pueden colocar a lado de los muslos o se puede aferrar a ellos para ayudarle a subir (como se ilustra en las fotos d y e). No se deben ejecutar estos ejercicios con las piernas completamente extendidas ya que tal posición causa tensión adicional en la espalda baja.

Músculos Desarrollados: Grupo abdominal (corto) y flexores de la cadera (completo).

a

b

c

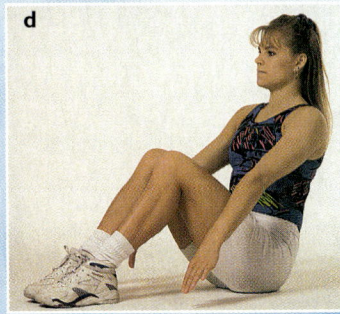
d

e

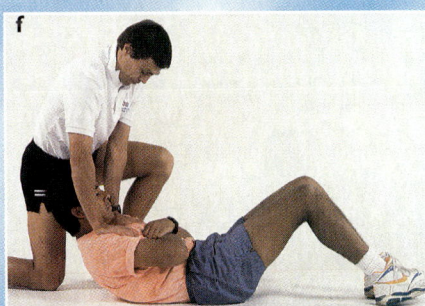
f

EJERCICIO 5 — Flexión de Pierna

a

b

Descripción: Acuéstese en el piso boca abajo. Coloque el pie derecho sobre el talón izquierdo. Aplique resistencia con el pie derecho mientras flexiona la pierna izquierda hasta llegar a un ángulo de 90° en la rodilla. La presión aplicada debe ser de una magnitud tal que tan solo se permita un lento movimiento con la pierna izquierda. Repita el ejercicio colocando el pie izquierdo sobre el talón derecho.

Músculos Desarrollados: Bíceps femoral, semitendinoso, semimembranoso, (y cuádriceps con el pie opuesto).

EJERCICIO 6 — Dominadas Modificadas

Descripción: Coloque las manos y pies en sillas opuestas (asegúrese que las sillas sean bien estables). Flexione los brazos hasta llegar a un ángulo de 90° en los codos y luego regrese a la posición inicial. Para aumentar la resistencia, pídale a un compañero(a) que ejerza leve presión sobre sus hombros mientras esté subiendo a la posición original (véase la foto c).

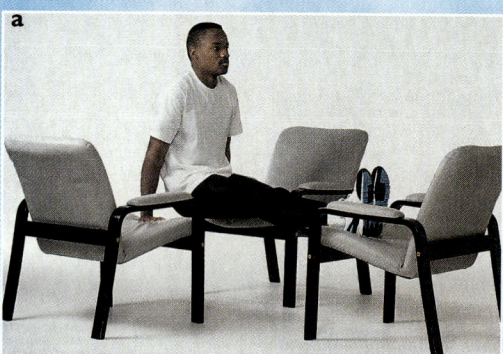

a

Músculos Desarrollados: Tríceps, deltoide, y pectoral mayor.

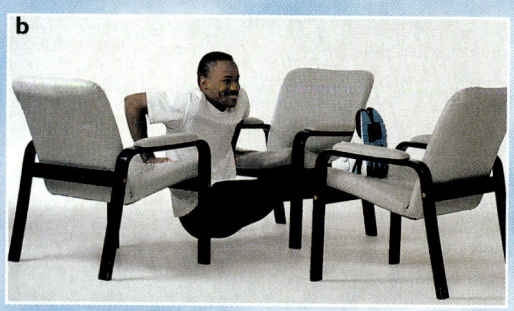

b

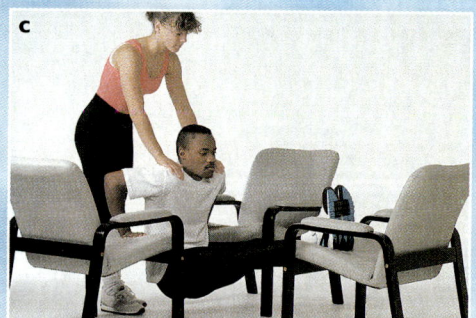

c

Flexión y Extensión de Codo en la Barra

Descripción: Sujetese de una barra con un agarre frontal (palma hacia adelante). Flexione los brazos hasta que la cabeza sobrepase la barra y luego regresese a la posición original. Si no puede realizar este movimiento como se ha descrito, pídale a un compañero(a) que le sostenga los pies para que pueda ayudarse con ellos en la fase de subida (véanse las ilustraciones c y d) o use una barra más baja para poder apoyar los pies en el piso (ilustración e).

Músculos Desarrollados: Bíceps, braquiorradial, braquial, trapecio, y dorsal ancho.

 a
 b
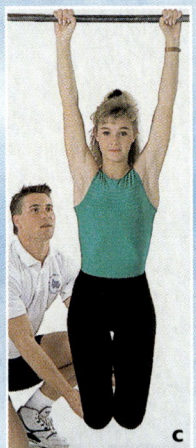 c
 d
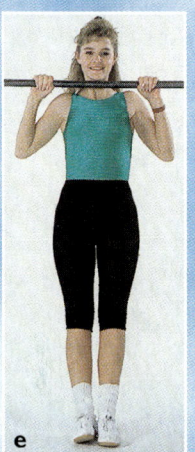 e

Flexión de Codo

Descripción: Con la palma de la mano hacia adelante y el brazo completamente extendido, use un bolso o balde lleno de arena o piedras y suba (flexione el codo) la resistencia tanto como le sea posible. Luego regrese la resistencia a la posición inicial. Repita el ejercicio con el otro brazo.

Músculos Desarrollados: Bíceps, braquiorradial, y braquial.

 a
 b

EJERCICIO 9 — Elevación de Talón

Acción: Párese con los pies planos sobre el piso y suba y baje el cuerpo a través de la extensión y flexión del tobillo (solamente). Si necesita resistencia adicional, puede pedirle a un compañero(a) que le sujete por los hombros durante el ejercicio.

Músculos Desarrollados: Gemelos y soleo.

a   b

EJERCICIO 10 — Abducción y Aducción de la Cadera

Descripción: Para este ejercicio se requieren dos participantes. Ambos se sientan sobre el piso y la persona a la izquierda coloca sus pies por dentro de los pies del otro participante. En forma simultánea, la persona a la izquierda presiona las piernas lateralmente (hacia afuera — abducción), mientras que la persona a la derecha presiona las piernas hacia adentro (aducción). Cada contracción se sostiene de 5 a 10 segundos. El ejercicio debe repetirse en los tres ángulos señalados y luego se invierte el procedimiento. La persona a la izquierda coloca los pies por fuera y presiona hacia adentro, mientras que la persona a la derecha presiona hacia afuera.

Músculo Desarrollados: Músculos abductores (recto femoral, sartorio, gluteos medio y menor) y aductores (pectíneo, gracilis, aductor mayor, aductor largo, y aductor breve) de la cadera.

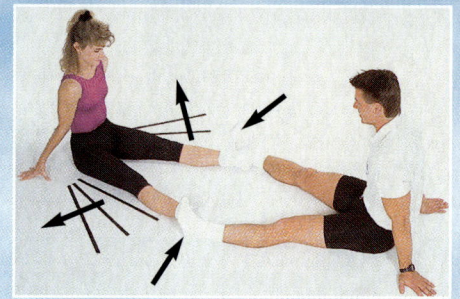

Ejercicios de Fuerza Muscular con Pesas o Equipos de Fuerza

EJERCICIO 11 — Flexión de Codo

Descripción: Empiece con las palmas hacia arriba y los brazos casi completamente extendidos. Ahora lleve la resistencia hacia los hombros (tanto como le sea posible) y regrésela suavemente a la posición original.

Músculos Desarrollados: Bíceps, braquioradial, y braquial.

a   b

EJERCICIO
12

Press de Banco

Descripción: Acuéstese sobre la banca con la cabeza en dirección de las pesas. La barra debe estar a la altura del pecho. Coloque los pies sobre el banco. Tome la barra con las manos y extienda los brazos completamente. Luego regrese a la posición inicial. Trate de no arquear la espalda durante el ejercicio.

Músculos Desarrollados: Pectoral mayor, tríceps, y deltoide.

EJERCICIO
13

Abdominales Cortos

Descripción: Siéntese derecho y agarre las barras sobre los hombros. Ahora flexione el tronco tanto como le sea posible. Luego regresese lentamente a la posición original.

Músculos Desarrollados: Grupo abdominal.

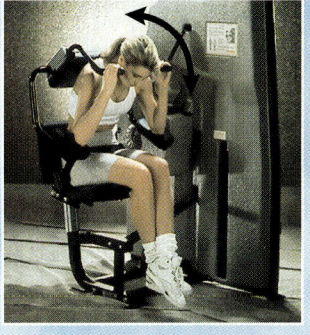

EJERCICIO
14

Extensión de Pierna

Descripción: Siéntese derecho, co-
loque los pies debajo de los rodillos y agarre los soportes a ambos lados del cuerpo. Extienda las piernas completamente y luego regrese a la posi-
ción inicial.

Músculos Desarrollados: Cuádriceps.

EJERCICIO 15

Flexión de Pierna

Descripción: Acuéstese boca abajo en el banco con las piernas extendidas y coloque las pies debajo de los rodillos. Flexione los rodillas hasta llegar a un ángulo de 90° y luego regrese nuevamente a la posición inicial.

Músculos Desarrollados: Bíceps femoral, semitendinoso, y semimembranoso.

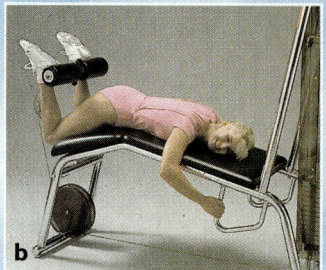

EJERCICIO 16

Halado Lateral

Descripción: Desde la posición sentada, tome la barra sobre la cabeza con bastante separación de manos. Hale la barra hasta que ella toque ligeramente el cuello. Lentamente regrese la barra a la posición de partida.

Músculos Desarrollados: Dorsal ancho, pectoral mayor, y bíceps.

EJERCICIO 17

Elevación de Talón

Acción: Inicie el ejercicio bien sea con los pies planos sobre el piso o con la punta de los pies sobre un bloque elevado. Ahora suba y baje el cuerpo por intermedio de la extensión y flexión del tobillo (solamente). Si se requiere resistencia adicional, se puede usar la maquina para sentadillas o squat.

Músculos Desarrollados: Gemelos y soleo.

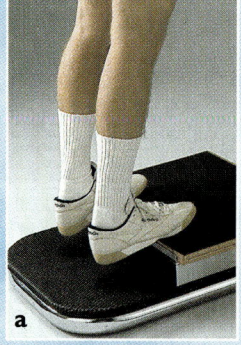

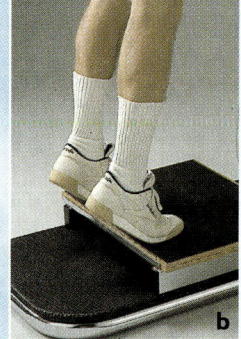

Ejercicios de Flexibilidad

EJERCICIO
18

Inclinación Lateral de la Cabeza

Descripción: Incliné la cabeza suavemente de un lado al otro. Repita este movimiento varias veces.

Areas Estiradas: Músculos flexores y extensores del cuello y ligamentos de las vértebras cervicales.

EJERCICIO
19

Círculos de Brazos

Descripción: Suavemente realice círculos completos de los brazos. Realice el ejercicio en ambas direcciones.

Areas Estiradas: Ligamentos y músculos de los hombros.

EJERCICIO
20

Flexiones Laterales de Tronco

Descripción: Párese con los dos pies separados al ancho de los hombros y coloque las manos en la cadera. Flexione lateralmente el tronco y mantenga la flexión por algunos segundos. El movimiento se realiza por ambos lados.

Areas Estiradas: Ligamentos y músculos de la región - pélvica.

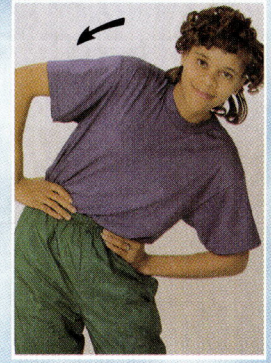

EJERCICIO
21

Rotación Corporal

Descripción: Con los brazos levemente extendidos, rote el tronco lo más posible y mantenga la posición final por algunos segundos. Realice el ejercicio para ambas partes del cuerpo. También puede realizar este estiramiento parándose a unos dos pies de la pared, con la espalda hacia la pared, y luego rote el tronco colocando las manos sobre la pared.

Areas Estiradas: Músculos de la cadera, el abdomen, el pecho, la espalda, el cuello, y los hombros. Ligamentos de la espalda y la cadera.

EJERCICIO 22 — Estiramiento del Pecho

Descripción: Arrodíllese por detrás de una silla y coloque ambas manos sobre el respaldo de la silla. Empuje el pecho gradualmente hacia abajo y mantenga la posición final por algunos segundos.

Areas Estiradas: Músculos del pecho (pectorales) y ligamentos del hombro.

EJERCICIO 23 — Hiperextensión del Hombro

Descripción: Pídale a un compañero(a) que le tome las manos por detrás de la espalda y que le empuje suavemente los brazos hacia arriba. La posición final se sostiene por unos cuantos segundos.

Areas Afectadas: Músculos deltoides y pectorales y los ligamentos del hombro.

EJERCICIO 24 — Rotación del Hombro

Descripción: Coloque una cuerda elástica o un bastón de aluminio o madera detrás del cuerpo. Agarre el implemento con las manos de forma tal que los dedos pulgares queden hacia afuera. Gradualmente suba la cuerda o bastón hacia arriba y luego hacia adelante sobre la cabeza. Mantenga siempre los brazos extendidos. El movimiento se repite varias veces y con cada repetición se puede disminuir la distancia entre ambas manos.

Areas Estiradas: Músculos deltoides, dorsal ancho, pectorales y los ligamentos del hombro.

EJERCICIO 25 — Estiramiento del Muslo

Descripción: Acuéstese de lado y flexione la pierna de arriba. Tome el tobillo y halelo hacia la región glutea. Mantenga la posición final por algunos segundos.

Areas Estiradas: Músculo cuádriceps y los ligamentos de la rodilla y el tobillo.

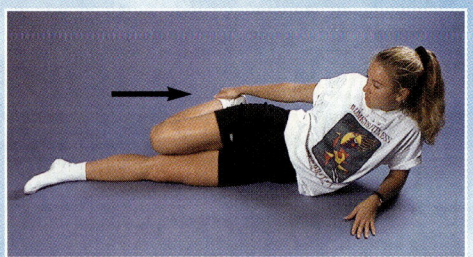

EJERCICIO 26 — Estiramiento del Tendón de Aquiles

Descripción: Desde la posición inicial del ejercicio de la lagartija, flexione una pierna y estire el tendón de Aquiles de la pierna opuesta. Aguante esta posición por algunos segundos. Repita la acción con la otra pierna. Este ejercicio también se puede hacer apoyándose en una pared o parándose a la orilla de un escalón para luego estirar el tendón.

Area Estirada: El tendón de Aquiles y los músculos gemelos y soleo.

EJERCICIO 27 — Estiramiento de la Región Interna del Muslo (Aductores)

Descripción: Párese con las piernas separadas al doble de la distancia de los hombros y coloque las manos sobre las rodillas. Flexione una pierna y baje suavemente tanto como le sea posible. Mantenga la posición final por algunos segundos.

Areas Estiradas: Músculos aductores de la cadera.

EJERCICIO 28 — Estiramiento para la Región Interna del Muslo en Posición Sentada

Descripción: Siéntese en el piso y junte las plantas de los pies al frente suyo. Ahora coloque los codos sobre la parte interior del muslo y ejerza presión sobre los muslos. Mantenga la posición final por varios segundos.

Areas Estiradas: Músculos aductores de la cadera.

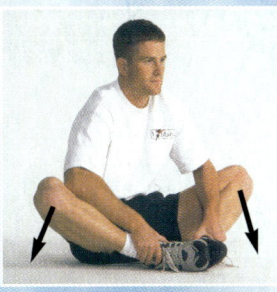

EJERCICIO 29 — Flexión de Tronco

Descripción: Siéntese en el piso con las piernas juntas y gradualmente flexione el tronco hacia adelante. Mantenga la posición final por algunos segundos. También se puede realizar este ejercicio con las piernas separadas, estirando hacia cada lado y al frente.

Areas Estiradas: Bíceps femoral, semitendinoso, semimembranoso, y músculos de la espalda baja y ligamentos de las vértebras lumbares.

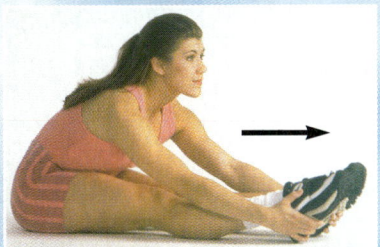

EJERCICIO 30 — Estiramiento del Tríceps

Descripción: Coloque la mano derecha detrás del cuello. Coloque la mano izquierda por arriba del codo derecho y suavemente empuje el codo hacia abajo. Repita el ejercicio con el otro brazo.

Areas Estiradas: Parte posterior del brazo (tríceps) y la articulación del hombro.

Ejercicios de Prevención y Rehabilitación Para Problemas de la Espalda Baja

EJERCICIO 31 — Estiramiento Unilateral de Rodilla al Pecho

Descripción: Acuéstese de espalda sobre el piso. Flexione una pierna a un ángulo aproximado de 100° y gradualmente hale la rodilla opuesta hacia el pecho. Mantenga la posición final por algunos segundos. Repita el ejercicio con la otra pierna.

Areas Estiradas: Bíceps femoral, semitendinoso, semimembranoso, músculos de la espalda baja, y ligamentos de las vértebras lumbares.

EJERCICIO 32 — Estiramiento de Ambas Rodillas al Pecho

Descripción: Acuéstese de espalda en el piso y gradualmente hale ambas rodillas hacia el pecho asumiendo una posición fetal. Mantenga esta posición por algunos segundos.

Areas Estiradas: Músculos de la región superior e inferior de la espalda y ligamentos vértebrales. También el bíceps femoral, el semitendinoso, y el semimembranoso.

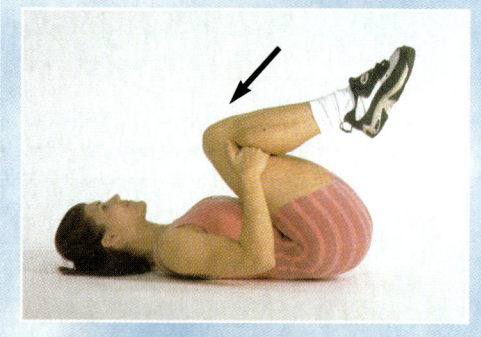

EJERCICIO 33 — Estiramiento Completo de Espalda

Descripción: Siéntese en el piso y junte las plantas de los pies al frente suyo. Sujete los pies con ambas manos y suavemente inclínese hacia adelante, llevando la cabeza y los hombros en dirección de los pies.

Areas Estiradas: Músculos y ligamentos de toda la espalda.

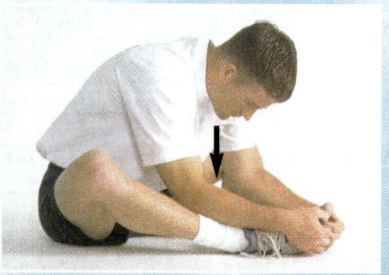

EJERCICIO 34 — Flexión de Tronco

(vease el Ejercicio 29 en el Apéndice C)

EJERCICIO 35 — Estiramiento Gluteal

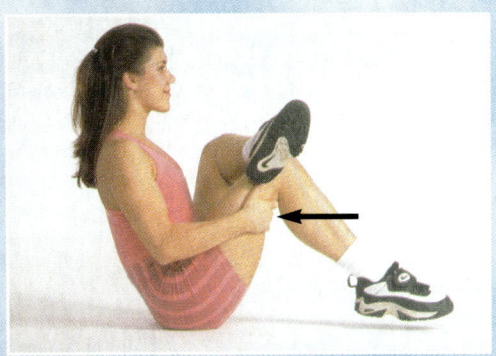

Descripción: Siéntese en el piso, doble la pierna izquierda y coloque el tobillo izquierdo sobre la rodilla derecha. Agarre el muslo derecho con ambas manos y suavemente hale la pierna hacia el pecho. Repita el ejercicio con la otra pierna.

Areas Estiradas: Músculos gluteales.

EJERCICIO 36 — Extensión de Espalda

Descripción: Acuéstese boca abajo sobre el piso con los codos a la altura del pecho. Coloque los antebrazos sobre el piso y las manos a la altura de la quijada. Suavemente suba el tronco hasta alcanzar un ángulo aproximado de 90° en los codos. Asegúrese de que los antebrazos estén en contacto con el piso todo el tiempo. Mantenga la posición estirada por algunos segundos. NO EXTIENDA LA ESPALDA más arriba de este punto. La hiperextensión de la espalda puede conducir o agravar problemas de la espalda.

Area Estirada: Región Abdominal

Beneficio Adicional: Restauración de la curvatura normal de la espalda baja

EJERCICIO 37 — Rotación del Tronco y Estiramiento de la Espalda Baja

Descripción: Siéntese en el piso, flexione la pierna derecha y coloque el pie derecho por fuera de la rodilla izquierda. Coloque el codo izquierdo sobre la rodilla derecha y ejerza presión sobre ella. Al mismo tiempo, rote el tronco hacia la derecha (contra reloj). Aguante la posición final por algunos segundos. Repita el ejercicio por el otro lado.

Areas Estiradas: Parte lateral de la cadera y el muslo, el tronco, y la espalda baja.

EJERCICIO
38

Rotación Pélvica

Descripción: Acuéstese de espalda sobre el piso con las piernas flexionadas a un ángulo de unos 90°. Rote la pelvis a través de una contracción abdominal. Al mismo tiempo trate de pegar la espalda completamente al piso, levantando muy levemente la región gluteal del suelo (véase la foto b). Aguante esta posición por varios segundos. Este ejercicio también se puede realizar contra la pared como se demuestra en la foto c.

Areas Estiradas: Músculos y ligamentos de la espalda baja.

Areas Fortalecidas: Músculos abdominales y gluteales.

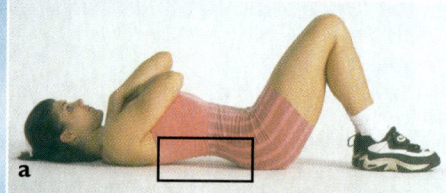

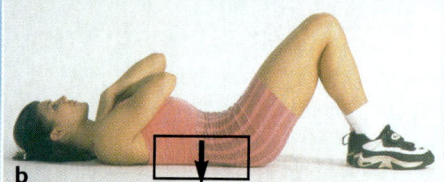

EJERCICIO
39

El Gato

Descripción: Arrodíllese sobre el piso y coloque las manos sobre el piso al ancho y a la altura de los hombros. Relaje el tronco y la espalda baja (foto a). Ahora suba la espalda y aprete los músculos abdominales tanto como le sea posible y aguante la posición por algunos segundos (foto b). Repita el ejercicio unas 4 a 5 veces.

Areas Estiradas: Músculos y ligamentos de la espalda baja.

Areas Fortalecidas: Músculos abdominales y gluteales.

EJERCICIO
40

Abdominal Corto y Abdominal Completo

(vease el Ejercicio 4 en el Apéndice B)

Es importante que no se estabilicen (sostengan) los pies cuando se realizan estos ejercicios, ya que ello disminuye el trabajo de los músculos abdominales. También recuerde que debe subir lentamente el tronco (no se impulse) durante la ejecución de estos ejercicios, de lo contrario, se limita el trabajo de los músculos abdominales.

Contenido Calórico y de Proteína, Grasa, Grasa Saturada, Colesterol, y Carbohidrato en Seleccionados Alimentos*

Código	Alimento	Cantidad	Peso gr	Calorías	Proteína gr	Grasa gr	Grasa Sat. gr	Coles-terol mg	Carbo-hidrato gr
304.	Aceite de cartamo	1 chrda	15	125	0.0	14	1.3	0	0
302.	Aceite de maíz	1 chrda	15	125	0.0	14	1.8	0	0
303.	Aceite de oliva	1 chrda	15	125	0.0	14	1.9	0	0
305.	Aceite de soya	1 chrda	5	44	0.0	5	2.0	0	0
307.	Aceitunas, negras, maduras	10 grandes	55	61	0.5	7	1.0	0	1
192.	Aderezo, Bleu cheese	1 chrda	15	77	0.7	8	1.9	4	1
197.	Aderezo, estilo ranchero	1 chrda	15	54	0.4	6	0.9	6	1
193.	Aderezo, Francés	1 chrda	16	83	0.1	9	1.4	0	1
194.	Aderezo, Francés, bajo en calorías	1 chrda	15	24	0.0	2	0.2	0	2
195.	Aderezo, Italiano	1 chrda	15	69	0.1	9	1.3	0	2
196.	Aderezo, Italiano, bajo en calorías	1 chrda	15	10	0.0	1	0.0	0	1
198.	Aderezo, mil islas	1 chrda	15	60	0.2	6	1.0	4	2
199.	Aderezo, mil islas, bajo en calorías	1 chrda	15	25	0.1	2	0.2	2	3
13.	Aguacate	1/2 mediano	120	185	2.4	19	3.2	0	7
9.	Albaricoques	4 med.	114	55	1.1	0	0.0	0	14
7.	Albaricoques, enlatados en almíbar	3 mitades con 1 1/3 chrda de liquido	85	73	0.5	0	0.0	0	19
8.	Albaricoques, secos	10 mitades, medianos	35	91	1.8	0	0.0	0	23
149.	Almejas, enlatadas, sin liquido	3 oz	85	83	13.0	2	0.2	50	2
2.	Almendras, sin cascara	1/4 taza	36	213	6.6	19	1.4	0	9
82.	Apio España, verde, crudo, tallo largo	1 tallo de 8"	40	7	0.4	0	0.0	0	2
373.	Arroz, grano blanco, enriquecido, cocido	1/2 taza	103	113	2.1	0	0.0	0	25
372.	Arroz, grano oscuro, cocido	1/2 taza	96	116	2.5	1	0.0	0	25
374.	Arroz, silvestre, cocido	1/2 taza	100	92	3.6	0	0.0	0	19
456.	Atún, enlatado con agua (no colado)	3½ oz	99	126	27.7	1	0.0	55	0
455.	Atún, enlatado, en aceite, colado	3 oz	85	167	25.0	7	1.7	60	0
435.	Azúcar blanca granulada	1 chrdita	4	15	0.0	0	0.0	0	4
434.	Azúcar morena granulada	1 chrdita	5	17	0.0	0	0.0	0	5
153.	Bacalao, a la milanesa, frito	3.5 oz	100	199	19.6	10	3.9	55	8
154.	Bacalao, cocido	3 oz	85	144	24.3	4	1.5	60	0

Reproducido con permiso de W. W. K. Hoeger y S. A. Hoeger, *Lifetime Physical Fitness & Wellness*, Morton Publishing Company, 1995.

Código	Alimento	Cantidad	Peso gr	Calorías	Proteína gr	Grasa gr	Grasa Sat. gr	Coles- terol mg	Carbo- hidrato gr
155.	Bacalao, escalfado	3.5 oz	100	94	20.9	1	0.3	60	0
17.	Banana (cambur)	1 pequeña	140	81	1.0	0	0.0	0	21
438.	Batata dulce (camote) horneada	1 batata 5"	146	161	2.4	1	0.0	0	37
42.	Blueberries	1/2 taza	73	45	0.5	0	0.0	0	11
43.	Bologna	1 rebanada (1 oz)	28	86	3.4	8	3.0	15	0
44.	Bologna de pavo	2 rebanadas	57	113	7.8	9	3.0	56	1
46.	Brandy	1 oz	28	69	0.0	0	0.0	0	11
56.	Brócoli, cocido	1 tallito peq.	140	36	4.3	0	0.0	0	6
57.	Brócoli, crudo	1 tallito peq.	114	38	4.1	0	0.0	0	7
25.	Brotes de guisantes chinos (bean sprouts)	1/2 taza	52	18	2.0	0	0.0	0	4
58.	Brownies con nueces	1	20	95	1.3	6	2.3	18	11
60.	Bulgur de trigo	1 taza	135	227	8.4	1	0.0	0	47
62.	Burrito, combinación, Taco Bell	1	175	404	21.0	16	0.0	0	43
61.	Burrito de frijoles	1	166	307	12.5	9.5	3.6	14	45
156.	Café	3/4 taza	180	1	0.0	0	0.0	0	0
429.	Calabaza de invierno, puré	1/2 taza	103	70	1.9	0	0.0	0	18
428.	Calabaza de verano, cocida	1/2 taza	90	13	0.8	0	0.0	0	3
400.	Camarón, frito	7 medianos	85	200	16.0	10	2.5	168	11
399.	Camarón, hervido	3 oz	85	99	18.0	1	0.1	128	1
171.	Cangrejo, enlatado	1 taza	135	135	23.0	3	0.5	135	1
1.	Caramelo, Almond Joy	1.5 oz	42	227	2.5	12	10.2	0	28
77.	Caramelo de leche (natural o de chocolate)	1 oz	28	113	1.1	3	1.6	0	22
75.	Caramelo, duro	1 oz	28	109	0.0	0	0.0	0	28
30.	Carne de res, albondigón	1 rebanada	111	246	20.0	15	6.1	125	6
35.	Carne de res, bistec T-bone	3 oz	85	403	16.7	37	15.6	66	0
27.	Carne de res, "corned beef"	3 oz	85	163	21.0	10	8.0	70	0
34.	Carne de res, lomito, asado	3 oz	85	329	19.6	27	13.0	77	0
26.	Carne de res, lomo, cocido	3 oz	85	212	25.0	12	7.8	80	0
28.	Carne de res molida, desgrasada	3 oz	85	186	23.3	10	5.0	81	0
32.	Carne de res, muchacho redondo, asado	3 oz	85	222	24.3	13	6.0	77	0
33.	Carne de res, pulpa negra	3 oz	85	177	24.7	9	4.0	80	0
36.	Carne de res, rebanadas para sandwich	3 oz	85	105	18.5	3	1.4	36	0
261.	Carnero, chuleta, rotisada, magra	3 oz	84	183	25.0	8	3.4	78	0
260.	Carnero, pierna, rotisada, sin grasa	3 oz	85	237	22.0	16	7.3	60	0
311.	Cebolla, anillos, (Brazier), Dairy Queen	3	85	360	6.0	17	6.0	15	33
310.	Cebolla, anillos fritos	3	30	122	1.6	8	2.3	0	11
308.	Cebollas, maduras, cocidas, coladas	1/2 taza rebanada	105	31	1.3	0	0.0	0	7
83.	Cereal, All-Bran	1/4 taza	21	53	3.0	0	0.1	0	16
84.	Cereal, Alpha Bits	1 taza	28	111	2.2	1	0.0	0	25
96.	Cereal, Avena, al instante	1/2 taza	120	66	2.4	1	0.2	0	12
85.	Cereal, Bran	1/2 taza	30	72	3.8	1	0.0	0	22
86.	Cereal, Cheerios	1 taza	23	89	3.4	1	1.2	0	16
87.	Cereal, Corn Chex	1 taza	28	111	2.0	0	0.1	0	25
88.	Cereal, Corn Flakes	1 taza	25	97	2.0	0	0.0	0	21
89.	Cereal, Cream of Wheat	1 taza	244	140	3.0	1	0.1	0	29
90.	Cereal, Frosted Mini-Wheats	4 galletas	31	111	3.2	0	0.0	0	26
91.	Cereal, Fruit & Fibre w/dates	1 taza	56	180	6.0	2	0.3	0	42
92.	Cereal, Granola, Nature Valley	1/2 taza	57	252	5.8	10	7.0	0	38
93.	Cereal, Grape Nuts	1/2 taza	57	202	6.6	0	0.0	0	47
94.	Cereal, Life	1 taza	44	162	8.1	1	0.1	0	32
95.	Cereal, Nutri-Grain Wheat	1 taza	44	158	3.8	1	0.1	0	37
97.	Cereal, Raisin Bran	1 taza	49	160	4.0	1	0.2	0	40
98.	Cereal, Rice Krispies	3/4 taza	22	85	1.4	0	0.0	0	19
99.	Cereal, Shredded Wheat	1 taza	19	65	2.1	0	0.0	0	11
100.	Cereal, Special K	1 taza	21	83	4.2	0	0.0	0	16
101.	Cereal, Sugar Corn Pops	1 taza	28	108	1.4	0	0.0	0	26

Código	Alimento	Cantidad	Peso gr	Calorías	Proteína gr	Grasa gr	Grasa Sat. gr	Coles- terol mg	Carbo- hidrato gr
102.	Cereal, Sugar Frosted Flakes	1 taza	35	133	1.8	0	0.0	0	32
103.	Cereal, Sugar Smacks	1 taza	37	141	2.7	1	0.1	0	32
104.	Cereal, Total	1 taza	33	116	3.3	1	0.1	0	26
106.	Cereal, trigo entero cocido	1/2 taza	123	55	2.2	0	0.0	0	12
107.	Cereal, trigo entero hojuelas listo para comer	1 taza	30	106	3.1	1	0.0	0	24
105.	Cereal, Wheat Chex	1 taza	46	169	4.5	1	0.2	0	38
108.	Cereal, 40% Bran Flakes	1 taza	39	125	4.9	1	0.1	0	31
109.	Cereal, 100% Bran	1/2 taza	33	89	4.2	2	0.3	0	24
126.	Cerezas	10	75	47	0.9	0	0.0	0	12
37.	Cerveza	12 oz	360	151	1.1	0	1.1	0	14
38.	Cerveza, ligera	12 oz	354	96	0.7	0	0.0	0	4
110.	Champaña	4 oz	113	87	0.2	0	0.1	0	2
296.	Champiñones, frescos, cultivados	1/2 taza, en rajas	35	12	1.0	0	0.0	0	2
124.	Cheetos (Cheese puffs)	1 oz	28	158	2.2	10	4.8	5	14
145.	Chili con carne	1 taza	255	339	19.1	16	5.8	28	31
320.	Chirivía, (parnisps), cocida	1 grande 9" de largo	160	106	2.4	1	0.0	0	24
147.	Chocolate, barra de leche	1 oz	28	147	2.0	9	3.6	5	16
148.	Chocolate, barra de leche con almendras	1 oz	28	150	2.9	10	4.4	5	15
150.	Chocolate, caliente, con leche entera	1 taza	250	218	9.1	9	6.1	33	26
146.	Chocolate, fudge	1 oz	28	115	0.6	3	2.1	1	21
276.	Chocolate, Mars bar	1 barra	50	240	4.0	11	4.8	0	30
288.	Chocolate, Milky Way	1 barra	60	260	3.2	9	5.4	14	43
401.	Chocolate, Snickers	1 barra	61	290	6.6	4	5.4	0	37
151.	Chocolate en polvo	1 chrda	5	14	0.9	1	0.0	0	3
271.	Chocolates M&M's	1 oz	28	140	1.9	6	3.3	0	19
272.	Chocolates M&M's con maní	1 oz	28	145	3.2	7	3.2	0	17
353.	Chorizo, (salchicha de cochino) cocido	1 pequeño	17	72	2.8	6	2.1	13	1
349.	Ciruelas, japonesas e híbridas	1 ciruela 2⅛" diámetro	70	32	0.3	0	0.0	0	8
363.	Ciruelas, secas, blandas, sin semilla	5 ciruelas	61	137	1.1	0	0.0	0	36
352.	Cochino, rotisado, sin grasa	3 oz	85	179	24.0	8	2.2	65	0
152.	Coco, picado, empacado	1/2 taza	65	225	2.3	23	20.0	0	6
221.	Coctel de frutas	1 taza	245	91	1.0	0	0.0	0	24
222.	Coctel de frutas, en almíbar	1 taza	248	115	1.1	0	0.0	0	29
392.	Col agrio, enlatado	1/2 taza	118	21	1.2	0	0.0	0	5
59.	Col de Bruselas, paquete congelado, cocidas	1/2 taza	78	28	3.2	0	0.0	0	5
157.	Coleslaw (Col picado)	1 taza	120	173	1.6	17	1.0	5	6
81.	Coliflor, cocida	2 oz	63	14	1.5	0	0.0	0	3
158.	Collards, hojas sin tallo, cocidas, coladas	1/2 taza	95	32	3.4	1	2.0	0	5
424.	Costillas tiernas, cocidas	3 oz	85	377	17.8	33	12.0	73	0
418.	Crema agria	1 chrda	14	30	0.4	3	1.8	6	1
419.	Crema agria, imitación	1 chrda	14	29	0.3	3	2.5	0	1
182.	Crema, entera, batida	1 chrda	15	53	0.3	6	1.3	12	1
181.	Crema, ligera, de mesa o para el café	1 chrda	15	20	0.5	2	0.5	5	1
183.	Croissant	1	57	235	4.7	12	4.0	13	27
184.	Croissant (Sara Lee)	1	18	59	1.6	2	0.3	0	8
185.	Croissan'wich, queso, huevo, Burger King	1	110	315	13.0	20	7.0	222	19
45.	Cubito para sopa	1	4	5	0.8	0	0.0	0	0
189.	Dátiles, secos	5	46	110	0.9	0	0.0	0	29
254.	Desayuno instantáneo con leche descremada	1 taza	282	216	15.4	0	0.0	4	35
253.	Desayuno instantáneo con leche entera	1 taza	281	280	15.0	8	5.1	33	34

Código	Alimento	Cantidad	Peso gr	Calorías	Proteína gr	Grasa gr	Grasa Sat. gr	Coles-terol mg	Carbo-hidrato gr
207.	Enchilada, de carne	1	200	487	21.8	23	8.8	63	26
208.	Enchilada, de queso	1	230	632	25.3	34	17.6	82	31
379.	Ensalada, Cesar, Wendy's	1	130	160	10	6	1.0	10	18
380.	Ensalada, Chef, Burger King	1	273	178	17	9	4.0	103	7
381.	Ensalada, Chef, McDonald's	1	265	170	17	9	4.0	111	8
387.	Ensalada de atún	1 taza	205	375	33	19	3.3	80	19
440.	Ensalada de Taco, Wendy's	1	510	640	34	30	12.0	80	70
384.	Ensalada, Deluxe Garden, Wendy's	1	271	110	7	5	1.0	0	9
385.	Ensalada, Garden, Arby's	1	330	117	7	5	2.7	12	11
386.	Ensalada, Grilled Chicken, Wendy's	1	338	200	25	8	1.0	55	9
382.	Ensalada, pollo, Burger King	1	258	142	20	4	1.0	49	8
383.	Ensalada, pollo con apio España	1/2 taza	78	266	10.5	25	4.1	48	1
420.	Espagueti, c/salsa de tomate y queso	1 taza	250	260	8.8	9	2.0	10	37
421.	Espagueti, cocidos	1 taza	140	155	5.0	1	0.1	0	32
423.	Espagueti, con albóndigas en salsa de tomate	1 taza	248	332	18.6	11.7	3.0	75	39
422.	Espagueti, de trigo entero, cocidos	1 taza	125	151	6.6	1	0.1	0	32
12.	Espárragos, verdes, cocidos	4 medianos	60	12	1.3	0	0.0	0	2
426.	Espinaca, congelada, cocida, colada	1/2 taza	103	24	3.1	0	0.0	0	4
425.	Espinaca, enlatada, colada	1/2 taza	103	25	2.3	1	0.0	0	4
427.	Espinaca, fresca, picada	1 taza	55	14	1.8	0	0.0	0	2
298.	Fideos, enriquecidos, cocidos	1/2 taza	80	100	3.3	1	0.0	0	19
371.	Frambuesas, congeladas	1 taza	250	255	1.7	1	0.0	0	62
370.	Frambuesas, frescas	1 taza	123	60	1.1	1	0.0	0	14
430.	Fresas, congeladas, azucaradas	1 taza	250	245	1.4	0	0.0	0	66
431.	Fresas, frescas	1 taza	149	55	1.0	1	0.0	0	13
24.	Frijoles, refritos	1/2 taza	145	148	9.0	1	0.2	0	25
161.	Galletas, avena con pasas	2, 2"	26	122	1.5	5	1.3	1	18
160.	Galletas, barras de higo	4	56	210	2.0	4	1.0	27	42
159.	Galletas, chocolate chips, caseras	2 2¼" diámetro	20	103	1.0	6	1.7	14	12
162.	Galletas, crema de maní, caseras	2 galletas	24	123	2.0	7	2.0	11	14
172.	Galletas, de queso	10 galletas	10	50	1.0	3	0.9	6	5
173.	Galletas, Graham	2 cuadros	14	55	1.1	1	0.3	0	10
174.	Galletas, Ritz	1 galleta	3	15	0.2	1	0.2	0	2
175.	Galletas, Ryewafers, integral	2 galletas	14	55	1.0	1	0.3	0	10
176.	Galletas, Saltine	4 cuadros	11	48	1.0	1	0.3	0	8
164.	Galletas, Shortbread	4 galletas	32	155	2.0	8	2.9	27	20
177.	Galletas, Soda	3	3	13	0.3	0	0.1	0	2
163.	Galletas, tipo sandwich con crema	4 galletas	40	195	2.0	8	2.0	0	29
178.	Galletas, Triscuits	1	5	23	0.4	1	0.3	0	3
165.	Galletas, vainilla	5 1¾" diámetro	20	93	1.0	3	0.8	10	15
166.	Galletas, wafers de vainilla	10 wafers	40	185	2.0	7	1.8	25	29
179.	Galletas, Wheat Thins	1	2	9	0.2	0	0.1	0	1
466.	Germen de trigo, tostado	1 chrda	6	23	1.8	1	0.0	0	3
331.	Guisantes congelados, cocidos	1/2 taza	80	55	4.1	0	0.0	0	10
330.	Guisantes enlatados, colados	1/2 taza	85	75	4.0	0	0.0	0	14
23.	Habichuelas rojas (kidney), cocidas	1 taza	185	218	14.4	1	0.0	0	40
22.	Habichuelas tipo lima, paquete congelado, cocidas	1/2 taza	85	84	6.0	0	0.0	0	17
233.	Hamburguesa, Big Mac	1	204	581	25.1	36	12.0	85	40
232.	Hamburguesa, clásica grande, Wendy's	1	251	480	27	23	7.0	75	44
125.	Hamburguesa con queso, McDonald's	1	115	321	15.2	16	6.7	40	29
235.	Hamburguesa, Jr. Bacon cheeseburger, Wendy's	1	170	440	22	25	8.0	65	33
236.	Hamburguesa, McDonald's	1	99	257	13.0	9	3.7	26	30
237.	Hamburguesa, McLean Deluxe	1	206	320	22	10	5.0	60	35
238.	Hamburguesa, McLean Deluxe con queso	1	219	370	24	14	8.0	75	35

Código	Alimento	Cantidad	Peso gr	Calorías	Proteína gr	Grasa gr	Grasa Sat. gr	Colesterol mg	Carbohidrato gr
234.	Hamburguesa, pan	1 pan	40	129	3.7	2	1.0	0	23
239.	Hamburguesa, Quarter Pounder	1	160	427	24.6	24	9.1	80	29
240.	Hamburguesa, Quarter Pounder con queso	1	186	525	29.6	32	12.8	107	31
241.	Hamburguesa, Wendy's	1	219	440	26	23	7.0	75	36
214.	Harina blanca enriquecida	1 taza	125	455	13.0	1	0.0	0	95
215.	Harina de trigo integral	1 taza	120	400	16.0	2	0.0	0	85
249.	Helado, cono o barquilla	1 pequeño	115	185	4.3	5	2.2	24	30
251.	Helado, hot fudge sundae	1	164	357	7.0	11	5.4	27	58
433.	Helado Sundae, chocolate, Dairy Queen	1 mediano	184	300	6.0	7	4.9	79	53
398.	Helado de fruta (sherbet)	1/2 taza	97	135	1.1	2	1.3	7	29
252.	Helado de leche semi-desgrasada, vainilla	1/2 taza	61	100	3.0	3	1.8	13	15
250.	Helado en barquilla, Dairy Queen	1 mediano	142	230	6.0	7	4.6	15	35
248.	Helado (nieve) de vainilla	1/2 taza	67	135	3.0	7	4.4	27	14
269.	Hígado, pasta de hígado	1 oz	28	87	5.0	7	3.5	50	1
268.	Hígado de res, frito	3 oz	85	195	22.0	9	2.5	345	5
209.	Higos, secos	1 grande	21	60	1.0	0	0.0	0	15
205.	Huevo, clara	1 grande	33	17	3.6	0	0.0	0	0
200.	Huevo, cocido duro	1 grande	50	72	6.0	5	1.6	212	1
201.	Huevo, frito en mantequilla	1	46	95	5.4	7	2.4	240	1
202.	Huevo, McMuffin	1	138	327	18.5	15	5.9	259	31
204.	Huevo, revuelto con leche y mantequilla	1	64	95	6.0	7	3.0	244	1
206.	Huevo, yema cruda	1 yema	17	63	2.8	5	1.6	212	0
230.	Jamón, (curtido de cochino)	3 oz	85	318	20.0	26	9.4	77	0
231.	Jamón, rebanado	1 rebanada	28	37	5.5	1	0.5	13	.3
439.	Jarabe (sirope de maple)	1 chrda	20	50	0.0	0	0.0	0	13
364.	Jugo de ciruelas, enlatado o embotellado	1/2 taza	128	99	0.5	0	0.0	0	24
180.	Jugo de frambuesa	1 taza	253	145	0.1	0	0.0	0	36
263.	Jugo de limón fresco (concentrado)	1 chrda	15	4	0.1	0	0.0	0	1
4.	Jugo de manzana	1/2 taza	124	59	0.1	0	0.0	0	15
312.	Jugo de naranja (chinas), reconstituido	1/2 taza	125	61	0.9	0	0.0	0	15
446.	Jugo de tomate, enlatado	1 taza	244	42	1.9	0	0.1	0	10
224.	Jugo de toronja, sin azúcar, enlatado	1 taza	124	50	0.6	0	0.0	0	12
226.	Jugo de uva, sin azúcar embotellado	1/2 taza	127	84	0.3	0	0.0	0	21
258.	Kiwi, fruta	1 mediana	76	46	1.0	0	0.0	0	11
259.	Kool Aid con azúcar	1 taza	240	100	0.0	0	0.0	0	25
270.	Langosta	1 taza	145	138	27.0	2	1.0	293	0
282.	Leche, batido de chocolate	1 (10 oz líquidas)	340	433	11.5	13	7.8	45	70
284.	Leche, batido de fresa	1 (10 oz líquidas)	340	383	11.4	10	6.0	37	64
285.	Leche, batido de vainilla, McDonald's	1	289	323	10	8	5.1	29	52
283.	Leche, batido, Frosty, Wendy's	16 oz	324	460	13	13	7.0	55	76
286.	Leche, descremada	1 taza	245	88	9.0	0	0.3	5	12
281.	Leche, descremada 2%	1 taza	246	145	10	5	3.1	5	15
287.	Leche, entera 3.5% de grasa	1 taza	244	159	9.0	9	5.1	34	12
280.	Leche, evaporada, entera	1/2 taza	126	172	9.0	10	5.8	40	13
279.	Leche chocolateada, 2%	1	250	180	8.0	5	3.1	17	26
21.	Lentejas	1/4 taza	50	53	3.9	0	0.0	0	10
265.	Lentejas, cocinadas	1/2 taza	100	106	8.0	0	0.0	0	19
267.	Lechuga, cos o romana	1 taza picada	55	10	0.7	0	0.0	0	2
266.	Lechuga de cabeza	1 taza picada	75	10	0.7	0	0.0	0	2
473.	Levadura, de cerveza	1 chrda	8	23	3.1	0	0.0	0	3
264.	Limonada	12 oz	340	137	0.2	0	0.1	0	36
273.	Macarrones, enriquecidos, cocidos	1/2 taza	70	78	2.4	0	0.0	0	16

Código	Alimento	Cantidad	Peso gr	Calorías	Proteína gr	Grasa gr	Grasa Sat. gr	Coles- terol mg	Carbo- hidrato gr
274.	Macarrones con queso	1/2 taza	100	215	8.2	11	4.0	21	20
169.	Maíz, corn chips	1 oz	28	155	2.0	9	1.8	0	16
168.	Maíz, en lata, colado	1/2 taza	83	70	2.2	1	0.0	0	16
170.	Maíz, harina sin germen, amarillo, enriquecido, cocido	1/2 taza	120	60	1.3	0	0.0	0	13
167.	Maíz, mazorca, cocida	1, 5" largo	140	70	2.5	1	0.0	0	16
443.	Mandarina	1 med 2⅛" diámetro.	116	39	0.7	0	0.0	0	10
63.	Mantequilla	1 chrdita	5	36	0.0	4	0.4	12	0
324.	Mantequilla de maní	2 chrdas	32	188	8.0	16	1.0	0	6
3.	Manzana	1 mediana	150	80	0.3	1	0.0	0	20
5.	Manzana, pie, McDonald's	1	307	260	2	15	10.0	6	30
6.	Manzana, puré enlatado, dulce	1/2 taza	128	116	0.3	0	0.0	0	31
275.	Margarina	1 chrdita	5	34	0.0	4	0.7	2	0
277.	Matzo	1 porción	30	117	3.0	0	0.0	0	25
278.	Mayonesa	1 chrdita	5	36	0.0	4	0.7	3	0
289.	Melazas, consistencia media	1 chrda	20	50	0.0	0	0.0	0	13
321.	Melocotón enlatado, almíbar concentrado	Medio, 2¼ chrdas de jarabe	96	75	0.4	0	0.0	0	19
322.	Melocotón enlatado, jarabe ligero	Medio	77	34	0.5	0	0.0	0	9
323.	Melocotón fresco sin concha	1 2¾" diámetro	175	58	0.9	0	0.0	0	15
76.	Melón (cantaloupe)	1/4 melón	239	35	2.0	0	0.0	0	10
244.	Melón Honeydew	1 rebanada (1/10 del melón)	129	45	0.6	0	0.0	0	12
256.	Mermelada con trozos de fruta	1 chrda	18	49	0.0	0	0.0	0	13
255.	Mermelada sin trozos de fruta	1 chrda	7	18	0.0	0	0.0	0	5
243.	Miel	1 chrda	21	64	0.0	0	0.0	0	17
297.	Mostaza, hojas, verdes, cocidas, coladas	1/2 taza	70	16	1.7	0	0.0	0	3
459.	Nabo, cocido, colado	1/2 taza	78	18	0.6	0	0.0	0	4
460.	Nabo, hojas, verde, cocidas, coladas	1/2 taza	73	19	2.1	0	0.0	0	3
313.	Naranja (chinas)	1 mediana	180	64	1.3	0	0.0	0	16
299.	Nueces, Brasil	1 oz (6-8 nueces)	28	185	4.1	19	4.8	0	3
326.	Nueces, maní (cacahuate) tostado	1 oz	28	166	7.0	14	1.0	0	5
80.	Nueces, merey, tostadas, sin sal	2 oz	57	326	9.2	27	5.4	0	16
301.	Nueces, Nogal (walnuts)	1 oz (14 mitades)	28	185	4.2	18	1.0	0	5
300.	Nueces, Pacana	1 oz	28	195	2.6	20	1.4	0	4
306.	Okra, cocida, colada	1/2 taza	80	23	1.6	0	0.0	0	5
315.	Ostíones, del Atlántico, crudos	1/2 taza (6-9 medianos)	120	79	10.0	2	1.3	60	4
314.	Ostíones, del Atlántico, empanizados, fritos	1 ostión	45	90	5.0	5	1.4	35	5
350.	Palomitas de maíz (cotufas/popcorn) en aceite	1 taza	11	55	0.9	3	0.5	0	6
351.	Palomitas de maíz reventadas al aire	1 taza	6	12	0.8	0	0.0	0	5
54.	Pan blanco, enriquecido	1 rebanada	25	68	2.2	1	0.2	0	13
50.	Pan de avena	1 rebanada	25	65	2.1	1	0.2	0	12
18.	Pan de banana y nueces	1 rebanada	50	169	3.0	8	1.5	33	22
53.	Pan de centeno, Americano	1 rebanada	25	61	2.3	0	0.0	0	13
55.	Pan de trigo entero	1 rebanada	25	61	2.6	1	0.6	0	12
49.	Pan Francés enriquecido	1 rebanada	35	102	3.2	1	0.2	0	19
47.	Pan, maíz	1 rebanada	78	161	5.8	6	0.1	0	23
247.	Pan para salchicha	1 pan	40	115	3.3	2	1.0	0	20
51.	Pan, Pita pocket	1 pan	60	165	6.2	1	0.1	0	33
52.	Pan, Pumpernickel	1 rebanada	32	80	2.9	1	0.2	0	15
16.	Pan, rosca (bagel)	1	68	180	7.0	1	0.2	0	35
48.	Pan, trigo picado	1 rebanada	25	65	2.3	1	0.2	0	12
377.	Panecillo, blanco	1	50	155	5	2	0.0	0	30
41.	Panecillos (biscuits)	1 mediano	35	114	2.5	6	1.1	0	18
316.	Panquequas	1 - 6" diámetro x ½" ancho	73	169	5.2	5	1.0	36	25
317.	Panqueques, buckwheat	1 - 4" diámetro	27	55	2.0	2	0.9	20	6

Código	Alimento	Cantidad	Peso gr	Calorías	Proteína gr	Grasa gr	Grasa Sat. gr	Colesterol mg	Carbohidrato gr
318.	Panqueques, c/mantequilla, jarabe	1 grande	100	250	4.0	5	1.9	24	47
246.	Panquequas (hotcakes) c/margarina y jarabe McDonald's	1 porción	174	440	8	12	5.0	8	74
354.	Papas au gratin	1 taza	245	228	5.6	10	6.3	12	32
360.	Papas, ensalada c/huevo y mayonesa	1/2 taza	125	179	3.4	10	7.8	85	14
220.	Papas fritas, Curly Arby's	1 pequeña	99	337	4	18	7.4	0	43
357.	Papas fritas, largas	10 rajas de 3½ a 4"	78	214	3.4	10	1.7	0	28
361.	Papas, hashbrown	1/2 taza	78	170	2.5	9	3.5	0	22
358.	Papas, Hashbrowns, McDonald's	1 porción	55	144	1.4	9	3.0	4	15
356.	Papas, hojuelas fritas (potato chips)	10 hojuelas	20	114	1.1	8	2.1	0	10
355.	Papas, horneada sin concha	1 papa 2⅓ x 4¼"	202	145	4.0	0	0.0	0	33
359.	Papas, puré, con leche	1/2 taza	105	69	2.2	1	0.4	8	14
319.	Papaya (lechosa), cruda	1/2 tamaño mediana	227	60	0.9	0	0.0	0	15
369.	Pasas, sin semillas	1 oz	28	82	0.7	0	0.0	0	22
188.	Pasta Danés, canela con pasas	1	110	440	6	21	13.0	34	58
187.	Pasta Danés, manzana, McDonald's	1	115	390	6	17	11.0	25	51
262.	Pasticho, casero	1 porción	220	357	23.6	18	8.3	50	27
458.	Pavo, rotisado, carne blanca y negra mixta	3 oz	85	162	27.0	5	1.5	73	0
333.	Pepino encurtido	1 grande 4" de largo	135	15	0.9	0	0.0	0	3
334.	Pepino dulce	1 grande 3" de largo	35	51	0.2	0	0.0	0	13
186.	Pepino, crudo, sin concha	9 rebanaditas	28	4	0.3	0	0.0	0	1
329.	Pera, fresca	1	180	100	1.1	1	0.0	0	25
327.	Peras en almíbar, almíbar concentrado	Media 2¼ chrdas de jarabe	103	78	0.2	0	0.0	0	20
328.	Peras, enlatadas, jarabe ligero	Media	77	38	0.3	0	0.0	0	10
229.	Pescado, halibut horneado con mantequilla o margarina	3 oz	85	144	21.0	6	2.1	55	0
228.	Pescado, merlango (haddock) frito a la milanesa	3 oz	85	141	17.0	5	1.0	54	5
212.	Pescado, palitos empanizados	2	56	140	12.0	6	1.6	52	8
213.	Pescado, platija (flounder)	3 oz	85	171	25.5	7	1.0	60	0
337.	Pie de blueberry	1 rebanada 3½"	158	380	4.0	17	4.0	0	55
343.	Pie de calabaza (pumpkin)	1 rebanada (3½")	114	241	4.6	13	3.0	70	28
338.	Pie de cereza	1 rebanada 3½"	118	308	3.1	13	5.0	137	45
339.	Pie de cereza, frito	1 pie	85	250	2.0	14	5.8	13	32
340.	Pie de crema de chocolate	1 rebanada (1/6 de pie)	175	311	7.4	13	4.5	15	42
335.	Pie de manzana	1 rebanada 3½"	118	302	2.6	13	3.5	120	45
336.	Pie de manzana, frito	1 pie	85	255	2.2	14	5.8	14	32
341.	Pie de merengue de limón	1 rebanada (1/6 de pie)	140	355	4.7	14	3.5	137	53
342.	Pie de nueces de Pecan	1 rebanada (1/6 de pie)	138	583	6.3	24	3.9	13	92
332.	Pimentón fresco	1	200	36	2.0	0	0.0	0	8
344.	Piña, enlatada, en almíbar concentrado	1/2 taza	128	95	0.4	0	0.0	0	25
345.	Piña, enlatada, jarabe ligero	1/2 taza	125	75	0.5	0	0.0	0	20
346.	Piña fresca, picada	1/2 taza	78	41	0.3	0	0.0	0	11
348.	Pizza de queso, Thick 'n Chewy Pizza Hut	1/2 - 10"	*	560	34.0	14	6.0	110	71
347.	Pizza de queso, Thin 'n Crispy Pizza Hut	1/2 - 10"	*	450	25.0	15	7.0	125	54
138.	Pollo, ala, Kentucky Fried	1	45	151	11.0	10	2.9	70	4
130.	Pollo, chow mein	1 taza	250	255	31.0	11	3.6	75	10
135.	Pollo, McNuggets	6 piezas	111	329	19.5	21	5.2	64	15
133.	Pollo, muslo, frito, Kentucky Fried	1	54	136	14.0	8	2.2	73	2
134.	Pollo, muslo, rotisado	1	52	112	14.1	6	1.6	48	0
136.	Pollo, Nuggets, Wendy's	6 piezas	94	280	14	20	5.0	50	12
129.	Pollo, pechuga, rotisado con pellejo	1	98	193	29.2	8	2.1	83	0

Código	Alimento	Cantidad	Peso gr	Calorías	Proteína gr	Grasa gr	Grasa Sat. gr	Coles- terol mg	Carbo- hidrato gr
139.	Pollo, rotisado, carne blanca, sin pellejo	3 oz	85	141	27.0	3	0.4	45	0
140.	Pollo, rotisado, carne oscura, sin pellejo	3 oz	85	149	24.0	5	0.8	50	0
291.	Ponque, blueberry	1	45	135	3.0	5	1.5	19	20
292.	Ponque, bran	1	45	125	3.0	6	1.4	24	19
290.	Ponque, fibra de manzana, sin grasa McDonald's	1	75	180	5	0	0.0	0	40
293.	Ponque, harina de maíz	1	45	145	3.0	5	1.5	23	21
294.	Ponque, Inglés, simple	57	140	4.5	1	0.3	0	26	
295.	Ponque, Inglés, c/mantequilla	1	63	186	5.0	5	2.3	15	30
362.	Pretzels, delgados	1 oz	28	113	2.8	1	0.3	0	23
365.	Pudín de chocolate, enlatado	5 oz	142	205	3	11	9.5	1	30
366.	Pudín, tapioca, enlatado	5 oz	142	160	3	5	4.8	1	28
367.	Pudín, vainilla, enlatado	5 oz	142	220	2	10	9.5	1	33
111.	Queso, Americano	1 oz rebanada	28	100	6.0	8	5.6	27	0
112.	Queso, Bleu	1 oz	28	100	6.0	8	5.3	25	1
113.	Queso, Cheddar	1 oz	28	114	7.0	9	6.0	30	0
114.	Queso, Cottage, 2%	1/2 taza	113	103	15.5	2	1.4	10	4
115.	Queso, Cottage, cremoso	1/2 taza	105	112	14.0	5	6.4	15	3
116.	Queso, Crema	1 oz	28	99	6.0	8	3.0	31	1
117.	Queso, Feta	1 oz	28	75	4.5	6	4.2	25	1
118.	Queso, Monterey jack	1 oz	28	106	6.9	9	5.4	26	0
119.	Queso, Mozzarella sin grasa	1 oz	28	80	7.6	5	3.1	15	1
120.	Queso, Parmesano	1 chrda	5	23	2.1	2	1.0	4	0
121.	Queso, Ricotta, parcialmente descremado	1 oz	28	39	3.2	2	1.4	9	1
122.	Queso, Souffle	1 porción	110	240	10.9	19	9.5	189	7
123.	Queso, Suizo	1 oz	28	107	8.0	8	5.0	26	1
402.	Refresco de cola	12 oz	369	144	0.0	0	0.0	0	37
403.	Refresco de cola, dieta	12 oz	340	2	0.1	0	0.0	0	0
404.	Refresco, ginger ale	12 oz	366	113	0.0	0	0.0	0	29
405.	Refresco, lemon-lime	12 oz	340	138	0.0	0	0.0	0	35
406.	Refresco, root-beer	12 oz	340	140	0.0	0	0.0	0	36
432.	Relleno de pan, preparado	1/2 taza	70	250	4.6	15	3.1	0	25
39.	Remolacha roja, enlatada	1/2 taza	80	32	0.8	0	0.0	0	8
40.	Remolacha, hojas, cocidas	1/2 taza	73	13	1.3	0	0.0	0	2
257.	Repollo crespo, cocido, colado	1/2 taza	55	22	2.5	0	0.0	0	3
66.	Repollo, crudo, picado	1/2 taza	45	11	0.6	0	0.0	0	3
65.	Repollo, hervido	1/2 taza	85	16	0.9	0	0.0	0	3
191.	Roscas (doughnuts), hechas con levadura	1	27	235	4.0	13	5.2	21	26
190.	Roscas (doughnuts), simples	1	42	164	1.9	8	2.0	19	22
388.	Salami (salchicha), seca	1 oz	28	128	7.0	11	1.6	24	0
216.	Salchicha, cocida	1	57	176	7.0	16	5.6	45	1
217.	Salchicha de pavo, cocida	1	45	102	6.4	8	2.7	39	1
396.	Salchichón ahumado, puerco	1	68	265	15	22	7.7	46	1
389.	Salmón a la plancha con margarina o mantequilla	3 oz	85	156	23.0	6	2.2	53	0
390.	Salmón, enlatado, Chinook	3 oz	85	179	16.6	12	0.8	30	0
11.	Salsa Arby, Arby's	.5 oz	14	15	0	0	0.0	0	3
19.	Salsa BBQ, McDonald's	1.12 oz	32	50	0	0.6	0.2	0	12
227.	Salsa de res (gravy) casera	1 chrda	17	19	0.3	2	1.0	1	1
447.	Salsa de tomate (catsup)	1 chrda	15	16	0.3	0	0.0	0	4
437.	Salsa Dulce y Agria, McDonald's	1.12 oz	32	60	0	0.2	0.1	0	14
245.	Salsa, Horsey Sauce, Arby's	1/2 oz	14	55	0	5	2.0	0	3
444.	Salsa tártara	1 chrda	14	74	0.2	8	1.2	4	1
465.	Sandía (patilla)	1 taza picada	160	42	0.8	0	0.0	0	10
10.	Sandwich, Arby Q, Arby's	1	190	389	18	15	5.5	29	48
31.	Sandwich, Beef N' Cheddar, Arby's	1	194	508	25	27	7.7	52	43
131.	Sandwich, club de pollo, Wendy's	1	220	520	30	25	6.0	75	44

Código	Alimento	Cantidad	Peso gr	Calorías	Proteína gr	Grasa gr	Grasa Sat. gr	Coles- terol mg	Carbo- hidrato gr
457.	Sandwich de pavo, Lite Roast Deluxe, Arby's	1	195	260	20	6	1.6	33	33
29.	Sandwich de res, Lite Roast Deluxe, Arby's	1	182	294	18	10	3.5	42	33
325.	Sandwich de mantequilla de maní con mermelada	1	100	340	11.4	14	2.6	0	45
375.	Sandwich de Roast Beef, regular, Arby's	1	155	383	22	18	7.0	43	35
376.	Sandwich de Roast Beef, submarino, Arby's	1	305	623	38	32	11.5	73	47
15.	Sandwich de tocineta, lechuga y tomate	1	130	327	11.6	19	4.7	21	31
203.	Sandwich, ensalada de huevo	1	111	325	10.0	19	3.9	215	28
210.	Sandwich, filete de pescado, McDonald's	1	131	402	15.0	23	7.9	43	34
211.	Sandwich, filete de pescado, Wendy's	1	182	460	16	25	5.0	55	42
218.	Sandwich, French Dip, Arby's	1	154	368	22	15	5.6	43	35
242.	Sandwich, jamón y queso, Arby's	1	169	355	25	14	5.1	55	35
128.	Sandwich, pechuga de pollo, Arby's	1	204	445	22	23.0	3.0	45	52
143.	Sandwich, pollo, asado, Wendy's	1	177	290	24	7	1.0	60	35
127.	Sandwich, pollo, BK Broiler Burger King	1	168	379	24.0	18	3.0	53	31
132.	Sandwich, pollo, Cordon bleu, Arby's	1	225	518	30	27	5.3	92	52
137.	Sandwich, pollo empanisado	1	157	436	24.8	23	6.1	68	34
142.	Sandwich, pollo, empanisado, Wendy's	1	208	450	26	20	4.0	60	44
144.	Sandwich, pollo, McChicken	1	187	415	19	19	9.0	50	39
141.	Sandwich, pollo, Roast Deluxe, Arby's	1	195	276	24	7	1.7	33	33
378.	Sandwich, Reuben	1	237	488	28.7	28	10.4	85	30
393.	Sandwich, Sausage Biscuit, c/huevo, McDonald's	1	175	505	19	33	20.0	260	33
395.	Sandwich, Sausage McMuffin, c/huevo, McDonald's	1	159	430	21	25	14.0	270	27
394.	Sandwich, Sausage McMuffin, McDonald's	1	135	345	15	20	11.0	57	27
436.	Sandwich, Super Roast Beef, Arby's	1	254	552	24	28	7.6	43	54
391.	Sardinas, enlatadas, coladas	1 oz	28	58	7.0	3	1.0	20	0
411.	Sopa, crema de champigñones, condensada, preparada con el mismo volumen de leche	1 taza	245	216	7.0	14	5.4	15	16
407.	Sopa, crema de pollo	1 taza	248	191	7.5	12	4.6	27	15
408.	Sopa, fideos con pollo	1 taza	241	75	4.0	2	0.7	7	9
413.	Sopa, guisantes, condensada, preparada con el mismo volumen de agua	1 taza	245	145	9.0	3	1.1	0	21
412.	Sopa, Minestrone	1 taza	241	80	4.3	3	0.5	2	11
409.	Sopa, papas con almeja, Manhatan	1 taza	244	78	4.2	2	0.4	2	12
410.	Sopa, papas con almeja, noreste	1 taza	248	163	9.5	7	3.0	22	16
415.	Sopa, tomate con leche	1 taza	248	160	6.0	6	2.9	17	22
414.	Sopa, tomate, condensada, preparada con el mismo volumen de agua	1 taza	245	88	2.0	3	0.5	0	16
416.	Sopa, vegetales con carne, condensada, preparada con el mismo volumen de agua	1 taza	245	78	5.0	2	0.0	0	10
417.	Sopa, vegetariana	1 taza	250	70	2.1	2	0.3	0	12
64.	Suero de leche (buttermilk)	1 taza	245	88	8.8	0	1.3	5	12

Código	Alimento	Cantidad	Peso gr	Calorías	Proteína gr	Grasa gr	Grasa Sat. gr	Coles-terol mg	Carbo-hidrato gr
442.	Taco, Taco Bell	1	83	186	15.0	8	0.0	0	14
445.	Té negro	1/4 taza	180	0	0.0	0	0.0	0	0
462.	Ternera, chuleta, a la parrilla	3 oz	85	185	23.0	9	4.0	109	0
461.	Ternera, lomo, cocido	3 oz	85	199	22.0	11	4.0	90	0
14.	Tocineta, frita	2 rebanadas	15	86	3.8	8	2.7	30	1
449.	Tomate, fresco	1 tomate, 3½ oz	100	20	1.0	0	0.0	0	4
448.	Tomates, enlatados	1/2 taza	121	26	1.2	0	0.0	0	5
223.	Toronja blanca	1/2 mediana	301	56	1.0	0	0.0	0	15
67.	Torta, Angel food	1 pedazo	60	161	4.3	0	0.0	0	36
74.	Torta blanca con glaseado de chocolate	1 pedazo	71	268	3.5	11	3.7	2	48
71.	Torta de café	1 pedazo	72	230	4.5	7	2.5	47	38
70.	Torta de chocolate con glaseado	1 pedazo	69	235	3.0	8	3.6	37	40
69.	Torta de queso	1 pedazo	85	257	4.6	16	9.0	150	24
68.	Torta de zanahoria	1 pedazo	96	385	4.2	21	4.1	74	48
72.	Torta, Devil's food, glaseada	1 pedazo	99	365	4.5	16	5.0	68	55
368.	Torta (pie) de huevos (quiche), Lorraine	1 rebanada	242	825	18	66	31.9	392	40
73.	Torta, Ponque	1 pedazo	30	120	2.0	5	1.0	32	15
450.	Tortilla chips	1 oz	28	139	2.2	8	1.1	0	17
452.	Tortilla, de harina blanca	1	35	105	2.6	3	0.4	0	19
451.	Tortilla, de maíz	1 - 6" diámetro	30	63	1.5	1	0.0	0	14
441.	Tortilla dura para tacos	1	10	60	1.1	3	0.3	0	9
453.	Tostada	1	148	206	9.2	18	3.0	14	25
219.	Tostada Francesa	1 rebanada	65	123	4.9	4	1.1	73	15
454.	Trucha, a la plancha, c/mantequilla y limón	3 oz	85	175	21.0	9	4.1	71	0
225.	Uvas sin semilla, Europeas	10 uvas	50	34	0.3	0	0.0	0	9
20.	Vainitas verdes, cocidas	1/2 taza	65	16	1.0	0	0.0	0	3
463.	Vegetales, mixtos, cocidos	1 taza	182	116	5.8	0	0.0	0	24
397.	Venera (moluscos), empanisados, cocidos	6 piezas	90	195	15	10	2.5	70	10
472.	Vino rojo, seco, 18.8% alcohol	2 oz	59	81	0.1	0	0.0	0	5
471.	Vino seco de mesa, 12% alcohol	3½ oz líquidas	102	87	0.1	0	0.0	0	4
464.	Waffles	1	75	205	6.9	8	2.7	59	27
467.	Whiskey, ginebra, ron, vodka, 90%	1/2 copa, 11 oz	42	110	0	0	0.0	0	0
468.	Whopper, Burger King	1	270	614	27.0	36	12.0	90	45
469.	Whopper, con queso, Burger King	1	294	706	32.0	44	16.0	115	47
470.	Whopper, doble, Burger King	1	351	844	46.0	53	19.0	169	45
474.	Yogur de frutas	1 taza	227	231	9.9	2	1.6	10	43
475.	Yogur, descremado TCBY	4 oz	113	110	4	0	0	0	23
476.	Yogur, natural, ligero	1 - 8 oz	226	113	7.7	4	2.3	15	12
477.	Yogur, regular, TCBY	4 oz	113	120	4	3	2.0	13	23
478.	Yogur, sin azúcar, TCBY	4 oz	113	80	4	0	0	0	18
479.	Yogur, vainilla, bajo en grasa, McDonald's	3 oz	85	105	4	1	0.3	3	22
78.	Zanahoria, cocida	1/2 taza	73	23	0.7	0	0.0	0	5
79.	Zanahoria, cruda	1 grande	81	30	0.8	0	0.0	0	7

"0" indica menos de 1 o 0

Fuentes:

Nutritive Value of American Foods in Common Units. *Agriculture Handbook No. 456*. U.S. Dept. of Agriculture. Washington, D.C. 1988.

Young, E. A., E. H. Brennan, and C. L. Irving, Guest Eds. Perspectives on Fast Foods. *Public Health Currents*, 19(1), 1979, Published by Ross Laboratories, Columbus, OH.

Dennison, D. *The Dine System: the Nutrition Plan For Better Health*. C. V. Mosby Company St. Louis, Missouri, 1982.

Pennington, S. A. T. and H. N. Church. *Food Values of Portions Commonly Used*. Harper and Row Publishers, New York, 1985.

Kullman, D. A. *ABC Milligram Cholesterol Diet Guide*. Merit Publications, Inc. North Miami Beach, Florida 1978.

Food Processor nutrient analysis software by Esha Corporation, P.O. Box 13028, Salem, Oregon, 97309. With permission.

Patrones de Conducta: Una Auto-Evaluación

A todos nos gusta disfrutar de buena salud pero desafortunadamente no todos sabemos como lograrlo. Expertos en el campo de la salud han aceptado que los patrones de conducta son sumamente importantes para nuestra salud. En efecto, se piensa que siete de las diez causas primordiales de muertes se pueden reducir a través de cambios en patrones de conducta y usando el sentido común. Precisamente para ello es este cuestionario, desarrollado por el Departamento de Servicios Públicos Para la Salud. El objetivo es sencillamente presentar la influencia que ejercen nuestras conductas sobre la salud. Los patrones de conducta recomendados en este cuestionario son para casi todas las personas. Algunas conductas no son aplicables a personas que sufren de ciertas enfermedades crónicas, con impedimentos físicos, o para mujeres embarazadas. Dichas personas tal vez necesiten instrucciones especiales de los médicos.

Tabaquismo

Si nunca ha fumado, dése 10 puntos y pase a la sección de Alcohol y Drogas.

	Casi Siempre	A Veces	Casi Nunca
1. Yo evito fumar cigarrillos.	2	1	0
2. Yo solo fumo cigarrillos bajos en nicotina o fumo puros o pipa.	2	1	0

Puntuación: _____

Fuente informativa: National Health Information Clearinghouse. Washington, D.C.

Alcohol y Drogas

	Casi Siempre	A Veces	Casi Nunca
1. Yo evito el uso del alcohol, y si tomo, no me paso de 1 a 2 copas por día.	4	1	0
2. Yo evito el uso del alcohol y drogas (especialmente las drogas de calle) para controlar las tensiones o problemas de mi vida.	2	1	0
3. Yo trato de no consumir alcohol cuando tomo ciertos medicamentos (por ejemplo, medicamentos para dormir, calmantes de dolor, alergias, o resfriados) o cuando estoy embarazada.	2	1	0
4. Yo siempre leo y sigo las instrucciones para medicamentos, bien sean recetados o los que compro sobre el mostrador sin receta médica.	2	1	0

Puntuación: _____

Hábitos Nutritivos

	Casi Siempre	A Veces	Casi Nunca
1. Yo consumo diariamente gran variedad de alimentos como frutas, vegetales, pan y cereales integral, carnes magras, productos lácteos, *guisantes* y frijoles secos, nueces, y semillas.	4	1	0
2. Yo limito el consumo de grasas, grasas saturadas y colesterol (incluyendo grasas en carnes, huevos, mantequilla, crema, y vísceras como el hígado).	2	1	0
3. Yo evito el uso excesivo de sodio cocinando con poca sal, no poniéndole sal a las comidas en la mesa y evitando aperitivos salados.	2	1	0
4. Yo me abstengo de consumir demasiada azúcar (especialmente bocadillos frecuentes de caramelos o bebidas gaseosas).	2	1	0

Puntuación _____

Ejercicio/Aptitud Física

	Casi Siempre	A Veces	Casi Nunca
1. Yo mantengo el peso recomendado, evitando el sobrepeso y el bajopeso.	3	1	0
2. Yo me ejército vigorosamente de 20 a 30 minutos por lo menos 3 veces a la semana (por ejemplo, el trote, la caminata rápida, y la natación).	3	1	0
3. Yo tonifico mis músculos de 15 a 30 minutos 3 veces por semana (haciendo calistenia o yoga).	2	1	0
4. Yo participo regularmente en actividades recreativas individuales, con mi familia, o con equipos; las cuales me ayudan a mejorar mi condición física (por ejemplo, la jardinería, el boliche, el golf y el béisbol).	2	1	0

Puntuación: _____

Control del Estrés

	Casi Siempre	A Veces	Casi Nunca
1. A mi me gusta mi empleo o trabajo.	2	1	0
2. A mi me resulta fácil relajarme y expresar mis sentimientos sin temor.	2	1	0
3. Yo puedo anticipar y prepararme para afrontar situaciones de tensión y estrés.	2	1	0
4. Yo cuento con amigos cercanos, parientes, u otros con los cuales puedo hablar sobre asuntos personales y a los que puedo acudir por ayuda cuando la necesito.	2	1	0
5. Yo participo en programas de bienestar para la comunidad (iglesia, asociaciones, o clubes) o pasatiempos de los que disfruto.	2	1	0

Puntuación: _____

Segurdad Personal

	Casi Siempre	A Veces	Casi Nunca
1. Yo uso el cinturón de seguridad cuando ando en carro.	2	1	0
2. Yo no conduzco bajo la influencia del alcohol u otras drogas.	2	1	0
3. Yo obedezco las señales de tráfico y no me paso del límite de la velocidad.	2	1	0
4. Yo observo cuidado extremo cuando uso algún producto o substancia tóxica (limpiadores, veneno, o artefactos eléctricos).	2	1	0
5. Yo nunca fumo en la cama.	2	1	0

Puntuación: _____

¿Qué Indica Su Puntuación?

De 9 a 10 puntos

¡Excelente! Sus respuestas demuestran que esta consciente de la importancia que esta área reviste para su salud. De mayor importancia, usted esta aplicando buenos conocimientos al practicar hábitos deseables de salud. Mientras continué haciéndolo, esta área no representa ningún grave peligro para su salud. Al parecer, usted da un buen ejemplo para su familia y amigos. Debido a su alta puntuación en esta área, concentre sus esfuerzos en otras áreas en donde necesita mejorar.

De 6 a 8 puntos

Sus hábitos en esta área son buenos, aunque puede mejorar en ciertos aspectos. Fíjese una vez más en las conductas en donde respondió "a veces" o "casi nunca". ¿Que mejoras puede hacer para subir la puntuación? Aun leves cambios pueden ayudarle a lograr una mejor salud.

De 3 a 5 puntos

¡Sus factores de riesgo son obvios! ¿Le gustaría saber más sobre los riesgos que confronta o las razones por las cuales es importante cambiar estas conductas? Tal vez necesita un poco de ayuda para decidir como modificar exitosamente las conductas nocivas. De todos modos, hay programas disponibles para ayudarle.

De 0 a 2 puntos

Es obvio, su salud le preocupa, de no ser así, no hubiese tomado este cuestionario. Sin embargo, sus resultados indican que esta tomando riesgos peligrosos para su salud. Quizás no este consciente de tales riesgos y que hacer para evitarlos. Si usted quiere mayor información y ayuda para mejorar sus conductas, se puede obtener fácilmente. El próximo paso . . . es suyo.

¡No Espere Más — Comience Ahora Mismo!

En este cuestionario se han hecho muchas sugerencias para ayudarle a reducir el riesgo de enfermarse o morir a edad temprana. A continuación se presentan algunas de las sugerencias más importantes:

No fume. El cigarrillo es la causa evitable más grande de enfermedades y muertes prematuras en el país. El cigarrillo es especialmente peligroso para las mujeres embarazadas y el bebe que aun no ha nacido. Al dejar de fumar se reduce el riesgo de padecer enfermedades cardíacas y cáncer. Si usted fuma, piénselo dos veces antes de encender el próximo cigarrillo. Si decide continuar fumando, trate de reducir el número de cigarrillos que fuma y escoja una marca de menor contenido de brea y nicotina.

Consuma alcohol con moderación. El alcohol promueve cambios en el comportamiento y la conducta. La mayoría de las personas que toman pueden controlar el consumo excesivo y evitar efectos adversos y dañinos. El excesivo y habitual uso del alcohol puede causar cirrosis del hígado, una de las causas primordiales de muertes en el país. Las estadísticas muestran claramente que tomar alcohol y conducir vehículos frecuentemente causa accidentes fatales o de graves consecuencias físicas. Si va a tomar, hágalo con prudencia y moderación. **Tenga mucho cuidado al combinar drogas o medicamentos con el alcohol**. El mayor consumo de drogas hoy en día — legales e ilegales — proporcíona un serio peligro para la salud. Aun medicamentos recetados por su médico pueden causar daños si se toman conjuntamente con bebidas alcohólicas o antes de conducir (el vehículo). El consumo rutinario o excesivo de tranquilizantes también causa problemas físicos y mentales. Usar o experimentar con drogas ilegales como la mariguana, heroína, cocaína, y PCP puede causar graves daños e incluso la muerte.

Coma con moderación. Las personas con sobrepeso tienen mayor riesgo de desarrollar diabetes, problemas con la vesícula biliar, y alta presión arterial. Es muy sensato mantener un peso adecuado. Buenos nutrición incluye una reducción en el consumo de grasas (especialmente grasas saturadas), colesterol, azúcar, y sal en la dieta. Si tiene que tomar un bocadillo, use frutas o vegetales. No solo se va sentir mejor, sino lucirá mejor también.

Entrene regularmente. Todos podemos beneficiarnos del ejercicio y hay ejercicios para cada uno de nosotros. (En caso de duda, consulte primero con su médico). Generalmente, 20 a 30 minutos de ejercicio vigoroso tres veces por semana mantiene al corazón saludable, elimina el exceso de peso, tonifica los músculos flácidos, y le ayuda a dormir mejor. Imaginase la diferencia que todos estos factores pueden tener en su forma de ser y vivir.

Aprenda a controlar el estrés. El estrés es parte normal de la vida, todos lo enfrentamos hasta cierto grado. Los factores causantes del estrés pueden ser buenos o malos, deseables o indeseables (tal como una promoción o la pérdida del cónyuge). El estrés manejado correctamente no representa mayor problema. Pero respuestas indeseables al estrés — como conducir muy rápido o con abandono, consumir excesivas bebidas alcohólicas, o una rabia o angustia prolongada — pueden causar una variedad de problemas físicos y mentales. Aun en días muy ocupados, tómese unos minutos para desacelerar y encontrar esparcimiento. Si tiene problemas, compartalos con personas de confianza. Ellos también puede ayudar a encontrar una solución satisfactoria. Aprenda a diferenciar entre cosas por las cuales "vale la pena pelear" y aquellas de menor importancia.

Evite los accidentes. Piense siempre primero en la seguridad personal, bien sea en casa, el trabajo, la escuela, el campo de juego, o la carretera. Abrochese el cinturón de seguridad y obedezca las reglas de tránsito. Mantenga toda sustancia venenosa y las armas de fuego fuera del alcance de los niños. Como precaución, anote los números de emergencia cerca del teléfono. De esta forma cuando ocurra lo inesperado, usted estará preparado(a).

¿Y Ahora Qué Hago?

Para empezar hágase unas preguntas bien francas: *¿Esta usted haciendo realmente todo lo que puede para lograr su nivel más alto de salud? ¿Qué necesita hacer para sentirse mejor? ¿Esta usted dispuesto a empezar hoy mismo?* Si su puntuación fue baja en una o más secciones de la evaluación anterior, decida qué cambios necesita hacer para mejorar. Seleccione primero el patrón de vida que le resulte más fácil de modificar. Una vez que logre mejorar su puntuación en ese patrón, continué con otros patrones.

Si ya ha tratado de cambiar algunos patrones relacionados con la salud (por ejemplo, dejar de fumar o hacer ejercicio rutinario), no se desanime si aun no los ha logrado. Los problemas que ha encontrado se deben quizás a influencias que nunca ha contemplado, por ejemplo la publicidad o la falta de apoyo y ánimo. Entender la influencia que ejercen estos factores es importante para poder cambiar los efectos que ellos tienen sobre su conducta.

Existe ayuda disponible. Además de sus propias acciones, existen programas y grupos comunitarios (como el YMCA y la seccional local de la Asociación Americana del Corazón) que le pueden ayudar a usted y a su familia para realizar los cambios que desean hacer. Si necesita mayor información sobre estas organizaciones o sobre factores de riesgo para la salud, comunicase con el Departamento de Salud en su localidad o el "National Health Information Clearinghouse." Hay muchas cosas que se pueden hacer para mantener y mejorar la salud — y existen organizaciones que le pueden ayudar. ¿Por qué no empezar hoy mismo con un *patrón de vida saludable?*

Bibliografía Adicional Recomendada

American College of Sports Medicine. *Guidelines for Exercise Testing and Prescription*. Baltimore: Williams & Wilkins, 1995.

American Cancer Society. *Cancer Book*. New York: ACS, 1986.

American College of Sports Medicine. "The Recommended Quantity and Quality of Exercise for Developing and Maintaining Cardiorespiratory and Muscular Fitness in Healthy Adults." *Medicine and Science in Sports and Exercise*, 22: (1990), 265–274.

Bennett, E. G., and D. Woolf (Editors). *Substance Abuse*. Albany, NY: Delmar Publishers, 1991.

Brownell, K., and J. P. Forey. *Handbook of Eating Disorders*. New York: Basic Books, 1986.

Byrne, K. *Understanding and Managing Cholesterol: A Guide for Wellness Professional*. Champaign, IL: Human Kinetics Books, 1991.

Coleman, E. *Eating for Endurance*. Palo Alto, CA: Bull Publishing, 1992.

Cristian, J. L., and J. L. Greger. *Nutrition for Living*. Menlo Park, CA: Benjamin/Cummings Publishing, 1991.

Fox, E. L., R. W. Bowers, and M. L. Fossand. *The Physiological Basis for Exercise and Sport*. Philadelphia: Saunders College Publishing, 1993.

Girdano, D., and G. Everly. *Controlling Stress and Tension: A Holistic Approach*. Englewood Cliffs, NJ: Prentice Hall, 1990.

Hafen, B. Q., and W. W. K. Hoeger. *Wellness: Guidelines for a Healthy Lifestyle*. Englewood, CO: Morton Publishing, 1994.

Hesson, J. L. *Weight Training for Life*. Englewood, CO: Morton Publishing, 1995.

Heyward, V. H. *Advanced Fitness Assessment & Exercise Prescription*. Champaign, IL: Human Kinetics, 1991.

Hoeger, W. W. K. *Lifetime Physical Fitness and Wellness: A Personalized Program*. Englewood, CO: Morton Publishing, 1995.

Hoeger, W. W. K., and S. A. Hoeger. *Principles and Labs for Physical Fitness and Wellness*. Englewood, CO: Morton Publishing, 1994.

Johnson, E. M. *What You Can Do to Avoid AIDS*. New York: Random House, 1992.

Kirschmann, J. D. *Nutrition Almanac*. New York: McGraw-Hill Book, 1989.

McArdle, W. D., F. I. Katch, and V. L. Katch. *Essentials of Exercise Physiology*. Philadelphia: Lea & Febiger, 1994.

National Academy of Sciences: Institute of Medicine. *Eat for Life: the Food and Nutrition Board's Guide to Reducing Your Risk of Chronic Disease* edited by C. E. Woteki and P. R. Thomas. Washington, DC: National Academy Press, 1992.

Pfeiffer, R. P, and B. C. Mangus. *Concepts of Athletic Training*. Boston: Jones and Bartlett Publishers, 1995.

Schafer, W. *Stress Management for Wellness*. Ft. Worth, TX: HBJ College Publishers, 1992.

Selye, H. *The Stress of Life*. New York: McGraw-Hill Book, 1978.

Whitney, E. N., and S. R. Rolfes. *Understanding Nutrition*. St. Paul, MN: West Publishing, 1993.

Wilmore, J. H., and D. L. Costill. *Training for Sport and Activity*. Dubuque, IA: Wm. C. Brown Publishers, 1988.

Glosario

Acido desoxiribonucléico (ADN) Material genético, sustancia de la cual se forman los genes.

Acidos grasos libres Véase **Triglicéridos**.

Adicción Conducta(s) compulsiva(s) o incontrolable(s) o el abuso de sustancia(s); con mayor frecuencia, las drogas.

ADN Véase **Acido desoxiribonucléico**.

Aeróbicos (danza aeróbica) Actividad física caracterizada por una serie de ejercicios de calistenia general ejecutados al ritmo de la música.

Aeróbicos de bajo impacto (ABI) Aeróbicos que requieren ejercicios durante los cuales por lo menos un pie esta en constante contacto con el piso.

Aeróbicos de alto impacto (AAI) Aeróbicos que requieren ejercicios durante los cuales ambos pies pueden abandonar el piso al mismo tiempo.

Aeróbicos de Banco (AB) Nueva modalidad de aeróbicos durante los cuales se trepa constantemente un banco de 2 a 10 pulgadas de altura y esta acción se acompaña con fuertes movimientos de brazos.

Agilidad La capacidad de cambiar de posición y dirección rápida y eficientemente.

Agotamiento por calor Padecimiento producido por el calor e incluye síntomas de desmayos, mareos, abundante sudor, piel fría/húmeda/pálida, agotamiento, dolor de cabeza, y pulso rápido y débil.

Agua El nutriente más importante, usado en casi todos los procesos vitales del organismo.

Altruismo El deseo sincero de ayudar y realizar obras de servicio para el prójimo por encima de los intereses propios.

Amenorrea Interrupción del flujo menstrual regular.

Aminoácidos Sustancias indispensables para la formación de diferentes tipos de proteínas.

Angiogénesis Formación de vasos sanguíneos para alimentar a un tumor.

Anorexia nerviosa Condición de inanición (hambre por no comer casi nada) autoimpuesta para perder y mantener un peso corporal extremadamente bajo.

Antioxidantes Compuestos como las vitaminas C, E, beta-caroteno, y el mineral selenio, los cuales previenen que el oxígeno se combine con otras sustancias para causar daños; se piensa que cumplen una función importante en la prevención de enfermedades del corazón y el cáncer.

Aptitud cardiorespiratoria Véase **Resistencia cardiorespiratoria**.

Aptitud aeróbica Véase **Resistencia cardiorespiratoria**.

Aptitud física La capacidad general de adaptarse y responder favorablemente al esfuerzo físico; cuando se pueden realizar las tareas físicas diarias normales, al igual que las inesperadas, sin peligro o fatiga excesiva y con energía sobrante para disfrutar aun de ratos libres y de actividades recreativas.

Aptitud física motora Se refiere a componentes físicos por encima de los relacionados con la salud y los cuales mejoran la performance atlética (agilidad, balance, coordinación, tiempo de reacción, potencia, y velocidad).

Aptitud física orientada a la salud Se usa en referencia a componentes físicos que mejoran la salud (resistencia cardiorespiratoria, composición corporal, resistencia y fuerza muscular, y flexibilidad muscular).

Asignaciones Dietéticas Recomendadas (RDA) Cantidad recomendada de nutrientes diarios para personas normales y saludables en los Estados Unidos.

Aterosclerosis Enfermedad cardiovascular caracterizada por la formación de la placa grasosa (ateromatosa) en la parte interna de la pared arterial.

Balance La capacidad de mantener al cuerpo en equilibro.

Benigno No-canceroso

Beta-caroteno Un precursor de la vitamina A; un antioxidante que juega un papel vital en la prevención de enfermedades.

Bienestar general El esfuerzo constante y deliberado por mantener la salud y lograr alcanzar el nivel más elevado del potencial físico, intelectual, emocional, social y espiritual; implica la adopción de patrones saludables de vida que disminuyen el riesgo de enfermedades e incrementan el bienestar.

Biomecánica Ciencia que estudia el movimiento del cuerpo humano y la forma como este responde a las fuerzas que le son aplicadas.

Bulimia Desorden alimenticio caracterizado por un circulo vicioso de comer exageradamente para luego purgarse con la finalidad de perder y mantener un peso corporal bajo.

Calambres por el calor Calambres musculares causados por cambios electroliticos en las células musculares debido al calor.

Calentamiento La primera fase del entrenamiento y el cual consiste de ejercicios de calistenia y estiramientos.

Caloría Unidad para medir el valor energético de los alimentos y el costo de la actividad física; la cantidad de calor necesario para elevar la temperatura de un gramo de agua en un 1°C; contracción usada para el termino kilocaloría.

Cáncer no-melanoma de la piel Cáncer que crece en su sitio original y no promueve la metástasis a otras partes del cuerpo.

Cáncer Grupo de enfermedades caracterizadas por el crecimiento y proliferación incontrolable de células anormales hasta dar formación a tumores malignos.

Carbohidratos Compuestos que contienen carbón, hidrógeno, y oxígeno; fuente principal de energía para el cuerpo humano.

Carcinógenos Sustancias que contribuyen a la formación de canceres.

Carcinoma en situ Tumor maligno encapsulado que ha sido hallado lo suficientemente temprano de forma que no ha podido invadir otros tejidos.

Celulitis Termino usado para describir depósitos de grasa que sobresalen; en realidad no son más que células saturadas con excesiva grasa.

Colesterol Substancia cerosa, técnicamente un esterol del alcohol que se encuentra solamente en grasas animales y aceites.

Composición corporal Componentes grasosos y no-grasosos del cuerpo humano.

Consumo máximo de oxígeno La capacidad máxima de oxígeno que el cuerpo puede utilizar por minuto de actividad física, generalmente expresado en ml/kg/min.

Contracción ecéntrica Alargamiento de las fibras musculares durante la contracción muscular.

Contracción concéntrica Acortamiento de las fibras musculares durante la contracción muscular.

Coordinación La integración del sistema muscular y nervioso para producir movimientos elegantes, precisos, y correctos.

Criterio (indíce) de referencia Véase **Indíce de aptitud física para la salud.**

Criterio de referencia Véase **Indice de aptitud física para la salud.**

Densidad nutritiva Proporción de nutrientes a calorías encontradas en los alimentos.

Deshidratación Reducción del agua corporal por debajo de los niveles normales.

Diabetes mellitus Enfermedad en la cual la glucosa sanguínea no puede entrar a la célula debido a que el páncreas deja de producir insulina o no produce suficiente para suplir la necesidad corporal.

Dismenorrea Menstruación dolorosa.

Dolor de bazo Dolor intenso en el costado durante el ejercicio.

Dolor de espinilla Dolor e irritación en la parte anterior de la pierna (entre la rodilla y el tobillo).

Duración del ejercicio Duración (tiempo) de la sesión de entrenamiento.

ECG de esfuerzo Véase **Electrocardiograma de esfuerzo.**

ECG Véase **Electrocardiograma.**

Ecuación del balance energético Establece que si el número de calorías ingeridas es igual al número de calorías gastadas, no se sube ni se pierde peso.

Edad cronológica Edad real (en años) de la persona.

Edad funcional Edad fisiológica de la persona, generalmente menor a la edad cronológica en personas con buena aptitud física y viceversa en personas fuera de condición física.

Ejercicio anaeróbico Ejercicio que no requiere oxígeno para producir la energía necesaria para el trabajo.

Ejercicio aeróbico Ejercicio continuo y rítmico que involucra las grandes masas musculares y requiere oxígeno para producir la energía necesaria para el trabajo.

EKG Véase **Electrocardiograma.**

Electrocardiograma (ECG o EKG) Un registro de los impulsos eléctricos que estimulan la contracción cardíaca.

Electrocardiograma de esfuerzo Prueba durante la cual se incrementa gradualmente la intensidad del ejercicio (hasta que el individuo llegue a la fatiga máxima) conjuntamente con una evaluación del electrocardiograma.

Enfermedad coronaria Enfermedad causada por la obstrucción de las arterias coronarias debido a la formación de placas grasosas (ateromatosa).

Enfermedades crónicas Enfermedades que se desarrollan a lo largo de varios años, generalmente asociadas con hábitos negativos de salud (por ejemplo, la hipertensión, la aterosclerosis, la enfermedad coronaria, los derramenes cerebrales, la diabetes, y el cáncer).

Enfermedades cardiovasculares Condiciones degenerativas que afectan al corazón y al sistema circulatorio (vasos sanguíneos).

Enfermedades de transmisión sexual (ETS) Enfermedades diseminadas por el contacto sexual.

Enfermedades crónicas obstructivas del pulmón (COPD) Enfermedades que limitan el flujo del aire como la bronchitis crónica y la enfisema.

Enfermedades hipocinéticas Enfermedades asociadas con la falta de actividad física (por ejemplo, la hipertensión, la enfermedad coronaria, la obesidad, y la diabetes).

Enfriamiento La última fase del entrenamiento; su finalidad consiste en reducir gradualmente la intensidad del ejercicio.

Entrenamiento isocinético Método de entrenamiento en el cual la velocidad de la contracción muscular se mantiene constante con una unidad (equipo) que provee una resistencia igual a la ejercida por el participante durante el movimiento a través del radio de acción.

Entrenamiento isotónico Método de entrenamiento para el desarrollo de fuerza durante el cual la contracción muscular se realiza con movimiento, tal como levantar un objeto sobre la cabeza.

Entrenamiento combinado Entrenamiento en el cual se combinan dos o más actividades físicas.

Entrenamiento isométrico Método de entrenamiento para el desarrollo de fuerza durante el cual la contracción muscular produce muy poco o ningún movimiento, tal como halar o empujar objetos inmoviles.

Epidemiologia Ciencia que estudia la relación entre patrones de conducta y factores ambientales y el desarrollo de enfermedades.

Especificidad del entrenamiento Principio que establece que el entrenamiento debe ser especifico a las características del efecto deseado.

Espiritualidad La afirmación del hombre en su relación con un ser supremo, consigo mismo, con la comunidad, y con el medio ambiente que nutre y solemniza la realización completa del individuo.

Esteroides anabólicos Versiones sintéticas de la hormona masculina testosterona, la cual promueve el desarrollo y la hipertrofia muscular.

Estiramiento estático Véase **Estiramiento gradual y sostenido**.

Estiramiento gradual y sostenido Estiramiento lento a lo largo del radio de acción y la posición final se mantiene por unos segundos.

Estiramiento balístico o dinámico Ejercicios de flexibilidad que requieren movimientos bruscos y rápidos.

Estiramiento dinámico Véase **Estiramiento balístico**.

Estrés La respuesta no-especifica del cuerpo a cualquier tipo de demanda que se le imponga.

ETS Véase **Enfermedades de transmisión sexual**.

Facilitación neuromuscular proprioceptiva (FNP) Técnica de flexibilidad para producir un estiramiento gradual del músculo intercalado con contracciones isométricas.

Factores de riesgo Características que predisponen a una persona a contraer ciertas enfermedades debido a la herencia genética y los patrones de vida.

Fibra dietética Tipo de carbohidrato complejo formado por material vegetal que el cuerpo humano no puede digerir.

Fitoquímicos Sustancias alimenticias que ayudan a prevenir las enfermedades, especialmente el cáncer.

Flexibilidad La capacidad de una articulación de moverse libremente a lo largo de su radio de acción.

Flexibilidad muscular Véase **Flexibilidad**.

FNP Véase **Facilitación neuromuscular proprioceptiva**.

Frecuencia cardíaca de reserva Diferencia entre la frecuencia cardíaca máxima y la frecuencia cardíaca de reposo.

Frecuencia del ejercicio Numero de entrenamientos por semana.

Fuerza muscular La capacidad de generar fuerza máxima en contra de una resistencia (por ejemplo, 1 repetición máxima [1 RM] en el press de banco).

Fuerza Véase **Fuerza muscular**.

Golpe de calor Condición de emergencia médica producida por excesivo calor que incluye los siguientes síntomas: grave desorientación mental, piel caliente y seca, ausencia de sudor, pulso rápido y fuerte, vomito, diarrea, desmayos, y elevada temperatura corporal.

Grasa almacenada Grasa depositada en el tejido adiposo.

Grasa esencial Grasa necesaria para realizar funciones fisiológicas vitales.

Grasas Compuestos formados por la combinación de triglicéridos; fuente de energía para el cuerpo humano.

HDL Véase **Lipoproteína de alta densidad**.

Hemoglobina Sustancia en la sangre que transporta oxígeno de los pulmones a los tejidos corporales.

Hipertensión Elevación crónica de la presión arterial (por encima de 140/90 de acuerdo a la Asociación Americana del Corazón).

Hipertrofia muscular La capacidad del músculo de incrementar en tamaño.

Indíce de aptitud física (criterio de referencia) para la salud Indíce o criterio mínimo para reducir el riesgo de enfermedades.

Indíce (criterio) de referencia Véase **Indíce de aptitud física para la salud**.

Indíce de alto rendimiento físico Indíce o criterio necesario para obtener un nivel de aptitud física que permita participar en actividades moderadas a vigorosas sin producir extrema fatiga.

Intensidad del ejercicio El nivel de esfuerzo requerido para mejorar la resistencia cardiorespiratoria.

Intolerancia al ejercicio Aversión física a entrenamientos de intensidad superior a la capacidad funcional del individuo.

Kilocaloría (kcal) La cantidad de calor requerido para elevar la temperatura de un kilogramo de agua en un 1°C; comúnmente denominado caloría.

LDL Véase **Lipoproteína de baja densidad**.

Lípidos sanguíneos Sustancias solubles en grasa.

Lipoproteína de baja densidad Moléculas sanguíneas transportadoras de colesterol que incrementan el riesgo de algunas enfermedades cardiovasculares (el colesterol "malo").

Lipoproteína de muy baja densidad Moléculas sanguíneas que transportan triglicéridos, colesterol, y fosfolípidos.

Lipoproteína de alta densidad Moléculas sanguíneas transportadoras de colesterol que ofrecen protección contra algunas enfermedades cardiovasculares (el colesterol "bueno").

Macronutrientes Nutrientes requeridos por el cuerpo en grandes cantidades diarias.

Maligno Canceroso.

Mecanismo de pelear o correr Respuesta fisiológica del organismo a factores causantes de estrés y la cual estimula los sistemas vitales de defensa para tomar acción.

Melanoma Un cáncer maligno de la piel.

Melanoma maligno El cáncer más fatal de la piel. Los tumores crecen con gran rapidez y se trasladan a otras partes del cuerpo si no son tratados en sus fases iniciales.

MET (equivalente metabólico) Unidad de medida que representa el metabolismo de reposo; 1 MET equivale a 3.5 ml/kg/min.

Metabolismo Las transformaciones materiales y energéticas que ocurren en las células para mantener la vida.

Metabolismo basal El nivel más bajo de consumo de oxígeno requerido para apoyar las funciones vitales del cuerpo.

Metabolismo de reposo Energía requerida en condiciones de reposo para mantener las funciones corporales (expresada en mililitros de oxigeno por minuto o total calórico diario).

Metástasis Movimiento de bacteria o células de una parte del cuerpo a otra.

Micronutrientes Vitaminas y minerales que el cuerpo solo requiere en pequeñas cantidades.

Minerales Elementos inorgánicos esenciales para realizar funciones corporales, encontrados en el cuerpo mismo y en alimentos.

Modalidad de ejercicio Tipo de actividad requerida para producir los efectos del entrenamiento.

Modificación de la conducta Proceso para cambiar permanentemente conductas destructivas o negativas por conductas positivas con la finalidad de lograr mejor salud y bienestar general.

Motivación   El deseo y la voluntad por realizar algo.

Nutrición   Ciencia que estudia la relación entre los alimentos, la salud, y el funcionamiento del cuerpo humano.

Nutrientes   Sustancias encontradas en los alimentos que proveen energía, regulan el metabolismo, y ayudan con el desarrollo y mantenimiento de tejidos corporales.

Obesidad   Una acumulación excesiva de grasa corporal, más del 30% sobre el peso recomendado en base al tamaño corporal.

Oligomenorrea   Ciclos menstruales irregulares.

Osteoporosis   Ablandamiento, deterioro, o pérdida de masa osea (hueso).

Peso tolerable   Un peso que no es completamente "ideal," pero si es "aceptable."

Peso magro   Peso corporal sin grasa alguna.

Pliegues dérmicos   Técnica para determinar la composición corporal, incluyendo el porcentaje de grasa, a través de la medida de pliegues de la piel tomados en diferentes partes del cuerpo.

Pliometría   Ejercicios que requieren saltos rápidos y violentos — o rebotes repetidos lo más rápido posible entre saltos.

Porcentaje de grasa corporal   Contenido total de grasa en el cuerpo en base al peso corporal; incluye la grasa esencial y la grasa almacenada.

Potencia   La capacidad de producir fuerza máxima en el lapso más corto de tiempo.

Presión sanguínea   La presión ejercida por la sangre contra la pared de las arterias.

Principio de la sobrecarga   Principio del entrenamiento que establece que las cargas de trabajo impuestas a un sistema (cardiorespiratorio, muscular) deben ser incrementadas sistemática y progresivamente para causar adaptaciones (desarrollo) fisiológicas.

Proporción de cintura-a-cadera   Prueba diseñada por un grupo de científicos de la Academia Nacional de Ciencias y el "Dietary Guidelines Advisory Council" del Departamento de Agricultura y Salud de los Estados Unidos para evaluar el riesgo de enfermedades debido a la obesidad.

Proteínas   Complejas sustancias orgánicas con nitrógeno y formados por una combinación de aminoácidos; sustancias fundamentales usadas por el cuerpo para formar y reparar tejidos como los músculos, la sangre, los órganos internos, la piel, las uñas, el pelo, y los huesos.

Prueba de tolerancia al ejercicio máximo   Véase **Electrocardiograma de esfuerzo**.

Radicales libres de oxígeno   Sustancias formadas durante el metabolismo que atacan y dañan las proteínas y los lípidos y en forma particular la membrana celular y el ADN. Ello lleva al desarrollo de enfermedades como las del corazón, el cáncer, y la enfisema.

Radicales libres   Véase **Radicales libres de oxígeno**.

RDA   Véase **Asignaciones dietéticas recomendadas**.

Reducción grasosa localizada   Concepto falso que pretende hacer creer que si se hacen algunos ejercicios para cierta parte del cuerpo (por ejemplo, abdominales), ellos ayudaran a reducir la grasa en ese sitio especifico.

Regulador del peso   Teoría que indica que cada persona posee un peso pre-determinado y el cual el cuerpo trata de mantener.

Relajamiento muscular progresivo   Técnica para combatir el estrés que requiere la contracción y el relajamiento de grupos musculares en todo el cuerpo.

Repetición (en el entrenamiento de pesas)   El numero de veces que se repite la acción de un ejercicio (por ejemplo, 12 repeticiones en el press de banco).

Resistencia (en el entrenamiento de pesas)   Cantidad o volumen de peso levantado.

Resistencia   Véase **Resistencia cardiorespiratoria; Resistencia muscular**.

Resistencia cardiorespiratoria   La capacidad de los pulmones, el corazón, y los vasos sanguíneos de transportar suficiente oxígeno a las células para la realización de actividades físicas prolongadas (aeróbicas).

Resistencia muscular (también designada resistencia muscular localizada)   La capacidad del músculo de ejercer fuerza submáxima repetidamente contra una resistencia (por ejemplo, 30 repeticiones en el press de banco); generalmente implica un grupo muscular especifico (por ejemplo, el pecho, los muslos, o los abdominales).

Serie (en el entrenamiento de pesas)   Numero de repeticiones por ejercicio (por ejemplo, 1 serie de 12 repeticiones).

SIDA   Véase **Síndrome de inmunodeficiencia adquirida**.

Síndrome de inmunodeficiencia adquirida (SIDA)   Etapa final de la infección causada por el virus de inmunodeficiencia humana.

Sobrepeso   Termino usado en referencia a un exceso de peso con respecto a cierto índice.

Técnicas de respiración   Método de reducción de estrés por intermedio del cual el individuo se concentra en inhalar aire para "botar las tensiones" y suplir a todo al cuerpo con aire fresco.

Tejido adiposo   Véase **Células grasosas**.

Tiempo de reacción   El tiempo que se toma en responder a un estimulo.

Triglicéridos   Grasas formadas por la combinación del glicerol con tres acidos grasos.

Una repetición máxima (1 RM)   La resistencia (peso o carga) máxima que una persona puede levantar en un solo esfuerzo.

Valores Diarios (DV)   Proveidos en las etiquetas alimenticias e indican los porcentajes de las asignaciones diarias recomendadas.

Vegetales crucíferos   Plantas que producen hojas en forma de cruz (coliflor, brócoli, repollo, repollitos de Bruselas).

Velocidad   La capacidad de impulsar al cuerpo o una parte de él rápidamente de un sitio a otro.

VIH   Véase **Virus de inmunodeficiencia humana**.

Virus de inmunodeficiencia humana (VIH)   Virus que causa el síndrome de inmunodeficiencia adquirida (SIDA).

Vitaminas   Sustancias orgánicas necesarias para el metabolismo, el crecimiento, y el desarrollo humano.

VLDL   Véase **Lipoproteína de muy baja densidad**.

VO$_{2max}$ Véase **Consumo máximo de oxígeno**.

Zona de entrenamiento cardiorespiratoria   Zona en la cual se debe encontrar la frecuencia cardíaca durante el entrenamiento aeróbico para desarrollar la resistencia cardiorespiratoria.

Indice

Aptitud Física y Bienestar General